本书出版受以下项目资助：
国家自然科学基金项目（No. 61705199）
河南省科技攻关计划项目（No. 212102210031）

基于自发布里渊散射的分布式光纤传感技术及其应用

郝蕴琦　著

Research on Distributed Optical Fiber Sensing Technology Based on Spontaneous Brillouin Scattering and its Applications

图书在版编目(CIP)数据

基于自发布里渊散射的分布式光纤传感技术及其应用/郝蕴琦著.—武汉:武汉大学出版社,2021.7
ISBN 978-7-307-22360-8

Ⅰ.基… Ⅱ.郝… Ⅲ.光纤传感器—研究 Ⅳ.TP212.4

中国版本图书馆 CIP 数据核字(2021)第 099029 号

责任编辑:王 荣　　责任校对:汪欣怡　　版式设计:韩闻锦

出版发行:**武汉大学出版社** (430072 武昌 珞珈山)
(电子邮箱:cbs22@whu.edu.cn 网址:www.wdp.whu.edu.cn)
印刷:武汉邮科印务有限公司
开本:787×1092 1/16 印张:13.25 字数:314 千字 插页:1
版次:2021 年 7 月第 1 版 2021 年 7 月第 1 次印刷
ISBN 978-7-307-22360-8 定价:39.00 元

前　言

基于光纤中布里渊散射效应的全分布式光纤传感系统，利用光纤中布里渊散射谱的频移和强度与外界温度和应变之间的线性函数关系，可以实现光纤沿路温度和应变全分布式高空间分辨率传感，在电力系统、石油管道、大型建筑物健康监测等领域有着广泛的应用前景，是近 30 年来光纤传感领域的研究热点。与布里渊光时域分析仪(BOTDA)相比，基于自发布里渊散射的分布式光纤传感技术(BOTDR)具有单端入射、同时对温度和应变敏感等优点，得到了研究人员的重点关注。

本书针对 BOTDR 中自发布里渊散射信号微弱、具有宽带布里渊频移(约 11GHz)、信噪比低、难以实现温度和应变同时解调等诸多核心的关键技术问题，开展了宽带光学移频单元设计、微弱信号数字相干检测、传感脉冲格式调制、脉冲编码技术等理论和实验技术研究，构建和集成了整个传感系统，获得系统的原型样机，验证了系统的性能，并在电力系统获得很好的工程示范性应用。

本书主要研究内容有以下五大项。

(1)从电磁学的角度详细分析了单模光纤相关理论基础；根据光纤的敏感性，阐述了基于单模光纤的各种传感技术，包括光纤光栅传感和基于光纤中散射的分布式传感。

(2)提出一种基于宽带光学移频方案和数字相干检测技术相结合的新型 BOTDR 系统方案，实现了大于 30km 光纤传感链路微弱自发布里渊散射信号温度、应变和位置信息多参量全分布式空间高分辨率传感，研制出了 BOTDR 系统样机。

本书设计了基于紧致结构布里渊激光器的宽带移频单元(下频移约 10.8GHz)，研究了该移频激光器的不同工作状态(自激振荡、单纵模运转)对 BOTDR 的影响。实验结果表明，通过与传感布里渊散射信号的相干探测，可实现探测信号带宽由 11GHz 降至百兆赫兹，降低了系统在电子学上对元器件带宽的要求。在信号处理方面，利用数字相干检测技术，通过时域散射信号的数字化信息，进行了传感光纤频移和强度分布的提取，实现了温度和应变的同时传感。此外，深入研究了激光器线宽对传感光纤中自发布里渊散射谱的影响，消除系统偏振衰落等，可为系统优化设计提供指导。

(3)从理论和实验上系统研究了不同的脉冲调制格式(类矩形、三角形、洛伦兹、高斯和超高斯等脉冲格式)对 BOTDR 中信噪比的影响。仿真研究结果表明：在采用相同脉冲宽度和不同脉冲调制格式时，上升/下降沿时间越长，布里渊散射谱的峰值功率越大。在实验中，通过构建不同传感脉冲调制格式，发现三角形脉冲比矩形脉冲的信噪比高 4dB，实现了 2.5 倍的传感长度，与理论分析结果具有很好的一致性。此外，数值分析了相邻脉冲之间的重叠部分对空间分辨率的影响，研究结果显示这些因素对传感参量的空间分辨性能影响较小。最后，结合脉冲调制格式和系统主光源线宽，构建进入传感光纤不同的泵浦功率谱，实现了相同空间分辨率条件下布里渊散射信号信噪比的增加。

(4)为了进一步提高 BOTDR 系统的信噪比，初步研究了线性编码技术在 BOTDR 系统中的应用。在理论上，仿真计算了 Simplex 脉冲编码技术对自发布里渊散射信号信噪比的提高效果，并提出将双正交脉冲编码技术应用于 BOTDR 系统中，数值分析了其信噪比的提高效果；在实验上，展示了 Simplex 脉冲编码技术在 BOTDR 系统中的应用，并深入研究了编码信号的数字解调方案。实验结果表明，31 位编码技术具有 3. 5dB 的信噪比增益，该结论初步验证了线性脉冲编码技术在 BOTDR 系统中应用的可行性。

(5)在系统性能检测上，将 BOTDR 原型样机应用于电力线的温度和应变监测等示范性工程上，其包括：①在覆冰室内对光纤复合地线(OPGW)电缆温度监测，在-30~30℃的测量范围内，其温度准确性小于 2℃；②在对三相电缆进行在线温度监测上，通过和分布式拉曼温度传感器(DTS)及热电偶测试系统比较，其测试的结果也具有很好的一致性；③在传感光缆的应变测量上，实现了 $6500\mu\varepsilon$ 传感范围内的准确测量。这些工程示范表明，BOTDR 在具有温度和应变测量等实际应用潜力的同时，也为系统的实用化和产品化的进程提供了理论支持和技术支撑。

本书作者郝蕴琦博士是郑州轻工业大学物理与电子工程学院副教授。本书的出版受到国家自然科学基金(No. 61705199)和河南省科技攻关计划项目(No. 212102210031)的资金支持。十分感谢中国科学院上海光学精密机械研究所蔡海文研究员和叶青研究员在本书写作过程中给予的指导与帮助。

著　者

2020 年 12 月 25 日

目　录

第1章　光纤基础知识

本章主要介绍与光纤相关的基础知识，以便为学习后续章节中光纤的应用奠定基础。本章首先介绍了光纤的基本概念，包括其结构和制造工艺、基本特征和主要分类，简明阐述了阶跃折射率光纤的电磁理论，分析了光纤的温度特性和应变特性；然后介绍了几种特种光纤。

1.1　光纤简介

1.1.1　光纤基本结构和制备工艺

光纤是一种具有圆形截面的光导纤维，它利用光的全内反射(Total Internal Reflection，TIR)传导光波。一般来说，光纤包括阶跃折射率光纤和梯度折射率光纤。图1.1(a)所示为阶跃折射率光纤，包括折射率为n_1的纤芯和折射率为n_2的包层，包层折射率略低于纤芯。当入射角大于临界角θ_c时，纤芯内传播的光将在纤芯和包层的界面上发生全反射，从而光线被限制在纤芯内。根据斯涅尔(Snell)定律，临界角由纤芯和包层的折射率决定，即

$$\theta_c = \arcsin\left(\frac{n_2}{n_1}\right) \tag{1.1}$$

以最大角$\left(\theta_1 \text{ 接近} \frac{\pi}{2}\right)$入射的光线称为基模；入射角较小($\theta_2$)、但仍比$\theta_c$大的光线也可以在光纤中传播，称为高阶模，如图1.1(a)所示。图1.1(b)所示为梯度折射率光纤，纤芯的折射率随径向距离r增大而减小，数学表达式为

$$n(r) = \begin{cases} n_1\left[1 - \Delta\left(\frac{r}{a}\right)^p\right], & r \leqslant a \\ n_1[1 - \Delta], & r > a \end{cases} \tag{1.2}$$

式中，p为正实数；a为纤芯半径；$\Delta = \frac{n_1 - n_2}{n_1}$。梯度折射率光纤中，光线绕峰值折射率$n_1$所在的轴旋转，呈现波浪形的路径。

石英光纤的制造主要基于改进的化学气相沉积(MCVD)技术[1]。在制备过程中，首先从高纯度四氯化硅中获得高纯度二氧化硅，然后在约1600℃温度下烧结成石英预制棒。之后，在高温下将预制棒拉成直径约0.1mm的光纤。为了获得纤芯和包层之间的折射率差，一般在纯硅中掺入特殊的杂质，如二氧化锗、氧化硼和五氧化二磷。图1.2所示为改

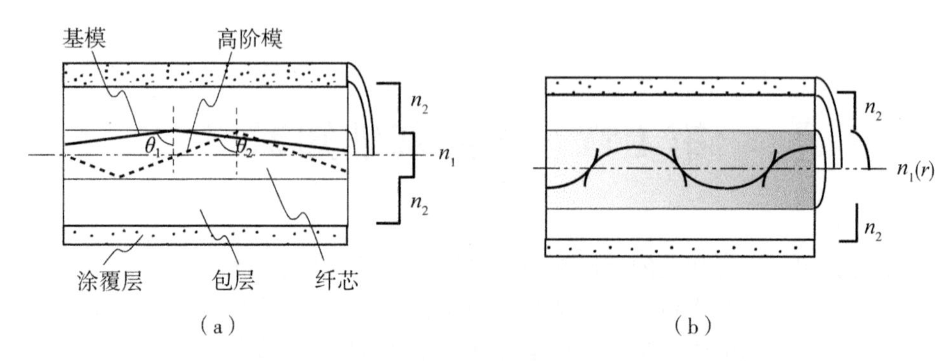

图 1.1　光纤结构示意图[(a)阶跃折射率光纤；(b)梯度折射率光纤]

进的化学气相沉积技术制备掺锗石英光纤示意图。掺杂浓度的控制可以根据各组分折射率的线性插值决定，如锗掺杂二氧化硅 $n_{Si/Ge}=(1-f)n_{SiO_2}+fn_{GeO_2}$，其中 f 为锗原子百分比。常规单模光纤锗原子 f 通常应控制在 3%左右，可获得 0.003 的折射率差 $\Delta n=n_1-n_2$。另一种制造光纤的方法是气相轴向沉积法(VAD)[2]，该方法生产成本更低，生产效率较高。

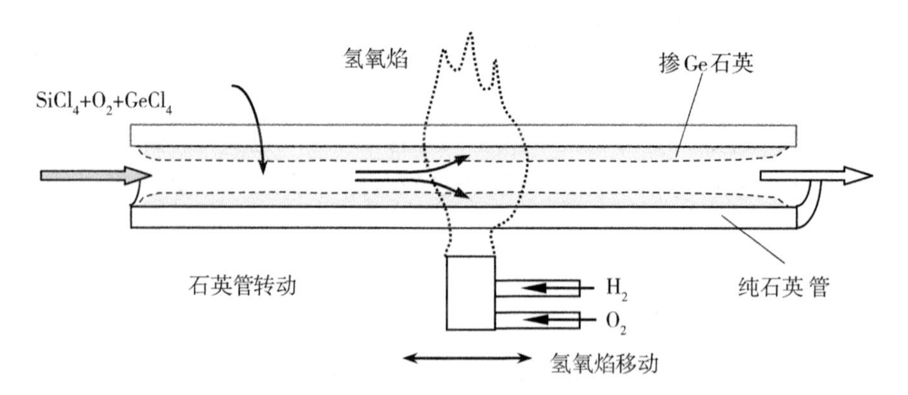

图 1.2　石英预制棒的 MCVD 工艺示意图

对拉制获得的裸纤涂覆塑料外套并制成光缆，可以增大其机械强度，满足使用要求。目前已经开发出多种光缆，如单光纤光缆、多光纤电缆、铠装光缆、海底光缆等。它们大多用于光纤通信，同时也可用于光纤传感。图 1.3 所示为典型的光缆截面结构示意图。光纤和塑料套管间通常留有空隙，以免成缆和铺线时受到应力。

1.1.2　光纤基本性质

1. 传输损耗

传输损耗是光纤的基本特征之一。即使是完全纯净的二氧化硅，依然存在分子热运动导致的瑞利散射损耗，该损耗与 λ^4 成反比[3]。在长波长波段，红外损失将占据主导地位，从而在 1~2μm 波段形成低损耗窗口，石英光纤最低损耗出现在 1550nm，如图 1.4 所

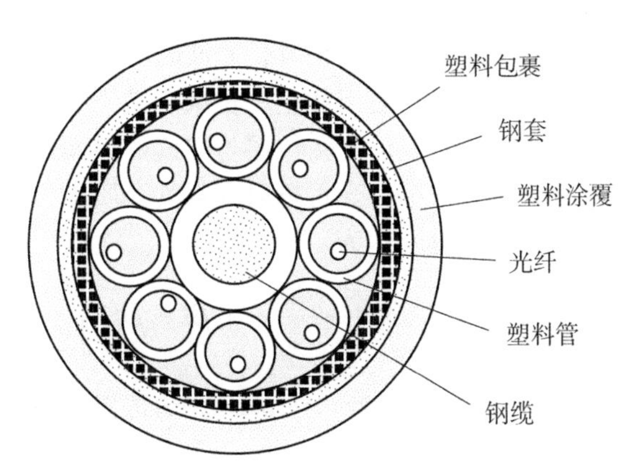

图 1.3 光缆横截面示意图

示[4]。习惯上用 dB/km 描述损耗，定义为

$$\alpha_{\mathrm{dB}} = \frac{10}{L}\log\frac{P_L}{P_0} \tag{1.3}$$

式中，P_0为入射光纤的功率；P_L是通过长度 L 光纤后的输出功率。由图 1.4 可以看到，损耗谱存在一些高损耗的峰，这是因为二氧化硅中或多或少含有一些不需要的杂质，尤其是水分子，它导致了 1.39μm 附近的损耗峰。随着光纤加工技术的提高，水分子已经被尽可能去除，相应的损耗峰也几乎消失，如图 1.4 中虚线所示[5]。

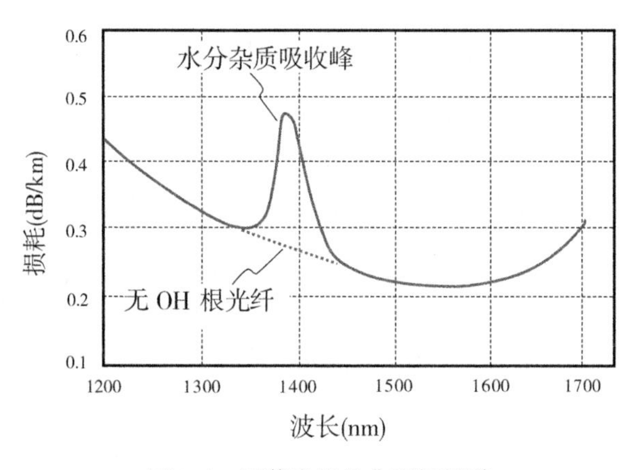

图 1.4 石英光纤的典型损耗谱

2. 模式

在光纤中，传输光的入射角必须大于临界角，这只是一个必要条件，不是充分条件。传输光在纤芯和包层之间的边界上必须满足相位条件，即连续两次反射间的光波相移保持 2π 的整数倍。由此可以导出传播模的一条基本性质：光束的入射角只能取分立的数值。与轴夹角最小的光线称为基模，其他称为高阶模。当纤芯径足够小和/或折射率差足够小

时，只有基模可以传播，这种光纤被称为单模光纤(SMF)，否则称为多模光纤(MMF)。模式特性还取决于波长，一根光纤在传播较长波长光波时可能是单模光纤，而在传播较短波长光波时可能是多模光纤。因此，一般用截止波长来定义光纤的单模工作波段。当入射角小于临界角时，光线折射进包层，但仍然在包层与空气的界面被全反射，该模式被称为包层模。如果入射角比包层的临界角小，光将折射到空气介质中，称为辐射模。

在电磁理论中，光纤中的光传播表达为

$$E(t,\ z)=E_0\exp\left[-\frac{\alpha_{\mathrm{L}}z}{2}+\mathrm{i}(\beta z-\omega t)\right] \tag{1.4}$$

式中，$\alpha_{\mathrm{L}}=\dfrac{\alpha_{\mathrm{dB}}}{\ln 10}$，为对数坐标下的衰减系数；$\beta=n_{\mathrm{eff}}k_0$，为传播常数；$k_0=\dfrac{2\pi}{\lambda}$，为真空中传播常数；$n_{\mathrm{eff}}$ 为有效折射率；z 表示光的传播方向；i 表示虚数；t 表示时间。有效折射率是光纤结构和工作波长的函数，可视为 $n_{\mathrm{eff}}\sim n_1\sin\theta$。不同的模式对应各自的传播常数，并在光纤的横截面上有不同的场分布。

3. 色散特性

光纤另一个重要特性是色散[6]，即折射率对光频 ω 的依赖。它导致光纤通信中光脉冲的展宽，也影响光纤传感器中的探测信号。色散主要由两个因素引起：一是材料色散[7]；二是光波导传播常数的影响，包括模式间色散和模内色散。对于多模光纤，不同模式具有离散的有效折射率，对应于沿 z 轴方向传播的不同角度和不同群速度的射线，称为模式间色散。对于同一个模式，有效折射率也是波长的函数，由亥姆霍斯方程确定。一般来说，模式间色散远大于模内色散。单模光纤不存在模式间色散，这是通信上大多使用单模光纤的原因之一。

光纤的色散特性用传输常数 β 对光频的泰勒展开来描述：

$$\beta(\omega)=\beta_0+\beta_1(\omega-\omega_0)+\frac{1}{2}\beta_2(\omega-\omega_0)^2+\cdots \tag{1.5}$$

式中，ω_0是中心频率，展开系数为$\beta_m=\left.\dfrac{\partial^m\beta}{\partial\omega^m}\right|_{\omega=\omega_0}$。前两个系数有特定含义：

$$\beta_1=\frac{n_{\mathrm{eff}}}{c}+\frac{\omega}{c}\frac{\partial n_{\mathrm{eff}}}{\partial\omega}=\frac{n_{\mathrm{eff}}}{c}-\frac{\lambda}{c}\frac{\partial n_{\mathrm{eff}}}{\partial\lambda}=\frac{n_g}{c}=\frac{1}{v_g} \tag{1.6a}$$

$$\beta_2=\frac{\partial\beta_1}{\partial\omega}=\frac{\partial}{\partial\omega}\frac{n_g}{c}=\frac{-\lambda^2}{2\pi c^2}\frac{\partial n_g}{\partial\lambda} \tag{1.6b}$$

式(1.6)表明，群速度 v_g 是波长的函数，称为群速度色散(GVD)。群速度色散导致脉冲传播的延迟和展宽，通常用色散参数描述单位长度和单位线宽的群延迟 D[ps/(km·nm)]：

$$D=\frac{\mathrm{d}}{\mathrm{d}\lambda}\frac{1}{v_g}=-\frac{\omega}{\lambda}\beta_2=\frac{\lambda}{c}\frac{\mathrm{d}^2n_g}{\mathrm{d}\lambda^2} \tag{1.7}$$

熔融石英的折射率 n 和群折射率 n_g 随波长 λ 变化，如图 1.5 所示[6]。图 1.6 给出了典型的单模石英光纤的色散参数 D 的光谱，包括波导色散(A)、材料色散(B)和总色散(C)的贡献[7]。从图 1.6 中可以看出，传统的单模石英光纤的最小色散在 1300nm 波段，而最低损耗位于 1550nm，该处的色散参数约为−17ps/(km·nm)。国际电信联盟(ITU)已经对这种光纤进行了标准化，定义为 ITU-T G. 652 光纤[8]。

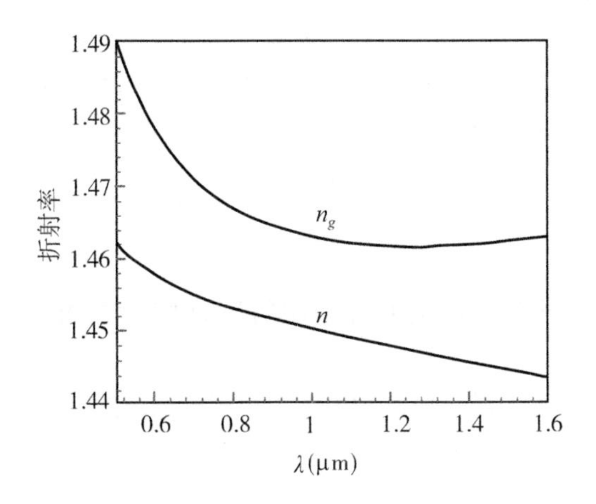

图 1.5　熔石英折射率 n 和群折射率 n_g 随波长 λ 的变化

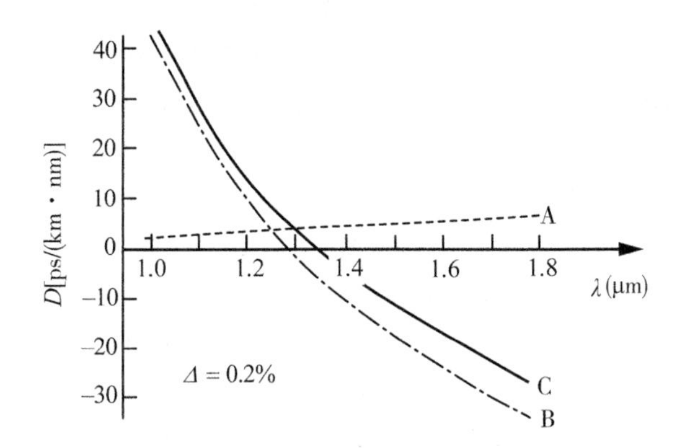

图 1.6　光纤色散谱(A. 波导色散；B. 材料色散；C. 总色散)

作为一种光学元件，光纤的数值孔径(NA)是一个重要参数，它定义为 $NA = \sin\theta_h$，其中，θ_h 是光纤端面出射光束发散角的一半。多模光纤的最大发散角由纤芯和包层的折射率决定，根据斯涅耳定律可导出数值孔径为

$$NA = [n_1^2 - n_2^2]^{\frac{1}{2}} \approx n_1\sqrt{2\Delta} \tag{1.8}$$

其中，$\Delta = \dfrac{n_1 - n_2}{n_1}$。对于多模光纤，NA 的典型值为 0. 175±0. 015 [9]。单模光纤的纤芯直径很小，发射光束不仅由纤芯和包层的折射率决定，还依赖于模式场分布。传统的单模光纤 NA 约为 0. 11~0. 12。

1.1.3　光纤的分类

经历了 50 多年的发展，光纤技术已经成为一个巨大的产业。目前市场上有各种各样的商用光纤，实验室也在为今后的实际应用开发新类型的光纤。所有光纤可作如下几种分类。

1. 从光纤的材料分类

如上文提及，石英光纤应用最为广泛。其他材料的光纤包括：①含多种组分的复合玻璃光纤，如硅酸盐、磷酸盐、氟化物玻璃光纤；②聚合物光纤（POF），它有数值孔径大、工作在可见波段、低成本等优点；③工作在中红外波段的红外光纤；④晶体光纤及其他。

通常来说，不同的材料制作的光纤适合不同的波长，其不同的特点能够实现各种功能。

2. 从光纤的结构分类

从折射率分布的角度来说，图 1.1 描述的阶跃折射率光纤和梯度折射率光纤是两种主要结构。

双包层光纤(DCF)、光子晶体光纤(PCF)及其他微结构光纤是近几年最有前景的，发展迅猛。保偏光纤(PMF)在许多应用中显示出特殊功效。大孔径光纤和光纤束被广泛用于照明、内窥镜及能量传输等方面。

3. 从光纤的功能和性能分类

用于信号传输的光纤产量最大，在世界各地广泛应用，包括单模光纤和多模光纤。为了满足高速、大容量信息传输的要求，发展了多种调整色散特性的光纤。其中，色散位移光纤(DSF，1550nm 处 $D=0$)和非零色散位移光纤[NZDSF，1550nm 处 $D\sim -4\text{ps}/(\text{km}\cdot\text{nm})$]已由 ITU 确定为标准光纤，分别定义为 ITU-T G. 653 和 ITU-T G. 655[10-11]。NZDSF 中保留少量色散，以减轻非线性四波混频效应，避免在密集波分复用(DWDM)系统信道间的串扰。为了满足接入网络的需求，如光纤到户(FTTH)，已开发出弯曲损耗不敏感光纤、标准化为 ITU-T G. 657 光纤[12]。一般单模光纤是通信和传感的首选，但多模光纤在许多应用中仍然被广泛使用。光纤是光纤传感技术的基础，不仅用于传感信号的传输，而且光纤本身也有传感的功能。

除了光传输，光纤还有其他重要的功能。纤芯掺杂稀土离子的光纤可以在泵浦光的作用下放大所传播的光。其中，掺铒石英光纤(EDF)是最重要的一种，可用于构建光纤放大器(EDFA)和光纤激光器(EDFL)。

对于一些应用，如分布式光纤传感器，非线性光学效应起着重要的作用。为此，人们开发了具有高非线性系数的光纤。还有多种具有特殊功能的光纤，如色散补偿光纤、液芯光纤、图像传输光纤等。

1.2　阶跃折射率光纤的电磁理论

在 1.1 节中，我们以几何光学简要说明了光纤中光的传输，展现了其基本规律和特点。由于光纤的尺寸在光波长的数量级，必须将其当成介电波导来处理，用电磁理论来研究，以更深入了解光纤中的光波传播。本节的理论分析主要针对传统的阶跃折射率光纤。

1.2.1　柱坐标系中麦克斯韦方程

为了全面了解光纤光的传播，我们从电磁场的基本理论开始阐述。麦克斯韦方程组：

$$\nabla\cdot \boldsymbol{D}=\rho_f,\quad \nabla\cdot \boldsymbol{H}=\frac{\partial \boldsymbol{D}}{\partial t}+\boldsymbol{J},\quad \nabla\cdot \boldsymbol{B}=0,\quad \nabla\cdot \boldsymbol{E}=-\frac{\partial \boldsymbol{B}}{\partial t} \tag{1.9a}$$

对于介电常数为 ε、磁导率为 μ 的介质,

$$\boldsymbol{D}=\varepsilon \boldsymbol{E},\quad \boldsymbol{B}=\mu \boldsymbol{H} \tag{1.9b}$$

若介质中无自由电荷 ρ_f 和电流 $\boldsymbol{J}$,电磁波方程变为

$$\nabla^2 \boldsymbol{E}-\frac{n^2}{c^2}\frac{\partial^2 \boldsymbol{E}}{\partial t^2}=0 \tag{1.10}$$

式中, $c=(\mu_0\varepsilon_0)^{-\frac{1}{2}}$, 为真空中的光速; $n=\left(\frac{\mu\varepsilon}{\mu_0\varepsilon_0}\right)^{\frac{1}{2}}\sim\left(\frac{\varepsilon}{\varepsilon_0}\right)^{\frac{1}{2}}$, 为介质的折射率, 普通的非铁电介质在光波段有 $\mu\sim\mu_0$。对于没有损耗也没有增益的介质, 折射率为实数。角频率为 ω 的单频光波, 式(1.10) 可以写成亥姆霍兹方程:

$$\nabla^2 \boldsymbol{E}+n^2k_0^2\boldsymbol{E}=0 \tag{1.11}$$

式中, $k_0=\frac{\omega}{c}$ 为真空中的波矢。由此可推导出电磁波为

$$\boldsymbol{E}(\boldsymbol{r},\ t)=Re\{\boldsymbol{E}(\boldsymbol{r})\exp[j(\boldsymbol{k}\cdot\boldsymbol{r}-\omega t)]\} \tag{1.12a}$$

$$\boldsymbol{H}(\boldsymbol{r},\ t)=Re\{\boldsymbol{H}(\boldsymbol{r})\exp[j(\boldsymbol{k}\cdot\boldsymbol{r}-\omega t)]\} \tag{1.12b}$$

沿 z 轴方向的光纤中传播的光, 电场和磁场可以写成:

$$\boldsymbol{E}(x,\ y,\ z,\ t)=Re\{\boldsymbol{E}(x,\ y)\exp[j(\beta z-\omega t)]\} \tag{1.12c}$$

$$\boldsymbol{H}(x,\ y,\ z,\ t)=Re\{\boldsymbol{H}(x,\ y)\exp[j(\beta z-\omega t)]\} \tag{1.12d}$$

式中, β 是波矢在 z 轴方向的分量, 定义为传播常数。电场和磁场结合成电磁场, 横向场分布为 $\boldsymbol{E}(x,\ y)$ 和 $\boldsymbol{H}(x,\ y)$, 它满足麦克斯韦方程组, 在直角坐标中电磁场三个分量分别为

$$\frac{\partial^2 E_i}{\partial x^2}+\frac{\partial^2 E_i}{\partial y^2}+\beta_t^2E_i=0,\quad i=x,y,z \tag{1.13a}$$

$$\frac{\partial^2 H_i}{\partial x^2}+\frac{\partial^2 H_i}{\partial y^2}+\beta_t^2H_i=0,\quad i=x,y,z \tag{1.13b}$$

式中, $\beta_t^2=n^2k_0^2-\beta^2$ 是横向波数。众所周知, 自由空间的电磁波是一个在传播方向没有分量的横波。但在介电波导中不仅存在 z 分量, 而且还扮演重要的角色, 因为 z 分量代表波导模式在横向的传播, 体现波导的限制作用, 而电磁场的横向分量可以写成 z 分量的函数。因此我们首先解出电场和磁场的 z 分量。

普通的阶跃折射率光纤轴向对称, 折射率分布如图1.1(a) 所示。柱坐标系下 E_z 和 H_z 的波动方程为

$$\begin{aligned}&\frac{\partial^2 E_z}{\partial r^2}+\frac{1}{r}\frac{\partial E_z}{\partial r}+\frac{1}{r^2}\frac{\partial^2 E_z}{\partial \varphi^2}+\beta_t^2E_z=0\\&\frac{\partial^2 H_z}{\partial r^2}+\frac{1}{r}\frac{\partial H_z}{\partial r}+\frac{1}{r^2}\frac{\partial^2 H_z}{\partial \varphi^2}+\beta_t^2H_z=0\end{aligned} \tag{1.14}$$

场的其他分量用麦克斯韦方程(1.9) 推导出来:

$$E_r = \frac{j}{\beta_t^2}\left(\beta \frac{\partial E_z}{\partial r} + \frac{\omega\mu}{r}\frac{\partial H_z}{\partial \varphi}\right) \tag{1.15a}$$

$$E_\varphi = \frac{j}{\beta_t^2}\left(\frac{\beta}{r}\frac{\partial E_z}{\partial \varphi} - \omega\mu \frac{\partial H_z}{\partial r}\right) \tag{1.15b}$$

$$H_r = \frac{j}{\beta_t^2}\left(\beta \frac{\partial H_z}{\partial r} - \frac{\omega\varepsilon}{r}\frac{\partial E_z}{\partial \varphi}\right) \tag{1.15c}$$

$$H_\varphi = \frac{j}{\beta_t^2}\left(\frac{\beta}{r}\frac{\partial H_z}{\partial \varphi} + \omega\varepsilon \frac{\partial E_z}{\partial r}\right) \tag{1.15d}$$

对于在圆周上折射率均匀的光纤，方程(1.14) 可以用分离变量的方法来解：

$$E_z(r,\varphi)\ [\text{and } H_z(r,\varphi)] = R(r)\vartheta(\varphi) \tag{1.16}$$

方程分解为

$$\frac{\partial^2 \vartheta}{\partial \varphi^2} + \nu^2 \vartheta = 0 \tag{1.17}$$

$$\frac{\partial^2 R}{\partial r^2} + \frac{1}{r}\frac{\partial R}{\partial r} + \left(\beta_t^2 - \frac{\nu^2}{r^2}\right)R = 0 \tag{1.18}$$

其中，ν 为包括 0 的整数。如图 1.7(a) 所示的光纤折射率在三个区域内均匀分布，因而每个区域内的 β_t 为常数。

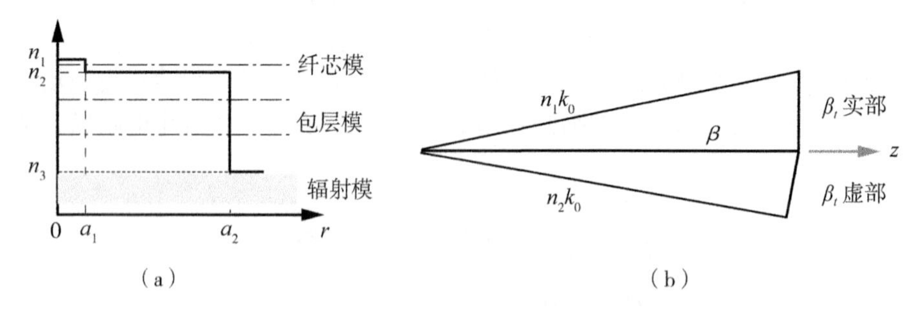

图 1.7　(a) 阶跃折射率光纤的折射率分布；(b)β 和 β_t 之间的关系

横向波数 $\beta_t = \sqrt{n_i^2 k_0^2 - \beta^2} = \sqrt{n_i^2 - n_{\text{eff}}^2}\,k_0$，$i = 1, 2, 3$，可以是实部，也可以有虚部，如图 1.7(b) 所示。根据图 1.7 (a) 中的折射率分布，存在纤芯模、包层模、辐射模三种模式。

方程(1.17) 的解为

$$\vartheta(\varphi) = \begin{cases} \cos\nu\varphi \\ \sin\nu\varphi \end{cases} \tag{1.19}$$

在三个区域是类似的。方程 (1.18) 是一个有标准解的贝塞尔方程。有物理意义的电磁场在 $r = 0$ 和 $r = \infty$ 处必须是有限值，得到其通解的表达式如下：

纤芯模 ($n_1k_0 > \beta > n_2k_0 > n_3k_0$)：

$$\begin{aligned} &R(r)=AJ_\nu(\beta_{t1}r), && a_1\geqslant r\geqslant 0\\ &R(r)=B_1K_\nu(\beta_{t2}r)+B_2I_\nu(\beta_{t2}r), && a_2\geqslant r>a_1\\ &R(r)=CK_\nu(\beta_{t3}r), && r>a_2 \end{aligned}\tag{1.20a}$$

包层模 $(n_1k_0>n_2k_0>\beta>n_3k_0)$：

$$\begin{aligned} &R(r)=AJ_\nu(\beta_{t1}r), && a_1\geqslant r\geqslant 0\\ &R(r)=B_1J_\nu(\beta_{t2}r)+B_2N_\nu(\beta_{t2}r), && a_2\geqslant r>a_1\\ &R(r)=CK_\nu(\beta_{t3}r), && r>a_2 \end{aligned}\tag{1.20b}$$

式中，$\beta_{t1}=\sqrt{n_1^2k_0^2-\beta^2}$，$\beta_{t2}=\sqrt{|n_2^2k_0^2-\beta^2|}$，$\beta_{t3}=\sqrt{|n_3^2k_0^2-\beta^2|}$；$J_\nu$ 和 N_ν 是第一类和第二类第 ν 阶贝塞尔函数；I_ν 和 K_ν 是第一类和第二类修正贝塞尔函数。第三区域通常为空气，折射率 $n_3=1$。当入射角小于包层和外部介质的界面上的临界角时，光束为辐射模，且 $\beta<n_3k_0$，$R(r)=CH_\nu(\beta_{t3}r)$，$H_\nu^{(1,2)}$ 是汉克尔函数。

1.2.2 边界条件和本征值方程

表达式(1.20)中的系数 A、B、C 由边界条件确定。在没有表面电荷和面电流的条件下，电磁场的边界条件通常写成 $E_{1t}=E_{2t}$，$\varepsilon_1E_{1n}=\varepsilon_2E_{2n}$，$H_{1t}=H_{2t}$ 和 $H_{1n}=H_{2n}$，其中，t 代表切向分量，n 代表垂直分量。在界面 $r=a_1$ 和 $r=a_2$ 处的边界条件为：

$$E_z(a_1)\big|_{\text{core}}=E_z(a_1)\big|_{\text{cladding}},\quad E_z(a_2)\big|_{\text{cladding}}=E_z(a_2)\big|_{\text{air}}\tag{1.21a}$$

$$\varepsilon_1E_r(a_1)\big|_{\text{core}}=\varepsilon_2E_r(a_1)\big|_{\text{cladding}},\quad \varepsilon_2E_r(a_2)\big|_{\text{cladding}}=\varepsilon_3E_r(a_2)\big|_{\text{air}}\tag{1.21b}$$

$$E_\varphi(a_1)\big|_{\text{core}}=E_\varphi(a_1)\big|_{\text{cladding}},\quad E_\varphi(a_2)\big|_{\text{cladding}}=E_\varphi(a_2)\big|_{\text{air}}\tag{1.21c}$$

$$H_z(a_1)\big|_{\text{core}}=H_z(a_1)\big|_{\text{cladding}},\quad H_z(a_2)\big|_{\text{cladding}}=H_z(a_2)\big|_{\text{air}}\tag{1.21d}$$

$$H_r(a_1)\big|_{\text{core}}=H_r(a_1)\big|_{\text{cladding}},\quad H_r(a_2)\big|_{\text{cladding}}=H_r(a_2)\big|_{\text{air}}\tag{1.21e}$$

$$H_\varphi(a_1)\big|_{\text{core}}=H_\varphi(a_1)\big|_{\text{cladding}},\quad H_\varphi(a_2)\big|_{\text{cladding}}=H_\varphi(a_2)\big|_{\text{air}}\tag{1.21f}$$

可以证明，各边界上的 6 个边界条件中有 4 个是独立的，而另外两个可以根据电磁场的基本性质由前 4 个独立方程导出。

对于在纤芯内传导的光波，第二个边界距离很远，对纤芯光波的影响可以忽略，因而可以用两区域的模型来代替三区域模型，$R(r)$ 可简化为

$$R(r)=\begin{cases}AJ_\nu(\beta_{t1}r), & r\leqslant a=a_1\\ BK_\nu(\beta_{t2}r), & r\geqslant a,\ n_1k>\beta>n_2k\end{cases}\tag{1.22}$$

$$R(r)=\begin{cases}AJ_\nu(\beta_{t1}r), & r\leqslant a=a_1\\ BH_\nu(\beta_{t2}r), & r\geqslant a,\ \beta<n_2k\end{cases}\tag{1.23}$$

至此，电场和磁场的 z 分量都已经导出，代入边界条件，就可以求出传播常数 β 和系数 A、B。记 $u=\beta_{t1}a=\sqrt{n_1^2k_0^2-\beta^2}\,a$，$w=\beta_{t2}a=\sqrt{|n_2^2k_0^2-\beta^2|}\,a$，$x_1=\beta_{t1}r$，$x_2=\beta_{t2}r$，得到两个简并模式：

$$\begin{aligned} E_z^{(x)}&=\begin{cases}AJ_\nu(x_1)\cos\nu\varphi, & r\leqslant a\\ BK_\nu(x_2)\cos\nu\varphi, & r\geqslant a\end{cases}\\ H_z^{(x)}&=\begin{cases}CJ_\nu(x_1)\sin\nu\varphi, & r\leqslant a\\ DK_\nu(x_2)\sin\nu\varphi, & r\geqslant a\end{cases} \end{aligned}\tag{1.24a}$$

$$E_z^{(y)} = \begin{cases} AJ_\nu(x_1)\sin\nu\varphi, & r \leqslant a \\ BK_\nu(x_2)\sin\nu\varphi, & r \geqslant a \end{cases}$$
$$H_z^{(y)} = \begin{cases} CJ_\nu(x_1)\cos\nu\varphi, & r \leqslant a \\ DK_\nu(x_2)\cos\nu\varphi, & r \geqslant a \end{cases} \tag{1.24b}$$

由以上可以看到，$\vartheta(H_z)$ 和 $\vartheta(E_z)$ 之间存在$\frac{\pi}{2}$的相移，以满足麦克斯韦方程。两组模式分别对应 x 轴和 y 轴方向偏振。值得注意的是，u 和 w 之间存在一个重要的关系式

$$u^2 + w^2 = (n_1^2 - n_2^2)k^2a^2 = V^2 \tag{1.25}$$

式中，$V = \sqrt{n_1^2 - n_2^2}k_0a = n\sqrt{2\Delta}k_0a$ 是一个重要参数，称为归一化频率。

电场和磁场 z 分量的边界条件要求 $E_z(a)|_{\text{core}} = E_z(a)|_{\text{cladding}}$ 和 $H_z(a)|_{\text{core}} = H_z(a)|_{\text{cladding}}$，于是得到关系 $B/A = D/C = J_\nu(u)/K_V(w)$。下面我们用 q 表示该比例，从（1.15）式推导出电场和磁场分量如下：

$$E_r^{(x)} = j\begin{cases} \dfrac{1}{\beta_{t1}}\left[A\beta J'_\nu(x_1) + C\dfrac{\nu\omega\mu_0}{x_1}J_\nu(x_1)\right]\cos\nu\varphi \\ \dfrac{-q}{\beta_{t2}}\left[A\beta K'_\nu(x_2) + C\dfrac{\nu\omega\mu_0}{x_2}K_\nu(x_2)\right]\cos\nu\varphi \end{cases} \tag{1.26a}$$

$$E_\varphi^{(x)} = j\begin{cases} \dfrac{-1}{\beta_{t1}}\left[A\dfrac{\nu\beta}{x_1}J_\nu(x_1) + C\omega\mu_0 J'_\nu(x_1)\right]\sin\nu\varphi \\ \dfrac{q}{\beta_{t2}}\left[A\dfrac{\nu\beta}{x_2}K_\nu(x_2) + C\omega\mu_0 K'_\nu(x_2)\right]\sin\nu\varphi \end{cases} \tag{1.26b}$$

$$H_r^{(x)} = j\begin{cases} \dfrac{1}{\beta_t}\left[A\dfrac{\nu\omega\varepsilon_1}{x_1}J_\nu(x_1) + C\beta J'_\nu(x_1)\right]\sin\nu\varphi \\ \dfrac{-q}{\beta_{t2}}\left[A\dfrac{\nu\omega\varepsilon_2}{x_2}K_\nu(x_2) + C\beta K'_\nu(x_2)\right]\sin\nu\varphi \end{cases} \tag{1.26c}$$

$$H_\varphi^{(x)} = j\begin{cases} \dfrac{1}{\beta_{t1}}\left[A\omega\varepsilon_1 J'_\nu(x_1) + C\dfrac{\nu\beta}{x_1}J_\nu(x_1)\right]\cos\nu\varphi \\ \dfrac{-q}{\beta_{t2}}\left[A\omega\varepsilon_2 K'_\nu(x_2) + C\dfrac{\nu\beta}{x_2}K_\nu(x_2)\right]\cos\nu\varphi \end{cases} \tag{1.26d}$$

及

$$E_r^{(y)} = j\begin{cases} \dfrac{1}{\beta_t}\left[A\beta J'_\nu(x_1) - C\dfrac{\nu\omega\mu_0}{x_1}J_\nu(x_1)\right]\sin\nu\varphi \\ \dfrac{-q}{\beta_{t2}}\left[A\beta K'_\nu(x_2) - C\dfrac{\nu\omega\mu_0}{x_2}K_\nu(x_2)\right]\sin\nu\varphi \end{cases} \tag{1.27a}$$

$$E_\varphi^{(y)} = j\begin{cases} \dfrac{1}{\beta_{t1}}\left[A\dfrac{\nu\beta}{x_1}J_\nu(x_1) - C\omega\mu_0 J'_\nu(x_1)\right]\cos\nu\varphi \\ \dfrac{-q}{\beta_{t2}}\left[A\dfrac{\nu\beta}{x_2}K_\nu(x_2) - C\omega\mu_0 K'_\nu(x_2)\right]\cos\nu\varphi \end{cases} \tag{1.27b}$$

$$H_r^{(y)}=j\begin{cases}\dfrac{-1}{\beta_1}\left[A\dfrac{\nu\omega\varepsilon}{x_1}J_\nu(x_1)-C\beta J'_\nu(x_1)\right]\cos\nu\varphi\\ \dfrac{q}{\beta_{t2}}\left[A\dfrac{\nu\omega\varepsilon}{x_2}K_\nu(x_2)-C\beta K'_\nu(x_2)\right]\cos\nu\varphi\end{cases}\tag{1.27c}$$

$$H_\varphi^{(y)}=j\begin{cases}\dfrac{1}{\beta_f}\left[A\omega\varepsilon J'_\nu(x_1)-C\dfrac{\nu\beta}{x_1}J_\nu(x_1)\right]\sin\nu\varphi\\ \dfrac{-q}{\beta_{t2}}\left[A\omega\varepsilon K'_\nu(x_2)-C\dfrac{\nu\beta}{x_2}K_\nu(x_2)\right]\sin\nu\varphi\end{cases}\tag{1.27d}$$

其中，贝塞尔函数加“′”代表对变量x_1或x_2的导数。对光频段非磁性介质有$\mu_1=\mu_2=\mu_0$，各分量的上下两行分别对应于$(r\leqslant a)$和$(r>a)$两个区域。使用边界条件(1.21b)和(1.21c)，得到

$$A\beta\left[\frac{\varepsilon_1 J'_\nu(u)}{uJ_\nu(u)}+\frac{\varepsilon_2 K'_\nu(w)}{wK_\nu(w)}\right]\pm C\nu\omega\mu_0\left[\frac{\varepsilon_1}{u^2}+\frac{\varepsilon_2}{w^2}\right]=0\tag{1.28}$$

以及

$$A\nu\beta\left[\frac{1}{u^2}+\frac{1}{w^2}\right]\pm C\omega\mu_0\left[\frac{J'_\nu(u)}{uJ_\nu(u)}+\frac{K'_\nu(w)}{wK_\nu(w)}\right]=0\tag{1.29}$$

其中，系数C前面的符号“+”对应x轴方向偏振模式，符号“−”对应y轴方向偏振模式。这样我们得到下面的方程[13]：

$$\left[\frac{J'_\nu(u)}{uJ_\nu(u)}+\frac{K'_\nu(w)}{wK_\nu(w)}\right]\left[\frac{\varepsilon_1 J'_\nu(u)}{uJ_\nu(u)}+\frac{\varepsilon_2 K'_\nu(w)}{wK_\nu(w)}\right]=\nu^2\left(\frac{1}{u^2}+\frac{1}{w^2}\right)\left(\frac{\varepsilon_1}{u^2}+\frac{\varepsilon_2}{w^2}\right)\tag{1.30a}$$

从条件(1.21c)和(1.21e)还得到一个等效的方程[14]：

$$\left[\frac{J'_\nu(u)}{uJ_\nu(u)}+\frac{K'_\nu(w)}{wK_\nu(w)}\right]\left[\frac{\varepsilon_1 J'_\nu(u)}{uJ_\nu(u)}+\frac{\varepsilon_2 K'_\nu(w)}{wK_\nu(w)}\right]=\frac{\nu^2\beta^2}{\omega^2\mu_0}\left[\frac{1}{u^2}+\frac{1}{w^2}\right]^2\tag{1.30b}$$

引入u和w的定义式，由本征值方程式(1.30a)和(1.30b)就可以确定传播常数$\beta=\beta(V)$，其中，$V=(u^2+w^2)^{\frac{1}{2}}=\sqrt{n_1^2-n_2^2}k_0a$。

由于贝塞尔函数$J_\nu(u)$具有衰减的周期振荡的形式，对于一个特定的整数ν，通常本征方程有多个根，标记为$l=1,2,\cdots$。这意味着纤芯模只能取离散的β值，每一个特定的模式用一对整数ν、l来标记。这反映了波导边界上的相位匹配要求，是纤芯模的基本性质。只有辐射模的β可以取连续变化的值。

1.2.3 弱导近似和混合模

对于光纤通信和传感中用的传统光纤，纤芯和包层的折射率差很小，通常在0.003左右。使用近似条件$\varepsilon_1\approx\varepsilon_2$不会引起传播特性的显著误差，称为弱导近似[15]。于是，本征方程简化为

$$\left[\frac{J'_\nu(u)}{uJ_\nu(u)}+\frac{K'_\nu(w)}{wK_\nu(w)}\right]=\pm\nu\left(\frac{1}{u^2}+\frac{1}{w^2}\right)\tag{1.31}$$

这一本征值方程的解要分三种情况讨论：① $\nu=0$；② $\nu\neq0$ 符号“−”；③ $\nu\neq0$ 符

号“+”。

对于 $\nu=0$，方程（1.17）的解变为 $\vartheta(\varphi)=\text{const.}$；表达式(1.23)和式(1.24)中的系数有 $A=B=0$ 或 $C=D=0$ 两种取值，前者对应横电模(TE)，后者对应横磁模(TM)。它们有相同的本征方程：

$$\frac{J_0'(u)}{uJ_0(u)}+\frac{K_0'(w)}{wK_0(w)}=0 \tag{1.32a}$$

根据贝塞尔函数的关系式：

$$J_\nu'(x)=\frac{\nu}{x}J_\nu(x)-J_{\nu+1}(x)=-\frac{\nu}{x}J_\nu(x)+J_{\nu-1}(x)$$

$$K_\nu'(x)=\frac{\nu}{x}K_\nu(x)-K_{\nu+1}(x)=-\left[\frac{\nu}{x}K_\nu(x)+K_{\nu-1}(x)\right]$$

式(1.32a)可改写为

$$\frac{J_1(u)}{uJ_0(u)}+\frac{K_1(w)}{wK_0(w)}=0 \tag{1.32b}$$

对于 $\nu\neq0$，本征方程为

$$\frac{J_{\nu-1}(u)}{uJ_\nu(u)}-\frac{K_{\nu-1}(w)}{wK_\nu(w)}=0 \tag{1.32c}$$

和

$$\frac{J_{\nu+1}(u)}{uJ_\nu(u)}+\frac{K_{\nu+1}(w)}{wK_\nu(w)}=0 \tag{1.32d}$$

分别对应（1.31）中的符号“-”和“+”。

从式(1.28)和式(1.29)中可以看出，在 $\nu\neq0$ 情况下，A、C 都不能为 0。这就是说，传导中的光波既不是横电模，也不是横磁模，与自由空间中的横电磁波的性质不同。这样的模式称为混合模，对应于(1.32c)和(1.32d)的模式分别记为 HE 模和 EH 模。

方程(1.28)和(1.29)给出了电场和磁场幅度的比例关系，对于 HE 模的 x 分量及 EH 模的 y 分量，有 $C=(\beta/\omega\mu_0)A$；对于 HE 模的 y 分量和 EH 模的 x 分量，$C=-(\beta/\omega\mu_0)A$。

我们重新定义标记模式的角标[13]：对 $\nu=0$ 的 TM 模和 TE 模，取 $m=1$；对 $\nu>0$ 的 HE 模，取 $m=\nu-1$；而对 $\nu>0$ 的 EH 模，取 $m=\nu+1$。这样，三个本征值方程(1.32b)、(1.32c)、(1.32d)可以写成统一的形式：

$$\frac{uJ_{m-1}(u)}{J_m(u)}+\frac{wK_{m-1}(w)}{K_m(w)}=0 \tag{1.33}$$

相同的本征方程表明，对相同的模式阶数 m 和 l，HE、EH、TE 和 TM 模有相同的传播常数 β。换句话说，在弱导近似下，它们是简并的。简并模式组成线性偏振模，标记为 LP_{ml}，其偏振性质不再详细讨论。

对不同的光纤结构和波长的本征值方程要用数值计算方法来解。为显示传播常数与归一化频率 V 的关系，定义归一化有效折射率：

$$b=\frac{n_{\text{eff}}^2-n_2^2}{n_1^2-n_2^2}=\frac{\beta^2-n_2^2k_0^2}{(n_1^2-n_2^2)k_0^2}=\frac{w^2}{V^2} \tag{1.34}$$

于是有效折射率可以表示成 $n_{\mathrm{eff}}^2 = b(n_1^2 - n_2^2) + n_2^2$。图 1.8 给出了最低阶的几个模式的 b-V 曲线。

由式(1.34)可以看到，一个特定模式的传播常数β随归一化频率V的减小而减小，直到其值达到n_2k_0。在该点，$b=0$，$w=0$，$u=V$，这意味着当归一化频率小于V_c时，对应的模式不能存在，`也就是说模式在该点截止。对于特定结构参数的光纤，归一化频率随波长增大而减小。当波长增大时，存在的模式数减小，直到只有基模存在。当远离截止点时，传播常数及有效折射率可近似为

$$\beta \approx n_1k_0 - \frac{u^2}{2n_1k_0a^2} \tag{1.35a}$$

$$n_{\mathrm{eff}} \approx n_1 - \frac{u^2}{2n_1k_0^2a^2} \tag{1.35b}$$

这在讨论光纤性质时是很有用的[16]。

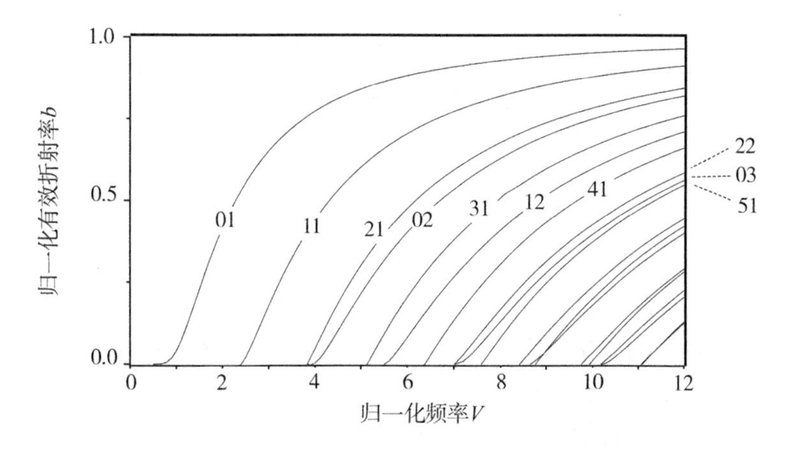

图 1.8 归一化有效折射率随归一化频率的变化

基模的存在不受波长限制，因为其截止频率 $V_c=0$，对应无限大的 λ。基模是具有最小整数 m、l 的模式，即 LP_{01}模或 HE_{11} 模，对应着 0 阶模式本征值方程的第一个根：

$$\frac{J_0(u)}{uJ_1(u)} - \frac{K_0(w)}{wK_1(w)} = 0 \tag{1.36}$$

高阶模的截止条件根据 $w=0$ 的条件由本征方程导出。根据 $w \to 0$ 时，$K_m(w)$ 的近似公式为 $K_0(w) \approx \ln\left(\frac{2}{\gamma\omega}\right)$，式中欧拉常数 $\gamma \simeq 1.781$，以及当 $m \geqslant 1$ 时，$K_m(w) \approx \frac{(m-1)!}{2}\left(\frac{2}{w}\right)^m$，可得截止条件为

$$\frac{VJ_{m-1}(V)}{J_m(V)} = \frac{-wK_{m-1}(w)}{K_m(w)} \approx -\frac{w^2}{2(m-1)} \to 0$$

即

$$J_{m-1}(V)=0 \tag{1.37}$$

LP_{11} 模的截止条件是 $J_0(V)$ 的第一个零点，即 $V_c=2.4048$。这就是单模光纤的条件。低于这个点时，只有 LP_{01} 模在光纤中传播。在弱导近似下，几个最低阶模式的截止频率方程见表 1.1。

表 1.1　**几个低阶模式的截止频率**

LP 模	混合模	本征方程	V_c	截止模式
LP_{01}	HE_{11}	$J_0(V)=0,\ l=1$	2.4048	LP_{11} 和高阶模式
LP_{11}	$TM_{01}/TE_{01}/HE_{21}$	$J_1(V)=0,\ l=1$	3.8317	LP_{21}，LP_{02} 和高阶模式
LP_{21}，LP_{02}	$HE_{12}/HE_{31}/EH_{11}$	$J_2(V)=0,\ l=1$	5.1356	LP_{31} 和高阶模式
LP_{31}	HE_{41}/EH_{21}	$J_0(V)=0,\ l=2$	5.5201	LP_{12} 和高阶模式
LP_{12}	$TM_{02}/TE_{02}/HE_{22}$	$J_3(V)=0,\ l=1$	6.3802	LP_{41} 和高阶模式
LP_{41}	HE_{51}/EH_{31}	$J_1(V)=0,\ l=2$	7.0156	LP_{22}，LP_{03} 和高阶模式

注：LP_{2l} 模和 $LP_{0(l+1)}$ 模本征方程不同，但截止频率相同，因为 $J_{-1}(x)=-J_1(x)$。

1.2.4　脉冲在光纤中的传播

方程(1.5) 和(1.6) 表明，光纤中光波的传播速度由传播常数 β 决定。由于材料色散以及波导效应，β 具有色度色散的性质，如图 1.6 所示。色散引起不同光谱成分的不同传播速度，导致脉冲形状的变化。为了分析光脉冲的传播，将光波的电场写为[6]

$$\boldsymbol{E}(x,y,z,t)=Re\{E(x,y)A(z,t)\exp[j(\beta z-\omega t)]\} \tag{1.38}$$

其中，$A(z,t)$ 表示光脉冲的幅度。作为一个基本的物理规律，时变的光波必然对应有限的谱宽度，可从傅里叶变化得到

$$\tilde{A}(z,\omega)=\frac{1}{\sqrt{2\pi}}\int_{-\infty}^{\infty}A(z,t)\exp(j\omega t)\mathrm{d}t \tag{1.39}$$

为了理解光纤中传播光脉冲的演化，作为一个典型例子，我们研究一个具有高斯型幅度的啁啾输入脉冲的情形：

$$A(t)\big|_{z=0}=A_0\exp\left[-\frac{t^2}{2\tau^2}(1+jC)-j\omega_0 t\right] \tag{1.40}$$

式中，ω_0 为中心频率；C 为啁啾参数。这说明脉冲的瞬时频率是时变，表示为 $\omega_0+\left(\frac{C}{2\tau^2}\right)t$，而 $\frac{\tau}{\sqrt{1+C^2}}$ 是脉冲强度 $I(z,t)=|A(z,t)|^2$ 的 $1/e$ 宽度。脉冲的光谱为

$$\tilde{A}(\omega)\big|_{z=0}=A_0\tau\exp\left[-\frac{(\omega-\omega_0)^2\tau^2}{2(1+jC)}\right] \tag{1.41}$$

光脉冲在表示为式(1.5) 的色散传输常数为 β 的光纤中传输时，其幅度随传输距离 z 的演化可由逆傅里叶变换给出：

$$A(z, t)=\frac{1}{\sqrt{2\pi}}\int_{-\infty}^{\infty}\tilde{A}(\omega)\exp[j(\beta z-\omega t)]\mathrm{d}\omega \tag{1.42}$$

将式(1.5)代入积分后，可得到幅度的波形为

$$A(z, t)=A_0\tau\sqrt{\frac{1+jC}{\tau^2-j\beta_2 z(1+jC)}}\exp\left\{\frac{-\hat{t}^2(1+jC)}{2[\tau^2-j\beta_2 z(1+jC)]}\right\}\exp[j(\beta_0 z-\omega_0 t)] \tag{1.43}$$

其中，$\hat{t}=t-\frac{z}{v_g}$是在移动坐标系中的时间。这意味着峰以群速度v_g运动，而不是按相速度$v_p=\frac{\omega_0}{\beta_0}$运动。强度波形为

$$I(z, t)=I_0\tau^2\sqrt{\frac{1+C^2}{(\tau^2+\beta_2 zC)^2+(\beta_2 z)^2}}\exp\left[\frac{-\hat{t}^2}{(\tau^2+\beta_2 zC)^2+(\beta_2 z)^2}\right] \tag{1.44}$$

从式(1.44)可知，在$\beta_2\neq 0$情形下，脉冲宽度随传播距离而变化。从式(1.38)推导出，脉冲宽度将在$z_{\min}$点达到最小：

$$z_{\min}=\frac{-\tau^2 C}{(1+C^2)\beta_2} \tag{1.45}$$

根据光纤色散参数设计合适的啁啾正负，$z_{\min}$可以是一个正值。$z_{\min}$处，脉冲宽度为$\Delta t_{1/e}=\frac{\tau}{\sqrt{1+C^2}}$，小于入射脉宽。这就是所谓的脉冲压窄预啁啾技术的基本原理。

在$z_{\min}$之后，或$(C/\beta_2)>0$时，脉冲宽度随传输距离增加而增加。当传播距离足够大时，强度近似为

$$I(z, t)\approx\frac{I_0\tau^2}{\beta_2 z}\exp\left[\frac{-\hat{t}^2\tau^2}{(1+C^2)\beta_2^2 z^2}\right] \tag{1.46}$$

表面脉宽正比于z，写成$\Delta t_{1/e}=\frac{\sqrt{1+C^2}|\beta_2|z}{\tau}$，与色散和啁啾的正负号无关。注意脉冲宽度越小，展宽宽度越大，这是合理的，因为脉冲宽度越小，谱宽度越大。

我们有必要也对脉冲的光谱成分作一下分析。从式(1.43)指数项中提取出一个相位因子Φ，得到瞬时频率：

$$\hat{\omega}(\hat{t})=\frac{\partial\Phi(t)}{\partial t}=\omega_0+\frac{\hat{t}[C\tau^2+\beta_2 z(1+C^2)]}{[(\tau^2+\beta_2 zC)^2+(\beta_2 z)^2]}\approx\omega_0+\frac{\hat{t}}{\beta_2 z} \tag{1.47}$$

式中，最后一个近似适用于z足够大的情况。由此可以看到，脉冲时间内瞬时频率与时间$\hat{t}$成正比，即所谓的红移或蓝移，与色散的正负号有关。图1.9给出了脉冲展宽红移示意图。值得注意的是，只要不存在非线性效应，脉冲的总光谱在传播过程中不变。

对于高斯型之外的任意波形的输入脉冲，脉冲振幅A可能无法用解析函数来表示。这就需要从考虑折射率色散、甚至非线性项和损耗项的时域方程来解，即[6]

$$\frac{\partial A}{\partial z}+\beta_1\frac{\partial A}{\partial t}+j\frac{\beta_2}{2}\frac{\partial^2 A}{\partial t^2}+\frac{\alpha_L}{2}A=j\gamma|A|^2 A \tag{1.48}$$

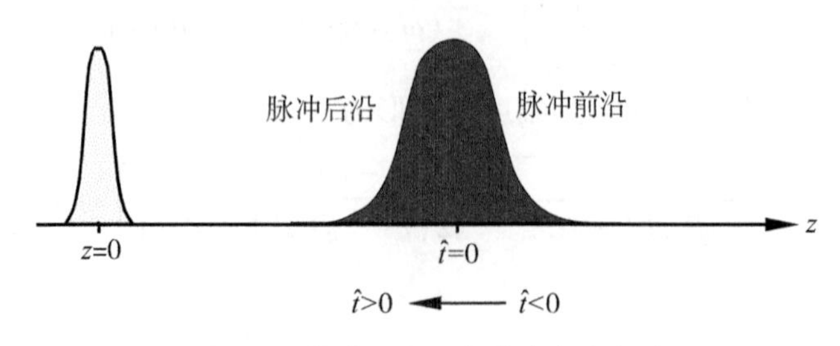

图 1.9　脉冲展宽和光谱移动示意图

式中，$\beta_m = \left(\dfrac{\partial^m \beta}{\partial \omega^m}\right)_{\omega=\omega_0}$ 是色散因子；α_L 代表比尔 - 朗伯定律描述的损耗；$\gamma = \dfrac{n^{(2)}\beta_0}{A_{\text{eff}}}$ 是非线性参数，其中 $n^{(2)}$ 为非线性折射率系数，A_{eff} 为有效模式面积。方程(1.48) 通常称为非线性薛定谔方程，它和考虑更多带非线性项的修正方程是超短脉冲光学的理论基础。

1.3　光纤敏感性

光纤对物理条件的敏感性是光纤器件和光纤传感器的基础。本节我们分析单模光纤对于温度、应变、弯曲和扭转的敏感性。

1.3.1　光纤的温度敏感性

温度对光纤特性的影响包括材料的热膨胀和热光效应。前者在几乎所有材料中都会发生，可以描述为

$$\Delta L = \alpha L \Delta T \tag{1.49}$$

式中，L 是光纤的长度；α 为热膨胀系数，对于石英光纤，$\alpha = 0.55 \times 10^{-6}℃^{-1}$[17, 18]。

第二个效应是温度对光纤有效折射率的影响，可以描述为

$$\Delta n_{\text{eff}} = \xi n_{\text{eff}} \Delta T \tag{1.50}$$

这主要归因于石英材料的热光效应。可以测得石英材料的$\dfrac{\mathrm{d}n}{\mathrm{d}T} \sim 1 \times 10^{-5}\mathrm{K}^{-1}$。加上较小的波导的温度效应，复合材料系数为$\xi \approx 7 \times 10^{-6}\mathrm{K}^{-1}$。与热膨胀系数相比，热光效应要大一个数量级。

这样，在一段长度为 L 的光纤上的相移 $\phi = n_{\text{eff}}kL$ 将受到温度改变的调制：

$$\Delta\phi = (\alpha + \xi) n_{\text{eff}} kL\Delta T \tag{1.51}$$

温度的变化还会产生热应力，这主要是由于光纤和保护层材料的热膨胀系数差别而产生的。保护结构包括包套以及光缆保护材料等。针对不同情况，这种热应力必须单独分析。

实际上，温度的瞬时变化和热传导现象将会导致动态的热效应。这种效应通常是低速的，它会引起信号的漂移，在高精度、高稳定性传感器中，必须详细分析它所产生的影响。

1.3.2 光纤的轴向应变敏感性

当在一段光纤的轴向方向施加外力时，光纤将会产生轴向应变。根据弹性力学理论，在固体材料中的应变和应力必须用张量来表示。应力、应变张量具有六个分量，分别为三个法向分量和三个切向分量。

对于轴向应变，不存在切向应力和切向形变。根据胡克定理，应变正比于应力，具体表达如下：

$$\begin{pmatrix} e_x \\ e_y \\ e_z \end{pmatrix} = \frac{1}{Y}\begin{pmatrix} 1 & -\nu & -\nu \\ -\nu & 1 & -\nu \\ -\nu & -\nu & 1 \end{pmatrix}\begin{pmatrix} \sigma_x \\ \sigma_y \\ \sigma_z \end{pmatrix} \tag{1.52}$$

式中，σ_x，σ_y 和 σ_z 为施加在光纤上的正应力；e_x，e_y 和 e_z 为由应力产生的正应变；Y 是石英的杨氏模量；ν 是泊松比，它描述了由纵向变形导致的横向形变。不考虑 x 轴和 y 轴方向的外力，有 $\sigma_x = \sigma_y = 0$，$\sigma_z = \dfrac{F}{A}$，其中 $\boldsymbol{F}$ 是轴向力，A 是光纤的横截面积。因此，产生的应变可以写为：

$$\begin{pmatrix} e_x \\ e_y \\ e_z \end{pmatrix} = \frac{F}{AY}\begin{pmatrix} 1 & -\nu & -\nu \\ -\nu & 1 & -\nu \\ -\nu & -\nu & 1 \end{pmatrix}\begin{pmatrix} 0 \\ 0 \\ 1 \end{pmatrix} = \frac{F}{AY}\begin{pmatrix} -\nu \\ -\nu \\ 1 \end{pmatrix} \tag{1.53}$$

如果轴向力是正，$F > 0$，光纤被拉伸，同时横截面缩小；如果反方向加力，同时能保持光纤笔直，它就在轴向被压缩，而横截面增大。杨氏模量 Y 和泊松比 ν 是材料的基本参数，石英的参数 $Y = 6.5 \times 10^{10}\mathrm{N/m^2}$，$n = 0.17$[17][18]。

应变导致弹光效应，即折射率将会随着应变的增加而变化。对于轴向应变，光纤的折射率改变量可以描述为

$$\Delta\left(\frac{1}{n^2}\right) = \frac{-2}{n^3}\begin{pmatrix} \Delta n_x \\ \Delta n_y \\ \Delta n_z \end{pmatrix} = \begin{pmatrix} p_{11} & p_{12} & p_{12} \\ p_{12} & p_{11} & p_{12} \\ p_{12} & p_{12} & p_{11} \end{pmatrix}\begin{pmatrix} e_x \\ e_y \\ e_z \end{pmatrix} = \begin{pmatrix} p_{11}e_x + p_{12}(e_y + e_z) \\ p_{11}e_y + p_{12}(e_x + e_z) \\ p_{11}e_z + p_{12}(e_x + e_y) \end{pmatrix} \tag{1.54}$$

将式(1.53)代入(1.54)，可以得到

$$\begin{pmatrix} \Delta n_x \\ \Delta n_y \\ \Delta n_z \end{pmatrix} = \frac{-n^3 e_z}{2}\begin{pmatrix} (1-\nu)p_{12} - \nu p_{11} \\ (1-\nu)p_{12} - \nu p_{11} \\ p_{11} - 2\nu p_{12} \end{pmatrix} = \frac{-n^3 F}{2AY}\begin{pmatrix} (1-\nu)p_{12} - \nu p_{11} \\ (1-\nu)p_{12} - \nu p_{11} \\ p_{11} - 2\nu p_{12} \end{pmatrix} \tag{1.55}$$

单模光纤传输的光波基本上为横模，因此有效折射率变化量近似等于 Δn_x：

$$\Delta n_{\mathrm{eff}} = \frac{-n^3[(1-\nu)p_{12} - \nu p_{11}]e_z}{2} = \gamma n e_z \tag{1.56}$$

其中，$\gamma = \dfrac{-n^2[(1-\nu)p_{12} - \nu p_{11}]}{2}$，通常称为有效弹光系数。对于块状石英，在波长为 632.8nm 处，弹光系数 $p_{11} = 0.113$、$p_{12} = 0.252$[14, 6]。在近红外波段用这些系数去估计弹光系数不会产生很大误差，可以得出石英光纤 $\gamma = -0.22$。与光纤长度的变化量 $\delta L = e_z L$ 相

加，轴向应变导致的相移可以写为

$$\Delta\phi = (1+\gamma)nkLe_z \approx 0.78nkLe_z \tag{1.57}$$

利用这一特性，可以制作各种不同的光纤器件和光纤传感器。电驱动的相位调制器可以简单通过将一段光纤在压电陶瓷(PZT)棒上紧紧缠绕，这样就可以获得一个电驱动的相位调制器。将一段光纤粘在机器或建筑的待测部位的表面，就可以通过光相位测量得到其形变的信息。应变导致的相移可以通过光纤干涉仪去测量，这样的干涉仪可以是光纤马赫-泽德干涉仪或迈克尔逊干涉仪。在光纤光栅中，应变将会导致反射光谱的变化。

1.3.3　光纤对侧向压力的敏感性

施加在光纤上的侧向压力大致可以分为两种情况：一种是径向压力，另一种是直径方向上的单向压力，如图 1.10(a) 和 (b) 所示。

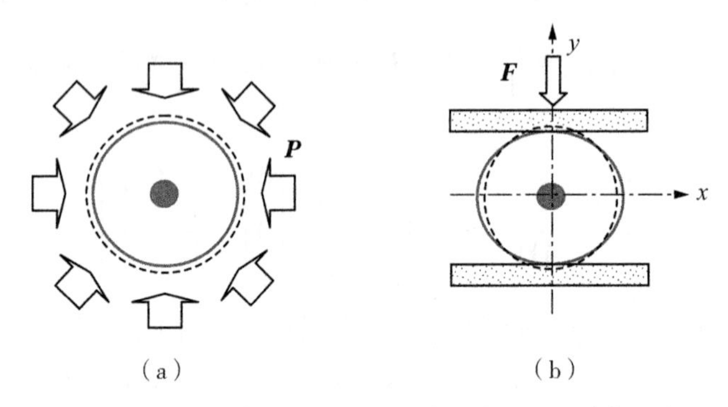

图 1.10　(a) 施加在光纤上的径向压力；(b) 单向压力

因为受外界压力作用的光纤长度通常比横向尺寸大得多，故轴向应力可忽略。而轴向应变可以从横向应力推导得到，即 $e_z = \frac{-\nu(\sigma_x+\sigma_y)}{Y}$。这样，应力/应变问题可以看作一个二维问题即平面形变问题来处理。在这种情况下，应力和应变仅存在于 x-y 平面上，关于 z 轴方向上的切向应力为零，$\sigma_{zx}=\sigma_{zy}=0$。要求解的参数还有 e_x，e_y，e_{xy}，σ_x 和 σ_y，它们必须满足胡克定律和受力平衡方程。下面具体分析这两种情况。

1. 在径向压力作用下的光纤

参考文献[13] 分析了径向压力的效应。径向受压的一个例子是沉没在水下面一定深度的一段光纤。在压力的作用下，光纤的横截面被挤压。在柱坐标下，形变仅发生在径向，形变矢量径向 $u_r = u(r)$，$u_\varphi = 0$。径向和环向方向的应变可以表示为[13] $e_{rr} = \frac{\partial u_r}{\partial r}$，$e_{\varphi\varphi} = \frac{1}{r}\frac{\partial u_\varphi}{\partial \varphi} + \frac{u_r}{r} = \frac{u_r}{r}$。应力平衡可以推导出形变矢量满足方程 $\nabla(\nabla\cdot \boldsymbol{u}) = 0$；因此有

$$\nabla\cdot \boldsymbol{u} = \frac{1}{r}\frac{\mathrm{d}[ru(r)]}{\mathrm{d}r} = \text{const.} \tag{1.58}$$

可以解出 $u(r)=ar+\frac{b}{r}$，其中 a 和 b 表示待定常数；因此应变可以得到

$$e_r=a-\frac{b}{r^2} \text{ 和 } e_\varphi=a+\frac{b}{r^2} \tag{1.59}$$

由边界条件 $\sigma_r(R)=P$（P 为施加在 $r=R$ 外表面的压力）和光纤中心点的条件 $u(0)=0$，可以得出常数 a 和 b 为 $a=\frac{(1+\nu)(1-2\nu)P}{Y}$，$b=0$。这样，就可以导出应变为

$$e_x=e_y=e_r=\frac{(1+\nu)(1-2\nu)P}{Y} \tag{1.60}$$

值得注意的是，光纤内的应变是均匀的，且与光纤半径无关。

对于实际的光纤，裸石英光纤外通常有一层外套，如图 1.11 所示，这肯定会影响到压力传递。在这种情况下，等式(1.58) 和它的解(1.59) 仍然成立。但是必须考虑一个由不同的杨氏模量 Y、Y_1 和不同的泊松比 ν、ν_1 的两种材料构成的两层模型[19]。在光纤中，公式(1.60) 仍然成立。在光纤包层和外套之间的边界上，径向应力和环向形变必须满足连续性条件，则

$$\sigma_{r1}(R)=\frac{Y_1}{(1+\nu_1)(1-2\nu_1)}\left[a-\frac{b(1-2\nu_1)}{R^2}\right]=\sigma_r(R)=P \tag{1.61a}$$

$$e_{\theta1}(R)=a+\frac{b}{R^2}=\varepsilon_\theta(R)=\frac{(1+\nu)(1-2\nu)P}{Y} \tag{1.61b}$$

在包套的外边界处，径向应力就等于外部施加的压力：

$$\sigma_{r1}(R_1)=\frac{Y_1}{(1+\nu_1)(1-2\nu_1)}\left[a-\frac{b(1-2\nu_1)}{R_1^2}\right]=P_1 \tag{1.61c}$$

由此，可导出光纤的内部压力和外界压力的比为

$$\frac{P_1}{P}=\frac{1}{2}\left[\frac{Y_1}{Y}\frac{(1+\nu)(1-2\nu)}{1-\nu_1^2}\left(1-\frac{\frac{R^2}{R_1^2}}{1-2\nu_1}\right)+\frac{1+\frac{R^2}{R_1^2}}{1-\nu_1}\right] \tag{1.62}$$

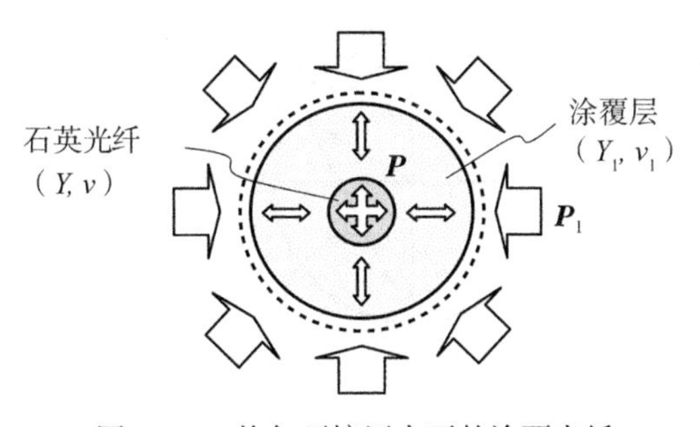

图 1.11　均匀环境压力下的涂覆光纤

相应地，可以从公式(1.60) 推导出光纤内部的应变 e_r 取决于外部压力 $\boldsymbol{P}_1$ 的变化关

系，在 $R_1 \gg R$ 的情况下，压力比可以简化为

$$\frac{P_1}{P} \approx \frac{1}{2(1-\nu_1)}\left[\frac{Y_1}{Y}\frac{(1+\nu)(1-2\nu)}{1+\nu_1}+1\right] \tag{1.63a}$$

将其代入弹光效应方程，可以得到

$$\Delta\left(\frac{1}{n^2}\right) = \frac{(1+\nu)(1-2\nu)P}{Y}\begin{pmatrix} p_{11} & p_{12} & p_{12} \\ p_{12} & p_{11} & p_{12} \\ p_{12} & p_{12} & p_{11} \end{pmatrix}\begin{pmatrix} 1 \\ 1 \\ -\nu \end{pmatrix} \tag{1.63b}$$

可导出折射率变化量为

$$\Delta n_x = \Delta n_y = -\frac{n_0^3}{2Y}(1+\nu)(1-2\nu)(p_{11}+p_{12})P \tag{1.64}$$

并得到随光纤长度 L 变化的相移表达式为

$$\Delta\phi = -\frac{n_0^3}{2Y}(1+\nu)(1-2\nu)(p_{11}+p_{12})PkL \tag{1.65}$$

径向压力效应的分析在光纤传感技术中十分必要，如对水听器的开发和应用[20]，特别是光纤应用于深海底的情况。

2. 在直径方向上的单向压力作用下的光纤

在单向压力作用下，光纤的应变状态也可以看作平面形变的二维问题。应力和应变的分布可以用一个圆盘模型分析，在极坐标下，在直径 d 的两端点 $A\left(\frac{d}{2}, -\frac{\pi}{2}\right)$ 和点 $B\left(\frac{d}{2}, \frac{\pi}{2}\right)$ 处施加了两个大小相等、方向相反的压力 $\boldsymbol{P}$，如图 1.12 所示。参考文献[13][19] 给出了关于这个问题的完整讨论。

让我们考察图 1.12 中 $C(r, \varphi)$ 点处的应力。施加在点 A 和 B 上 y 轴方向上的外力 $\boldsymbol{P}$ 向体内传递，在 C 点产生 A—C 和 B—C 方向上的应力。它们正比于对 y 轴余弦角，反比于两点之间的距离，表示为

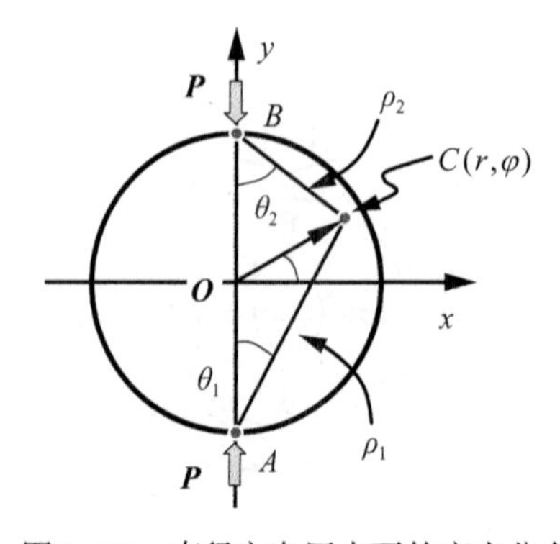

图 1.12　直径方向压力下的应力分布

$$\sigma_{\rho_1\rho_1}^{(1)} = \frac{-2P}{\pi\rho_1}\cos\theta_1 \tag{1.66a}$$

$$\sigma_{\rho_2\rho_2}^{(2)} = \frac{-2P}{\pi\rho_2}\cos\theta_2 \tag{1.66b}$$

根据应力分析，在垂直于 A—C 和 B—C 方向上，不存在法向应力和切向应力，即 $\sigma_{\theta_1\theta_1}^{(1)} = \sigma_{\rho_1\theta_1}^{(1)} = \sigma_{\theta_2\theta_2}^{(2)} = \sigma_{\rho_2\theta_2}^{(2)} = 0$。在圆盘的边缘，光纤应力应当与外力平衡。因此，除了在点 A 和 B 有 $\sigma_\varphi|_A = \sigma_\varphi|_B = 0$、$\sigma_r|_A = \sigma_r|_A = \frac{-2P}{\pi d}$ 之外，其余任何点都不存在径向和环向的正应力。为了满足边界条件，光纤内部还必须存在一个均匀的应力分量，第三个应力分量是必要的：

$$\sigma_{ik}^{(3)} = \left(\frac{2P}{\pi d}\right)\delta_{ik} \tag{1.66c}$$

将极坐标下的张量转换为直角坐标下的张量，可导出应力[19]：

$$\sigma_x = \frac{2P}{\pi}\left(\frac{\sin^2\theta_1\cos\theta_1}{\rho_1} + \frac{\sin^2\theta_2\cos\theta_2}{\rho_2}\right) - \frac{2P}{\pi d} \tag{1.67a}$$

$$\sigma_y = \frac{2P}{\pi}\left(\frac{\cos^3\theta_1}{\rho_1} + \frac{\cos^3\theta_2}{\rho_2}\right) - \frac{2P}{\pi d} \tag{1.67b}$$

$$\sigma_{xy} = -\frac{2P}{\pi}\left(\frac{\sin\theta_1\cos^2\theta_1}{\rho_1} - \frac{\sin\theta_2\cos^2\theta_2}{\rho_2}\right) \tag{1.67c}$$

对于单模光纤，纤芯半径远小于其外在半径 $d/2$，普遍认为“中心应变近似”成立，即在光纤纤芯处的应力是均匀的，等于在中心处($\rho_1 = \rho_2 \approx d/2$，$\theta_1 = \theta_2 = 0$)的应力。这样，可得到纤芯内的应力和应变为[21]

$$\sigma_x = -\frac{2P}{\pi d},\quad \sigma_y = \frac{6P}{\pi d},\quad \sigma_{xy} = 0 \tag{1.68}$$

在纤芯处的应变为

$$e_x = \frac{1}{Y}(\sigma_x - \nu\sigma_y - \nu\sigma_z) = -(1+3\nu)\frac{2P}{\pi Yd} \tag{1.69a}$$

$$e_y = \frac{1}{Y}(\sigma_y - \nu\sigma_x - \nu\sigma_z) = (3+\nu)\frac{2P}{\pi Yd} \tag{1.69b}$$

$$e_x - e_y = -\frac{8(1+\nu)}{\pi Yd}P \tag{1.69c}$$

将它们代入弹光效应公式，光纤中的双折射可以表示为

$$B = \Delta n_y - \Delta n_x = \frac{4n_0^3}{\pi Yd}(p_{12} - p_{11})(1+\nu)P \tag{1.70}$$

根据石英光纤的典型参数计算，可得 $B = 4.51 \times 10^{-6}P$，其中压力 P 的单位为 N/cm。这一效应可以用来制作光纤偏振控制器，也可以用来制作传感器[3]。

1.3.4 光纤弯曲导致的双折射

在实际的光纤器件和光纤系统中，光纤总是以某种方式或在某种程度上被弯曲。早在

20 世纪 70 年代研究者就发现，光纤弯曲会导致双折射，许多文献已经从理论上解释了该现象。参考文献[22-24] 分析了在弯曲光纤和拉伸盘绕的单模光纤中的应力和应变状态，从弹光效应出发，推导了相关的公式，并解释了实验现象。文献[25][1] 中也给出了详细的讨论。

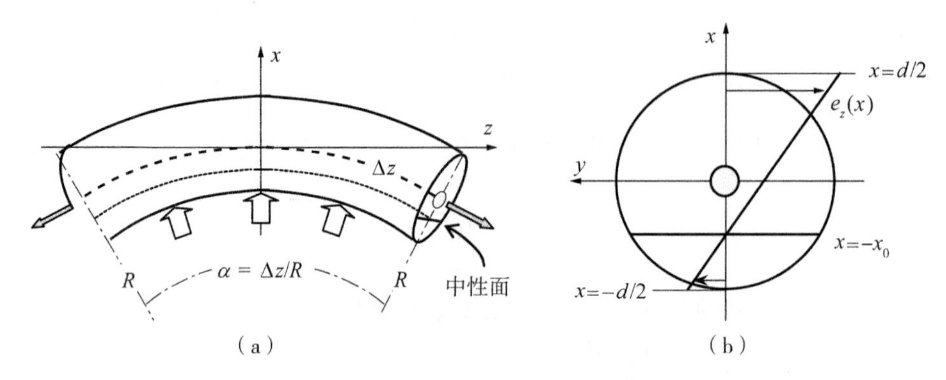

图 1.13　(a) 弯曲和拉伸的光纤；(b) 横截面上的应变分布

弯曲光纤可看作弯曲的圆柱形石英棒。图 1.13(a) 展示了一段光纤，它既被弯曲，又被拉伸。实际上，弯曲和轴向形变经常同时发生。在拉伸盘绕的光纤中，必须有来自圆柱支撑力施加在弯曲光纤的内侧，以平衡轴向拉伸力。在弯曲的棒中存在一个中性面，在图 1.13(b) 中位于 $x=-x_0$，在此面上既没有轴向拉伸，也没有压缩，即光纤在这个面上保持着原先未受到弯曲和拉伸的长度。在纯弯曲没有轴向拉伸的情况下，中性面通过光纤轴 $x_0=0$。在中性面以上介质处于轴向拉伸状态，在中性面以下介质处于压缩状态。轴向应变可以近似表示成 x 的线性函数，其比例系数正比于弯曲的曲率半径 $1/R$，即

$$e_z=\frac{x+x_0}{R} \tag{1.71}$$

在一级近似下，轴向应力导致平均轴向应变，表示为

$$\bar{\sigma}_z=\frac{4Y}{\pi d^2}\int e_z\mathrm{d}x\mathrm{d}y=\frac{Y}{R}x_0=Y\bar{e}_z \tag{1.72}$$

式中，d 是光纤的直径。从式(1.72) 可以看出，中性面的位置取决于轴向应力。

实验发现弯曲光纤的基本效应是双折射。显然，仅轴向应变不能解释双折射现象。因此有必要分析弯曲光纤的横向形变。我们可以推测，圆形的光纤棒弯曲时形变为一椭圆形截面，如同橡胶棒被弯曲的样子。这样，在光纤中心，产生了 x 轴和 y 轴两个方向上不对称的应变。为此，我们必须理解弯曲光纤内部应力和应变的横向分布。

为了求解光纤弯曲时弹性状态，要采用一些近似处理方法。首先，在零级近似下，轴向应变正比于轴向应力，表示为

$$\sigma_z^{(1)}=Ye_z=\frac{Y}{R}(x+x_0) \tag{1.73}$$

其次，这一在 x 轴方向上的不均匀的轴向应力产生 x 轴方向上的应力。可以理解为，

弯曲光纤的轴向力在 x 轴方向上有一个分力，其比例系数反比于弯曲的曲率半径 $\Delta\sigma_x = \left(\frac{\Delta x}{R}\right)\sigma_z$。在三维空间，这是弯曲导致的切向力 σ_{xz} 和 σ_{yz} 的作用。

现在需要了解 y 轴方向的应力、应变分布。为此，将三维形变问题可简化看作二维平面形变问题，在二级近似下，将轴向拉力产生的 x 轴方向应力 F_x 看成作用在整个光纤界面的体积力，表示为

$$F_x = \frac{\partial\sigma_x^{(1)}}{\partial x} = \frac{\sigma_z^{(1)}}{R+x} \approx \frac{\sigma_z^{(1)}}{R} \tag{1.74}$$

问题转换为在这一体积力作用下的应变分布。我们要导出在这一平面形变问题中的力的平衡方程。考虑均匀弯曲，曲率不随轴向位置 z 改变，应力和应变的所有分量不是 z 的函数。三维介质中的力平衡方程为[13][19]

$$\frac{\partial\sigma_x}{\partial x} + \frac{\partial\sigma_{xy}}{\partial y} + \frac{\partial\sigma_{xz}}{\partial z} - F_x = \frac{\partial\sigma_x}{\partial x} + \frac{\partial\sigma_{xy}}{\partial y} - \frac{\sigma_z^{(1)}}{R} = 0 \tag{1.75a}$$

$$\frac{\partial\sigma_{yx}}{\partial x} + \frac{\partial\sigma_y}{\partial y} + \frac{\partial\sigma_{yz}}{\partial z} = \frac{\partial\sigma_{yx}}{\partial x} + \frac{\partial\sigma_y}{\partial y} = 0 \tag{1.75b}$$

$$\frac{\partial\sigma_{zx}}{\partial x} + \frac{\partial\sigma_{zy}}{\partial y} + \frac{\partial\sigma_z}{\partial z} = \frac{\partial\sigma_{zx}}{\partial x} + \frac{\partial\sigma_{zy}}{\partial y} = 0 \tag{1.75c}$$

在各向同性介质中，由于形变的连续性关系和胡克定理，应力 $\sigma_x(x,y)$ 和 $\sigma_y(x,y)$ 的基本方程为

$$\nabla^2(\sigma_x + \sigma_y) = \frac{1}{(1-\nu)R}\frac{\partial\sigma_z^{(1)}}{\partial x} = \frac{Y}{(1-\nu)R^2} \tag{1.76}$$

其中，∇为 x-y 平面内的微分算子。为了解出方程(1.74)，引入应力势能 U 和体积力势能，它们满足以下关系：

$$\sigma_x = \frac{\partial^2 U}{\partial y^2} + V \tag{1.77a}$$

$$\sigma_y = \frac{\partial^2 U}{\partial x^2} + V \tag{1.77b}$$

$$\sigma_{xy} = \frac{\partial^2 U}{\partial x\partial y} \tag{1.77c}$$

$$F_x = \frac{\partial V}{\partial x} = \frac{\sigma_z^{(1)}}{R} = \frac{Y(x+x_0)}{R^2} \tag{1.77d}$$

$$F_y = \frac{\partial V}{\partial y} = 0 \tag{1.77e}$$

体积力势为

$$V = -\frac{Y}{2R^2}\left(x^2 - \frac{d^2}{4}\right) - \frac{Y}{R^2}x_0\left(x - \frac{d}{2}\right) \tag{1.78}$$

可以得到应力势能的双重调和方程为

$$\nabla^4 U = -\frac{1-2\nu}{1-\nu}\frac{Y}{R^2} \tag{1.79}$$

其解应该满足边界条件：① 应力和应变关于 x 轴对称；② 在光纤的最外层外圆 $x^2 + y^2 = d^2/4$ 上，应力 σ_y 为零；在 $x = x_0$ 处，应力 σ_x 也为零；③ 在适度弯曲的情况下，中性面上的形变可以忽略，在 $x = -x_0$ 处中性面一直保持为平面，不存在切向应变；④ 在 $x = -d/2$ 处，存在一定的应力 σ_x，以平衡支撑圆柱的反作用力。

在这些条件下，可以假定应力势具有如下形式：

$$U = a(x^2 + y^2)^2 + b(x^2 + y^2) + c(x^4 - y^4) + d(x^2 - y^2) + exy^2 + fx^3 \tag{1.80}$$

通过边界条件和对称性要求，可以推导得到光纤内应力分布如下：

$$\sigma_x = \frac{Y}{2R^2}\left[\frac{7-6\nu}{8(1-\nu)}\left(x^2 + y^2 - \frac{d^2}{4}\right) - \frac{1-2\nu}{2(1-\nu)}y^2 + \frac{7-6\nu}{4(1-\nu)}x_0\left(x - \frac{d}{2}\right)\right] \tag{1.81a}$$

$$\sigma_y = \frac{1-2\nu}{16(1-\nu)}\frac{Y}{R^2}\left(x^2 + y^2 - \frac{d^2}{4}\right) \tag{1.81b}$$

$$\sigma_{xy} = \frac{1-2\nu}{8(1-\nu)}\frac{Y}{R^2}(x + x_0)y \tag{1.81c}$$

在光纤中心，可以得到

$$\sigma_{x0} = -\frac{Y}{R^2}\frac{7-6\nu}{16(1-\nu)}\left(\frac{d^2}{4} + x_0 d\right) \tag{1.82a}$$

$$\sigma_{y0} = \frac{Y}{R^2}\frac{1-2\nu}{16(1-\nu)}\frac{d^2}{4} \tag{1.82b}$$

应用"中心应变近似"，可得到如下双折射的表达式：

$$\begin{aligned} B &= -\frac{n^3}{16}(p_{11} - p_{12})(1+\nu)\left[\frac{d^2}{R^2} - \frac{7-6\nu}{2(1-\nu)}\frac{x_0 d}{R^2}\right] \\ &= -\frac{n^3}{16}(p_{11} - p_{12})(1+\nu)\left[\frac{d^2}{R^2} - \frac{7-6\nu}{2(1-\nu)}\frac{\bar{e}_z d}{R}\right] \end{aligned} \tag{1.83}$$

根据式(1.83)，可以计算绕在直径为3cm圆柱棒上且没有被拉伸的常规单模光纤的双折射为 2×10^{-6}。

在其他研究文献中还考虑了一些其他效应。光纤弯曲和横向压力都会引发光纤纤芯的几何变形，从圆形区域变成了椭圆形。根据电磁场理论，这会导致两个轴的有效折射率的差异。参考文献[24]给出了单位长度的相应延迟为 $\delta_s = 0.125\left(\frac{e^2}{a}\right)(2\Delta)^{\frac{3}{2}}$，其中 e 表示的是纤芯的椭圆率，a 为纤芯半径，Δ 为纤芯和包层的相对折射率差。但是，该效应远小于弹光效应。

弯曲导致双折射取决于曲率($1/R$)。当曲率半径小于几厘米时，双折射非常明显。该效应可以用来制作光纤器件，如光纤偏振控制器。

1.3.5　扭转导致偏振模交叉耦合

光纤扭转经常发生，甚至无所不在。对用于传输光脉冲信号的单模光纤，扭转几乎没有什么影响。但是扭转必定会改变传输光波的偏振状态，在某些情形下这特别重要，如在光纤偏振控制器中。

扭转的光纤可看作扭转的弹性棒，其轴保持直线，如图 1.14 所示。扭转率用单位长度扭转角来标定：$\tau=\dfrac{\mathrm{d}\varphi}{\mathrm{d}z}=\dfrac{\gamma}{d/2}$，其位移线呈螺旋形。在 $\tau d\ll 1$ 小扭转情况下，棒内相邻部分的相对位移是很小的，可以认为在 x-y 平面内横截面保持圆形平面而没有发生变形。根据 $x=r\cos\varphi$ 和 $y=r\sin\varphi$，可得 z 轴方向上的切向应变为

$$e_{zx}=-\tau y,\qquad e_{zy}=\tau x \tag{1.84}$$

其他的应变分量可以忽略，即

$$e_x=e_y=e_z=e_{xy}=0 \tag{1.85}$$

弹光效应导致的折射率的变化量可以表示为

$$\Delta\left(\frac{1}{\varepsilon}\right)=\frac{-1}{\varepsilon^2}\begin{pmatrix}\varepsilon_{xz}\\ \varepsilon_{yz}\\ \varepsilon_{xy}\end{pmatrix}=\begin{pmatrix}p_{44}&0&0\\0&p_{44}&0\\0&0&p_{44}\end{pmatrix}\begin{pmatrix}\tau x\\-\tau y\\0\end{pmatrix}=\tau p_{44}\begin{pmatrix}x\\-y\\0\end{pmatrix} \tag{1.86}$$

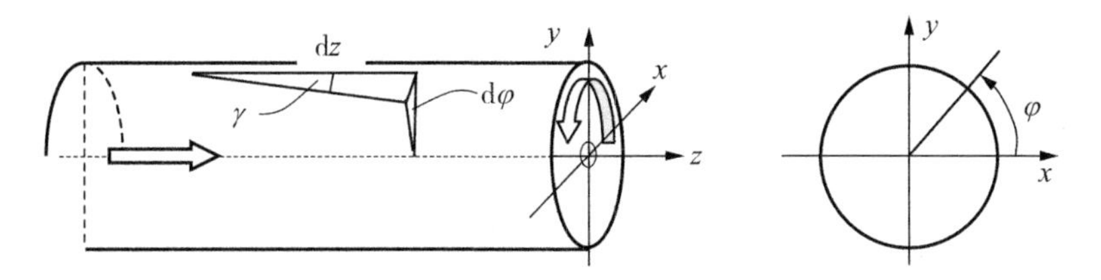

图 1.14　一段扭曲的光纤及其横截面

折射率的改变使原来的各向同性介质变成了各向异性，折射率椭球表示为

$$\frac{s_x^2}{n^2}+\frac{s_y^2}{n^2}+\frac{s_z^2}{n^2}-yp_{44}\tau s_x s_z+xp_{44}\tau s_y s_z=1 \tag{1.87}$$

式中，S_x，S_y 和 S_z 表示折射率椭球坐标，通过合适的坐标转换，从$(S_x,\ S_y,\ S_z)$ 到 $(q_x,\ q_y,\ q_z)$，椭球方程可以正交化为

$$\frac{1}{n^2}q_1^2+\left(\frac{1}{n^2}+\frac{p_{44}\tau r}{2}\right)q_2^2+\left(\frac{1}{n^2}-\frac{p_{44}\tau r}{2}\right)q_3^2=1 \tag{1.88}$$

这意味着介质与双轴晶体有类似的特性。

为了研究扭转对偏振特性的影响，我们必须从基本方程出发。对于各向异性介质，麦克斯韦方程可以写作：

$$\nabla^2\boldsymbol{E}+k_0^2\varepsilon\cdot\boldsymbol{E}-\nabla(\nabla\cdot\boldsymbol{E})=0 \tag{1.89}$$

介电常数张量表示为

$$\varepsilon=\bar{\varepsilon}+\tau p_{44}\bar{\varepsilon}^2\begin{pmatrix}0&0&y\\0&0&-x\\y&-x&0\end{pmatrix}=\bar{\varepsilon}+\tilde{\varepsilon} \tag{1.90}$$

其中，$\tilde{\varepsilon}$ 代表无切应变时的材料介电常数。在没有自由电荷的情况下，有$\nabla\cdot \boldsymbol{D}=0=\nabla\cdot(\varepsilon\cdot\boldsymbol{E})=\bar{\varepsilon}\,\nabla\cdot\boldsymbol{E}+\nabla\cdot(\tilde{\varepsilon}\cdot\boldsymbol{E})$，麦克斯韦方程可以写为

$$\nabla^2\boldsymbol{E}+k_0^2\bar{\varepsilon}\boldsymbol{E}+k_0^2\tilde{\varepsilon}\boldsymbol{E}+\frac{1}{\bar{\varepsilon}}\nabla[\nabla\cdot(\tilde{\varepsilon}\boldsymbol{E})]=0 \tag{1.91}$$

根据耦合模理论方程(CMT)，在 $\tilde{\varepsilon}=0$ 下方程(1.89) 的解作为零级解。此时，单模光纤中存在两个简并的基模 LP_{01x}和 LP_{01y}。在直角坐标系中纤芯内光电场为

$$\boldsymbol{E}_1=\begin{pmatrix}J_0(\beta_t r)\\0\\j\gamma\cos\varphi J_1(\beta_t r)\end{pmatrix}e^{j\beta z}\quad 和\quad \boldsymbol{E}_2=\begin{pmatrix}0\\J_0(\beta_t r)\\j\gamma\sin\varphi J_1(\beta_t r)\end{pmatrix}e^{j\beta z} \tag{1.91a}$$

其中，$\gamma=\beta_t/\beta$；包层区的场可类似地表示。

方程中含有 $\tilde{\varepsilon}$ 的项可以看作微扰来处理。光场可写成两个本征模式的和，它们的振幅是传输距离的函数 $\boldsymbol{E}=[a_1(z)\boldsymbol{E}_1^t(x,y)+a_2(z)\boldsymbol{E}_2^t(x,y)]e^{j\beta z}$，其中上标 t 代表横向分布。将其代入方程(1.89) 并积分，分别乘以两本征模式，在 x-y 平面上积分，方程可以转化为耦合模方程：

$$a_1'=j\frac{\langle \boldsymbol{E}_1^*\hat{\Phi}\boldsymbol{E}\rangle}{2\beta} \tag{1.92a}$$

$$a_2'=j\frac{\langle \boldsymbol{E}_2^*\hat{\Phi}\boldsymbol{E}\rangle}{2\beta} \tag{1.92b}$$

其中，$\langle \boldsymbol{E}_i\hat{\Phi}\boldsymbol{E}\rangle=\langle \boldsymbol{E}_i\left\{k^2\tilde{\varepsilon}\boldsymbol{E}+\frac{\nabla[\nabla\cdot(\tilde{\varepsilon}\boldsymbol{E})]}{\bar{\varepsilon}}\right\}\rangle$ 代表微扰项的积分。考虑慢变振幅，公式中的二阶导数被省略。

对于常规光纤，弱波导近似成立，有 $\gamma\ll 1$，$E_z\ll E_{x,y}$。在不考虑 z 分量情况下，我们有 $\tilde{\varepsilon}\boldsymbol{E}_1^t\propto(0\quad 0\quad yJ_0)^{\mathrm{T}}$，$\tilde{\varepsilon}\boldsymbol{E}_2^t\propto(0\quad 0\quad -xJ_0)^{\mathrm{T}}$。这直接导致第一个微扰项为0，即 $\int\boldsymbol{E}_i^*\cdot(\tilde{\varepsilon}\cdot\boldsymbol{E}_j)\,dS=0$，在 $i=j$ 和 $i\neq j$ 都成立。

对于第二个微扰项，我们可以得到$\nabla\cdot(\tilde{\varepsilon}\boldsymbol{E})=j\beta(\tilde{\varepsilon}\boldsymbol{E})_z$，同时有

$$\nabla[\nabla\cdot(\tilde{\varepsilon}\boldsymbol{E}_1)]=j\beta p_{44}\tau\bar{\varepsilon}\left[\boldsymbol{i}\frac{xy}{r}\frac{\partial J_0}{\partial r}+\boldsymbol{j}\left(J_0+\frac{y^2}{r}\frac{\partial J_0}{\partial r}\right)\right]e^{j\beta z} \tag{1.93a}$$

$$\nabla[\nabla\cdot(\tilde{\varepsilon}\boldsymbol{E}_2)]=-j\beta p_{44}\tau\bar{\varepsilon}\left[\boldsymbol{i}\left(J_0+\frac{x^2}{r}\frac{\partial J_0}{\partial r}\right)+\boldsymbol{j}\frac{xy}{r}\frac{\partial J_0}{\partial r}\right]e^{j\beta z} \tag{1.93b}$$

由于函数 xy 的奇偶对称性，积分项$\int\boldsymbol{E}_i\cdot\nabla[\nabla\cdot(\tilde{\varepsilon}\boldsymbol{E}_i)]\,dS=0$。交叉积分项为

$$\int\boldsymbol{E}_2^*\cdot\nabla[\nabla\cdot(\tilde{\varepsilon}\boldsymbol{E}_1)]\,dS=-\int\boldsymbol{E}_1^*\cdot\nabla[\nabla\cdot(\tilde{\varepsilon}\boldsymbol{E}_2)]\,dS=\beta\bar{\varepsilon}p_{44}\tau \tag{1.94}$$

然后，就可以导出一组耦合模方程

$$
\begin{aligned}
a_1' &= \kappa a_2 \\
a_2' &= -\kappa a_1
\end{aligned}
\tag{1.95}
$$

其中，$\kappa = \dfrac{n_{\text{eff}}^2 p_{44}\tau}{2}$。该耦合模方程的解为

$$
\begin{aligned}
a_1(z) &= a_0\cos\kappa z \\
a_2(z) &= -a_0\sin\kappa z
\end{aligned}
\tag{1.96}
$$

或者琼斯矢量的形式，$E \propto a_0\begin{pmatrix}\cos\kappa z \\ -\sin\kappa z\end{pmatrix}e^{j\beta z}$。这一结果也可以写为右旋和左旋圆偏振光的和：

$$
E = \frac{1}{2}\begin{pmatrix}1 \\ j\end{pmatrix}\exp(j\beta_{\text{R}}z) + \frac{1}{2}\begin{pmatrix}1 \\ -j\end{pmatrix}\exp(j\beta_{\text{L}}z)
\tag{1.97}
$$

其中，$\beta_{\text{R}} = \beta + \kappa$，$\beta_{\text{L}} = \beta - \kappa$。

由此可见，偏振面的旋转正比于扭转角，则

$$
\vartheta = \frac{(\beta_{\text{L}} - \beta_{\text{R}})z}{2} = -\kappa z = \frac{-n_{\text{eff}}^2 p_{44}\tau z}{2}
\tag{1.98}
$$

这表明，光纤的扭转会引发旋光性。特别值得注意的是，这里的偏振旋转不依赖于传输光波的波长，与双折射相位延迟 $\delta = Bk_0 z$ 有很大的不同。根据文献中石英的弹光效应数据 $p_{44} = -0.075$，因此扭转导致偏振旋转大约为 $\vartheta \approx 0.08\Delta\varphi$。

考虑本征模 z 分量的完整推导表明，耦合系数还包含正比于 $\gamma = \beta_t/\beta$ 和 γ^2 项，但是这些项的贡献很小。

1.4 特种光纤

除了上述介绍的光纤之外，还有许多具有特殊性质和功能的特种光纤。其中，稀土掺杂光纤和双包层光纤、保偏光纤和光子晶体光纤是最常用的，这些特种光纤在光纤通信和光纤传感领域起着重要作用。

1.4.1 稀土掺杂光纤和双包层光纤

1. 稀土掺杂光纤

光纤中掺杂的稀土离子经光泵浦跃迁到高能级后，具有放大输入光的功能，就像其他固态激光材料一样。因此，稀土掺杂光纤被用来制作光放大器和激光器，有其独特的性质，如光束质量好、热扩散性能好、能量效率更高、与传输光纤兼容性好等。其中，掺铒石英光纤是最重要的一种，其能级如图 1.15(a)所示[26]。当用其基态吸收带的光辐照时，尤其是波长 980nm 或 1480nm 附近的泵浦光，可以在 1550nm 附近得到高增益。这恰好是石英光纤的最低损耗带，并有 30nm 带宽，如图 1.15(b)所示的常规波段(C 波段)。对于波长更长，比如波长大到 1625nm 的光，也开发了长波长带(L 带)掺铒光纤放大器[27]。

值得注意的是，1550nm 发光波段与 1480nm 吸收波段处于相近的能级位置，这导致

高的量子效率。而且，1480nm 泵浦基本上位于石英光纤的低损耗窗口内，使得所谓的远程泵浦成为可能。但是，人们发现掺铒石英光纤在 980nm 处比 1480nm 处吸收能力更强，有助于用短的有源光纤制备高放大增益的光放大器。结合两个波段的泵浦，往往可以得到最优的效果[28]。

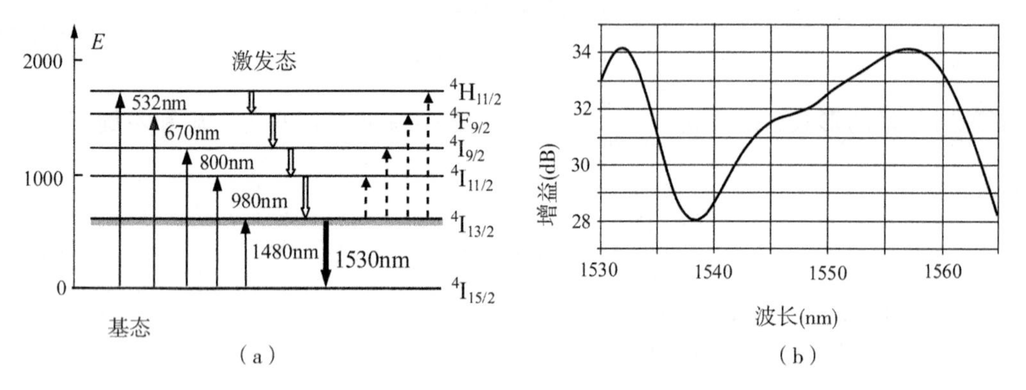

图 1.15　(a)掺铒光纤的能级；(b)C 波段 EDFA 典型的谱

EDFA 被广泛看作光纤通信领域最重要的器件之一，特别是密集波分复用技术的关键之一。有了它，不同波长携带的信号可以同时分别放大，而不需要做电—光—电的转换。掺铒光纤激光器(EDFL)在光纤技术和激光技术(包括光纤传感器)中也极其有用。

另一种稀有元素镱(Yb)也经常使用，尤其对于高功率光纤激光器。图 1.16 (a)给出了它的能级结构，它基本上是一个二能级系统，由相隔约 10000cm^{-1}的基态$^2F_{7/2}$和激发态$^2F_{5/2}$多重态构成。它的宽吸收和辐射带使得其具有高能量效率和宽的可调性，如图 1.16 (b)所示。掺镱石英光纤和掺镱 YAG 是广泛应用于高功率激光器的两种材料。

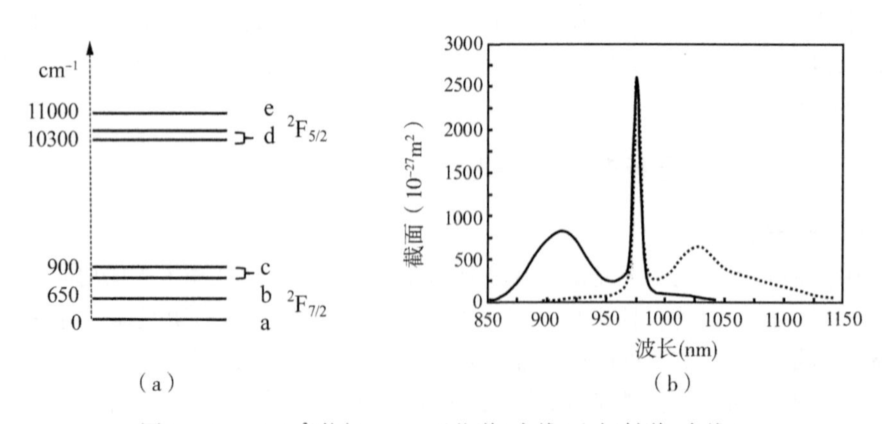

图 1.16　(a)Yb^{3+}能级；(b)吸收谱(实线)和辐射谱(虚线)

实验发现，石英玻璃的 Er^{3+}离子掺杂浓度受分凝效应的限制，因而限制了 EDFA 的效率和掺铒光纤激光器的功率水平。还存在其他一些缺点，如激发态吸收和寿命猝灭，通常掺杂浓度被限制在~$1\times10^{25}m^{-3}$。因此，研究者开发了一些技术以解决或缓解问题，其中之一是掺杂几种元素，如铒镱共掺杂技术[29]；另一种是使用新的寄主材料，如磷酸盐玻璃[30]。

2. 双包层光纤

光纤放大器和光纤激光器的有源区是一个细的纤芯，关键技术之一是如何将泵浦功率尽可能注入纤芯中，从而被离子吸收。一个重要的进展是出现在1990年的双包层光纤（DCF），泵浦能量可以在一个体积大得多的内包层中传播，而在传输过程中被有源的纤芯所吸收[31-33]。

DCF最重要的特点是其不规则的几何形状。分析表明，注入内包层的泵浦光不一定被纤芯有效地完全吸收[33]。从射线光学上看，一部分入射的泵浦光是没有经过纤芯的弧矢光线。在严格圆柱形对称的光纤中，倾斜光线很难转换成子午光线。如图1.17(a)所示，内包层面积越大，泵浦光中经过纤芯的子午光线所占的比例越少。

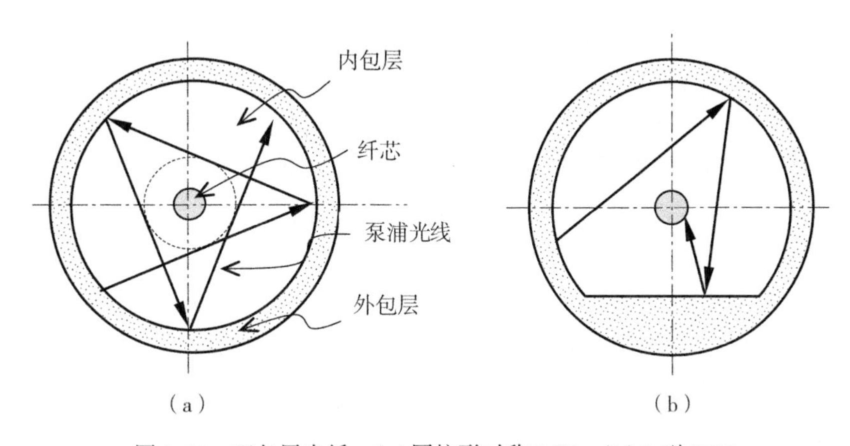

图1.17 双包层光纤：(a)圆柱形对称DCF；(b)D型DCF

从波动光学的观点来看，在规则的对称光纤中，纤芯模式和高阶包层模之间不会发生耦合。因此，人们提出了多种纤芯设计方案去克服这个问题，如矩形、梅花形、偏移结构[34]。这就需要计算注入的泵浦功率变换为纤芯模式的耦合效率。广泛采用的方法是三维射线跟踪技术[35,36]。图1.17(b)显示了一个D型双包层光纤，它被广泛用于高功率光纤激光器。在DCF的设计中还需要考虑其他多个因素，包括改进与泵浦光束的匹配、制造可行性及生产成本等问题。

1.4.2 保偏光纤

常规光纤的基模是两简并的模式，即两个偏振模式有着相同的传播特性，不存在双折射。其实由于光纤制作工艺不够完美，或多或少具有双折射。保偏光纤是通过特殊结构设计和制造，有意地引入高双折射的光纤。双折射表征为

$$B=\frac{|\beta_x-\beta_y|}{k_0}=|n_x-n_y| \tag{1.99}$$

其中，$n_x=n_{\text{eff}}^{(x)}$ 和 $n_y=n_{\text{eff}}^{(y)}$ 是 x 轴和 y 轴方向偏振模式的有效折射率。两个偏振的有效折射率差可由不对称波导(如椭圆形的核心)或由不对称应变引起的折射率分布引入。应变导致原子的相对位移和电子状态的变化，从而导致介电常数的变化，称为弹光效应。折射率的变动基本上正比于应变，在弹性介质中应变是一个有 6 个分量的矢量，包括 3 个正应变和 3 个剪应变。介电常数的增量也相应地有 6 个分量，它们之间的比值表示为 6×6 张量[10]。由于材料对称性的要求，各向同性介质中的弹光效应可表示为

$$\Delta\left(\frac{1}{\varepsilon}\right)=\frac{-1}{\varepsilon^2}\begin{pmatrix}\Delta\varepsilon_x\\ \Delta\varepsilon_y\\ \Delta\varepsilon_z\\ \Delta\varepsilon_{yz}\\ \Delta\varepsilon_{zx}\\ \Delta\varepsilon_{xy}\end{pmatrix}=\begin{pmatrix}p_{11}&p_{12}&p_{12}&0&0&0\\ p_{12}&p_{11}&p_{12}&0&0&0\\ p_{12}&p_{12}&p_{11}&0&0&0\\ 0&0&0&p_{44}&0&0\\ 0&0&0&0&p_{44}&0\\ 0&0&0&0&0&p_{44}\end{pmatrix}\begin{pmatrix}e_x\\ e_y\\ e_z\\ e_{yz}\\ e_{zx}\\ e_{xy}\end{pmatrix} \tag{1.100}$$

式中，e_i 是正应变；e_{ij} 是切应变；p_{ij} 为应变电光系数，对于各向同性材料存在关系 $p_{44}=(p_{11}-p_{12})/2$。因此，在36个矩阵元素中只有两个是独立的。石英玻璃是一个典型的各向同性材料；块状石英材料的弹光系数在 632.8nm 波长下为 $p_{11}=0.121$ 和 $p_{12}=0.270$[37, 38]。此数据可用于估计在近红外波段光纤的弹光效应。

在光纤预制棒制造和拉丝工艺中引入一个适当的应变，就可以实现模式双折射。在内建应变的 PMF 中，两个应力施加区域(SAP)通常用掺硼(B_2O_3)石英在光纤中形成。因此，在 SAP 和区域外石英材料之间的热膨胀系数差异将导致热应力。现在已有三种 PMF 商业化：熊猫光纤、领结光纤和椭圆包层光纤，现在都可以在市场上购买并具有广泛应用，如图 1.18 所示。

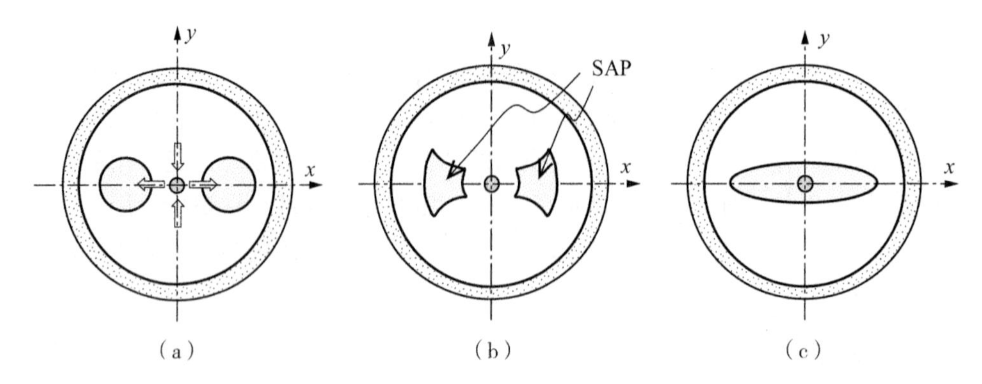

图 1.18　特殊 PMF 的截面图：(a)熊猫光纤；(b)领结光纤；(c)椭圆包层光纤

在熊猫光纤中[39]，在两熊猫眼的区域填入热膨胀系数比石英高的材料。在从约 1600℃到室温变化的预制棒烧结和光纤拉丝处理过程中，产生了热应力。由于光纤长而

细，这一轴向应力通过横向形变而被消除。这一横向形变在纤芯及其周围引入上下方向(y)压缩、在左右方向(x)拉伸的应变分布。换句话说，在纤芯处发生 x 轴方向的正应变和 y 轴方向的负应变。从式(1.100)得折射率差：

$$\Delta n_x - \Delta n_y = \frac{1}{2}n^3(p_{12} - p_{11})(e_x - e_y) \tag{1.101}$$

它意味着 x 轴方向的偏振模式会以较慢的速度传播，即 x 是慢轴和 y 是快轴。

1.4.3 光子晶体光纤和微结构光纤

1. 光子晶体

光子晶体是一种空间上折射率呈周期分布的介质[40-45]。理论和实验表明，这种介质具有和固态能带类似的透射谱。光子晶体包括一维结构(如相同的多层材料重叠和光纤光栅)、二维结构(如光子晶体光纤)和三维结构，如图 1.19 所示。

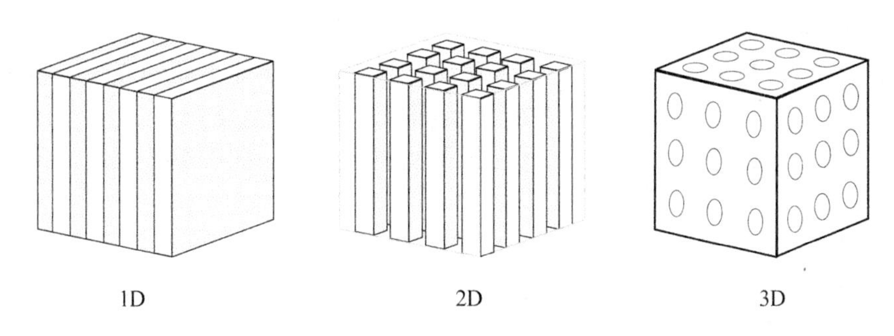

图 1.19　一维 (1D)、二维 (2D)、三维 (3D)光子晶体光纤的结构

众所周知，固态晶体中的电子波函数服从周期势场薛定谔方程。布洛赫波方法将问题转换为在晶胞内求解方程。周期性折射率的布洛赫波表示为

$$n^2(\boldsymbol{r}) = n^2(\boldsymbol{r} + \boldsymbol{R}_l) = \sum_K n_K^2(\boldsymbol{r})\exp(-j\boldsymbol{K}\cdot\boldsymbol{r}) \tag{1.102}$$

式中，$\boldsymbol{R}_l = l_1\boldsymbol{a}_1 + l_2\boldsymbol{a}_2 + l_3\boldsymbol{a}_3$ 是周期性位置矢量，l_1，l_2 和 l_3 为整数；$\boldsymbol{K}$ 是倒格子空间的波矢，即布洛赫波矢。类似电子能量，光场可以看作布洛赫波的矢量和：

$$\boldsymbol{E}(\boldsymbol{r}) = \sum_K E_K(\boldsymbol{r})\exp(-j\boldsymbol{K}\cdot\boldsymbol{r})_K \tag{1.103}$$

光波在光子晶体结构中的传播常数与固态中电子波矢的行为类似。图 1.20 为光子能带的示意图，其中，Γ 代表波矢空间的原点，X 和 L 是布里渊区(1 0 0) 和(1 1 1) 方向的边界点。它显示在 $\omega \sim k$ 空间中存在一个带隙，其中光波不允许传输，即它会完全反射。但是，如果结构存在一些缺陷，使光子晶体的周期在一定程度上遭到破坏，则带隙可能会出现允许状态。这一性质与纯半导体晶体中杂质的性质是相同的。

光子晶体显示出非常具有吸引力和独特的特性，如对光发射的控制、光子陷阱、光束顶角转向、负折射率等。应用微加工技术，已成功制备二维光子晶体材料，并用于光子晶体器件的研制。三维光子晶体已用于微波系统。

一维光子晶体，作为周期性结构，其实在光子晶体(PC)概念提出之前就已经存在，

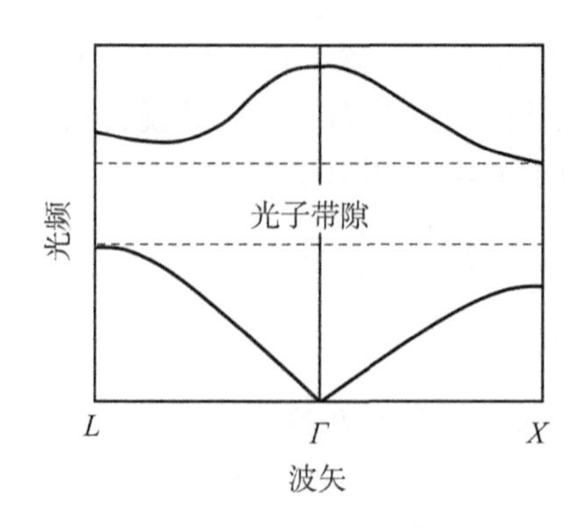

图 1.20　光子能带示意图

如多层介电薄膜、体光栅、光纤光栅。PC 的概念提供了一种新的方法去开发利用它们的性质，以扩大其应用。

2. 光子晶体光纤

光子晶体光纤(PCF)[46-51]是一个沿着光纤具有多个周期性小孔的光纤，也被称为多孔光纤。这是一个典型的二维晶体，它已成为商售产品而投入实际应用。图 1.21 显示了两个典型的 PCF 的截面照片。光子晶体光纤预制棒通常由一捆石英管在高温下融合制作而成。

光子晶体光纤一般分为两类：折射率波导型和光子带隙(PBG)波导型，如图 1.21 (a)、(b)所示。在折射率导引 PCF 中，中心孔用本底材料填充，四周为二维光子晶体区域，其等效折射率比纤芯低。波导的物理机制与常规光纤是相同的。

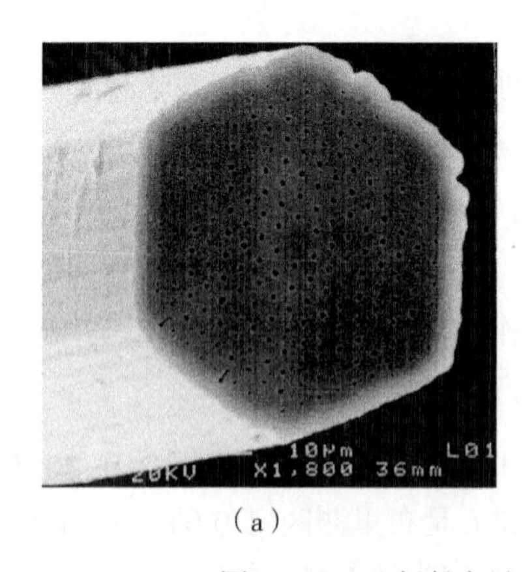

(a)

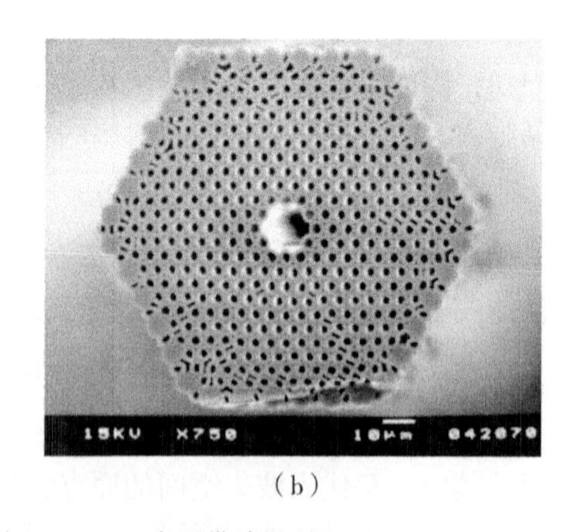

(b)

图 1.21　(a)折射率导引 PCF；(b)光子带隙导引 PCF

在光子带隙波导中，光波被限制在中央孔内：虽然其折射率低于包层，但由于光子晶体带隙的效应，与带隙相应频率的光子不允许在包层存在，而被限制在中央的空心孔内。

光子晶体光纤具有与常规光纤差异很大的性质。通过适当的设计和制造，光子晶体光纤具有以下独特的特点和性能。

(1)无截止限的单模传播[49]。

1.2节分析过，在常规光纤中，较短波长的光波由于归一化频率 V 增加而激发高阶模。在折射率波导PCF中作为包层的多孔材料的等效折射率随着光频率增加而递增，因为空气孔中渐逝场的深度随光频率的增加而减小，从而使归一化频率减少。通过适当设计，光子晶体光纤可以更短的波长保持单模传播。

(2)高的非线性光学效应[50]。

非线性光学效应随着能量密度增加而增强。光子晶体光纤可以设计和制作成一个比普通光纤面积更小的纤芯，导致较高光强密度和较高的非线性效应。高非线性光纤在某些应用中起着重要作用，如产生超连续等。

(3)可设计和可控制的偏振特性[51]。

显然，PCF的很多结构参数都可以用来调节和控制其性质，包括孔的布局和其对称类型，以及孔的大小、孔之间的间距、孔的形状。一些特殊的设计可以得到高的双折射，如长方形格子的小孔排列，尤其是在纤芯周围，甚至可以实现单一偏振的传播。

(4)可设计和可控的色散特性。

基于波导色散，光纤色散可以通过纤芯折射率分布的设计来调整。光子晶体的结构提供了设计其色散特性更多的可能性，如大光谱范围的低(零)分散等。

(5)高功率和高能量的光波传输。

一般玻璃材料的光吸收和热效应限制了能量传输的性能。光子带隙效应提供了将光波限制在孔径扩大的空气孔中传输的可能性，从而减少了负面影响。该特性可以将光谱扩展到更长的红外波段。

复杂结构的光子晶体光纤的制造成本可能高于普通光纤。然而，它没有必要采用精确控制掺杂元素和掺杂量的二氧化硅作为纤芯，这在大规模生产中有助于降低成本。

3. 其他微结构光纤

除了上面介绍的光子晶体光纤，人们还开发了各种微结构光纤。图1.22列举一个例子，被称为“柚子”光纤[52]。它有6个大孔，壁薄，中心保留一个纤芯引导光波。“柚子”光纤已被用于开发特殊的传感器。大孔允许流体物质透入光纤内部，使包层折射率变化，因而其传播特性对流体十分敏感。

图1.22 “柚子”光纤截面

此外，还有其他不少特种光纤，如双芯光纤或多芯光纤[53]、塑料光纤(POF)[54]等。

本章参考文献

[1]Akamatsu T, Okamura K, Ueda Y. Fabrication of long fibers by an improved chemical vapor-deposition method (HCVD Method)[J]. Applied Physics Letters, 1977, 31: 174-176.

[2]Imoto K, Sumi M. Modified VAD method for optical-fiber fabrication[J]. Electronics Letters, 1981, 17: 525-526.

[3]Born M, Wolf E. Principles of optics[M]. 7th ed. University Press, Cambridge, 1999.

[4]Shibata S, Horiguchi M, Jinguji K, et al. Prediction of loss minima in infrared optical fibers [J]. Electronics Letters, 1981, 17: 775-777.

[5]Tanaka M, Okuno T, Omori H, et al. Water-peak-suppressed non-zero dispersion shifted fiber for full spectrum coarse WDM transmission in metro networks[C]//Technical Digest of Optical Fiber Communications Conference (OFC), Anaheim, 2002, paper WA2.

[6]Agrawal G P. Nonlinear fiber optics[M]//Nonlinear Science at the Dawn of the 21st Century Elsevier Science, 2005.

[7]Cohen L G. Comparison of single-mode fiber dispersion measurement techniques[J]. Journal of Lightwave Technology, 1985, 3: 958-966.

[8]ITU-T Study Group. ITU-T G. 652 Characteristics of a single-mode optical fiber and cable [R]. 2000.

[9]Corning, InfiniCor 62. 5 μm optical fiber product information sheet[R]. 2002.

[10]ITU-T Study Group. ITU-T G. 653 Characteristics of a dispersion-shifted single-mode optical fiber and cable[R]. 2003.

[11] ITU-T Study Group. ITU-T G. 655 Characteristics of a non-zero dispersion-shifted single-mode optical fiber and cable[R]. 2003

[12]ITU-T Study Group. ITU-T G. 657 Characteristics of a bending loss insensitive single-mode optical fiber and cable for the access network[R]. 2006

[13]Okoshi T. Optical fibers[M]. Academic Press, 1982.

[14]Yariv A. Optical electronics in modern communications[M]. 5th ed. Oxford University Press Inc., 1997.

[15]Gloge D. Weakly guiding fibers[J]. Applied Optics, 1971, 10: 2252-2258.

[16]Pask C. Exact expressions for scalar modal eigenvalues and group delays in power-law optical fibers[J]. Journal of the Optical Society of America, 1979, 69: 1599-1603.

[17]Marcuse D. Light transmission optics[M]. Van Nostrand Reinhold Company, 1982.

[18]Snyder A W, Love J D. Optical waveguide theory[M]. Chapman and Hall, 1983.

[19]Vassallo C. Optical waveguide concepts[M]. Elsevier, 1991.

[20]Tsao C. Optical fiber waveguide analysis[M]. Oxford University Press, 1992.

[21]Saleh B E A, Teich M C. Fundamentals of photonics[M]. John Wiley & Sons, 2007.

[22]Kaminov I P, Koch T L. Optical fiber telecommunications[M]. Academic Press, 1997.

[23]Kaminow I P, Li T. Optical fiber telecommunications IV[M]. Elsevier Inc., 2002.

[24]Mynbaev D K, Scheiner L L. Fiber-optic communications technology[M]. Science Press and Pearson Education North Asia Limited, 2002.

[25]Bass M, Van Stryland E W. Fiber optics handbook-fiber, devices and systems for optical communications[M]. McGraw-Hill, 2002.

[26]Wysocki P F, Digonnet M J F, Kim B Y, et al. Characteristics of erbium-doped superfluorescent fiber sources for interferometric sensor applications [J]. Journal of Lightwave Technology, 1994, 12: 550-567.

[27]Chang C L, Wang L, Chiang Y J. A dual pumped double-pass L-band EDFA with high gain and low noise[J]. Optics Communications, 2006, 267: 108-112.

[28]Hanna D C, Percival R M, Perry I R, et al. An Ytterbium-doped monomode fiber laser-broadly tunable operation from 1.010 μm to 1.162 μm and 3-level operation at 974nm[J]. Journal of Modern Optics, 1990, 37: 517-525.

[29]Kosterin A, Erwin J K, Fallahi M, et al. Heat and temperature distribution in a cladding-pumped, Er: Yb co-doped phosphate fiber[J]. Review of Scientific Instruments, 2004, 75: 5166-5172.

[30]Li L, Schulzgen A, Temyanko V L, et al. Short-length microstructured phosphate glass fiber lasers with large mode areas[J]. Optics Letters, 2005, 30: 1141-1143.

[31]Po H, Cao J D, Laliberte B M, et al. High-power neodymium-doped single transverse-mode fiber laser[J]. Electronics Letters, 1993, 29: 1500-1501.

[32]Zellmer H, Willamowski U, Tünnermann A, et al. High-power cw neodymium-doped fiber laser operating at 9.2W with high beam quality[J]. Optics Letters, 1995, 20: 578-580.

[33]Liu A, Ueda K. The absorption characteristics of circular, offset, and rectangular double-clad fibers[J]. Optics Communications, 1996, 132: 511-518.

[34]Doya V, Legrand O, Mortessagne F. Optimized absorption in a chaotic double-clad fiber amplifier[J]. Optics Letters, 2001, 26: 872-874.

[35]Leproux P, Fevrier S, Doya V, et al. Modeling and optimization of double-clad fiber amplifiers using chaotic propagation of the pump[J]. Optical Fiber Technology, 2001, 7: 324-339.

[36]Dritsas I, Sun T, Grattan K T V. Stochastic optimization of conventional and holey double-clad fibers[J]. Journal of Optics A—Pure and Applied Optics, 2007, 9: 405-421.

[37]Namihira Y. Opto-elastic constant in single-mode optical fibers[J]. Journal of Lightwave Technology, 1985, 3: 1078-1083.

[38]Bertholds A, Dandliker R. Determination of the individual strain-optic coefficients in single-mode optical fibers[J]. Journal of Lightwave Technology, 1988, 6: 17-20.

[39]Tajima K, Ohashi M, Sasaki Y. A new single-polarization optical fiber[J]. Journal of Lightwave Technology, 1989, 7: 1499-1503.

[40] Yablonovitch E. Inhibited spontaneous emission in solid-state physics and electronics[J]. Physical Review Letters, 1987, 58: 2059-2062.

[41] Zhang Z, Satpathy S. Electromagnetic-wave propagation in periodic structures—Bloch wave solution of Maxwell equations[J]. Physical Review Letters, 1990, 65: 2650-2653.

[42] Yablonovitch E. Photonic band-gap structures[J]. Journal of the Optical Society of America B, 1993, 10: 283-295.

[43] Sozuer H S, Haus J W. Photonic bands-simple-cubic lattice[J]. Journal of the Optical Society of America B, 1993, 10: 296-302.

[44] Smith D R, Dalichaouch R, Kroll N, et al. Photonic band-structure and defects in One and two dimensions[J]. Journal of the Optical Society of America B, 1993, 10: 314-321.

[45] Noda S, Ogawa S P, Imada M, et al. Control of light emission by 3D photonic crystals[J]. Science, 2004, 305: 227-229.

[46] Birks T A, Roberts P J, Russel P S J, et al. Full 2-D photonic bandgaps in silica/air structures[J]. Electronics Letters, 1995, 31: 1941-1943.

[47] Knight J C, Birks T A, Russell P S J, et al. All-silica single-mode optical fiber with photonic crystal cladding[J]. Optics Letters, 1996, 21: 1547-1549.

[48] Birks T A, Knight J C, Russell P S J. Endlessly single-mode photonic crystal fiber[J]. Optics Letters, 1997, 22: 961-963.

[49] Russell P S J, Cregan R F, Mangan B J, et al. Single-mode photonic band gap guidance of light in air[J]. Science, 1999, 285: 1537-1539.

[50] Husakou A V, Herrmann J. Supercontinuum generation of higher-order solitons by fission in photonic crystal fibers[J]. Physical Review Letters, 2001, 87: 203901-203904.

[51] Rosa L, Poli F, Foroni M, et al. Polarization splitter based on a square-lattice photonic-crystal fiber[J]. Optics Letters, 2006, 31: 441-443.

[52] Mägi E C, Nguyen H C, Eggleton B J. Air-hole collapse and mode transitions in microstructured fiber photonic wires[J]. Optics Express, 2005, 13: 453-459.

[53] Chiang K S. Intermodal dispersion in two-core optical fibers[J]. Optics Letters, 1995, 20: 997-999.

[54] Eldada L, Shacklette L W. Advances in polymer integrated optics[J]. IEEE Journal of Selected Topics in Quantum Electronics, 2000, 6: 54-68.

第2章　光纤传感技术

光纤传感技术是以光纤为传感介质、感知所处外界环境参量变化的传感技术。当光在光纤中传输时，外界的温度、应变、位移等环境因素都会影响光纤本身的参量，改变所传输光信号的强度、相位、偏振态等。通过测量这些光参量的变化，即可分析得到外界环境的相关信息，从而实现光纤传感。与传统的机械式传感器或者电子学传感器相比，光纤传感技术具有电绝缘、抗电磁干扰、质量轻、易于和信号传输集成等优势。

自从20世纪70年代美国Corning公司研制出第一根低损耗光纤以来，光纤传感技术得到了长足的发展。最初是由美国海军研究所提出的光纤传感器系统(FOSS)计划[1]。随着光纤通信技术的发展和成熟，各种性能稳定的光纤器件、光电器件相继问世，为光纤传感技术的发展提供了便利。近几十年来，光纤传感技术日趋成熟，目前已经在建筑、电力等领域得到了广泛的应用。

根据光纤传感器的工作方式，可分为单点式、准分布式和全分布式。单点式光纤传感器只能够实现光纤中某一点处或者很小范围内的传感测量，大部分单点式光纤用作光信号的传输。准分布式光纤传感技术基于单点式光纤传感，将单点式传感单元放置在整个光纤的不同位置，组成传感阵列，结合波分复用技术等，实现不同光纤位置处的同时传感。

全分布式光纤传感技术与前两种完全不同，该技术能够测量光纤沿线任何位置的相关信息，光纤的每一处既能传输光波，同时又能够感知外界物理量的变化；光纤所到之处，均能作为传感器，传感距离可以达到几十千米。目前广泛使用的分布式光纤传感器主要包括两种：一种是基于光纤光栅的准分布式光纤传感技术；另一种是基于光纤中各种散射效应的分布式光纤传感器。本章将介绍这两类传感器，其中重点介绍基于传感光纤中自发布里渊散射的分布式光纤传感技术及其发展历程和发展前景。

2.1　光纤的光敏特性

现有文献中对几乎所有种类的光纤的光敏特性都做了研究，特别是掺有不同元素如铝、硼、锡、稀土元素等的光纤，也研究了不同结构光纤的光敏性，如多模光纤、保偏光纤、光子晶体光纤等。大部分光纤光栅是用掺Ge的石英光纤制成的。掺Ge石英光纤由于其优良性能和低的生产成本，已被广泛地应用于光通信和光传感领域。绝大多数光纤光栅正是用这种常规的标准光纤制成的。用常规光纤做成的光纤光栅便于与光纤网络连接，具有良好的匹配性。

2.1.1　光纤的光敏性特点

紫外激光导致的石英光纤的光敏性具有以下几个特征。

1. 依赖于 Ge 掺杂

石英光纤的光敏性与所掺杂的氧化锗含量紧密相关。锗掺杂用来提高纤芯折射率，形成折射率波导。实验中发现，在纯石英纤芯和较低折射率包层构成的光纤中，很难观察到光敏性，而在高浓度掺锗的光纤中则得到了高的光敏性。实际上，人们开发出了具有高光敏性的特种光纤，这种光纤中锗的掺杂浓度比常规单模光纤中要高很多。

2. 紫外激光辐照条件

在光纤光栅的制作过程中，特定波长的紫外辐射是必不可少的。发现光纤光敏性的第一个实验结果[2]，后来被解释成双光子效应，相当于经受了 244nm 的紫外辐射。研究者详细地研究了掺 Ge 硅光纤的紫外吸收光谱特性，发现在 195nm、242nm、256nm 三个紫外波段的辐照有较高的光敏性。实验测得 1550nm 波段的折射率的变化与紫外吸收相关，其拟合曲线可用下式表示[3]：

$$\Delta n = (2.34\Delta\alpha_{242} + 4.96\Delta\alpha_{195} + 5.62\Delta\alpha_{256}) \times 10^{-7} \tag{2.1}$$

式中损耗以 dB/mm 为单位。幸运的是，在这些波段上已经有开发成熟的激光器可供使用，如 ArF 准分子激光器（193nm）、重频 Ar 离子激光器（244nm）、KrF 准分子激光器（248.5nm）和重频铜蒸汽激光器（256nm）等。

3. 光敏性与紫外激光强度和辐照剂量的关系

实践中关心的问题之一是折射率随紫外激光强度和辐射剂量的变化而有什么样的特征。研究表明，在 100mJ/(cm^2 · pulse) 量级的低强度紫外辐照下，折射率随着紫外强度和累计辐照计量的增加而单调地增加。这种强度的紫外激光通常用于获得 $10^{-4}\sim10^{-3}$ 的折射率增量，在这个激光强度范围获得的光敏性称为 Ⅰ 型光敏性[4]。

实验中观察到，折射率的增长率随辐射量的增加而渐渐降低，并趋于饱和。继续延长紫外光曝光时间可能还会导致折射率回落。同时，折射率调制也发生类似的变化，并在某一剂量下周期性调制消失，如图 2.1 所示。图中给出了一个定性的示意。这一现象解释为存在正、负两种光敏性，在小剂量时正光敏性为主，随剂量增加而逐渐转变为负光敏性为主。这种负光敏性被称为 ⅡA 型（某些文献中称为 Ⅲ 型）光敏性[5]。当紫外激光辐射能量高时，一个单脉冲就可能会产生相当大的折射率改变，以至于接近 10^{-2}，这就足以产生一个光栅。这样的光栅称为 Ⅱ 型光栅[6]。

4. 热稳定性和长期稳定性

虽然实验证明紫外激光导致的折射率改变是永久性的，但是其长期稳定性和热稳定性是实际应用中十分关注的问题。在上述三种类型的光敏性中，Ⅱ 型是最稳定的，Ⅰ 型是最不稳定的，ⅡA 型的稳定性介于两者之间。光敏性的这些性质被认为是与物质内部的不同机制有关的。在 Ⅱ 型光敏性中，高强度激光在纤芯材料中引入某种物理损伤，而在 Ⅰ 型光敏性中，电子态的缺陷起主要作用。虽然如此，Ⅰ 型光敏性仍然是在实际光纤光栅的制备中使用最多的类型，因为其易于实施，且易于品质控制。人们发现，光纤光栅的长期稳定性可以通过后期工艺提高，如退火和无掩膜辐照。

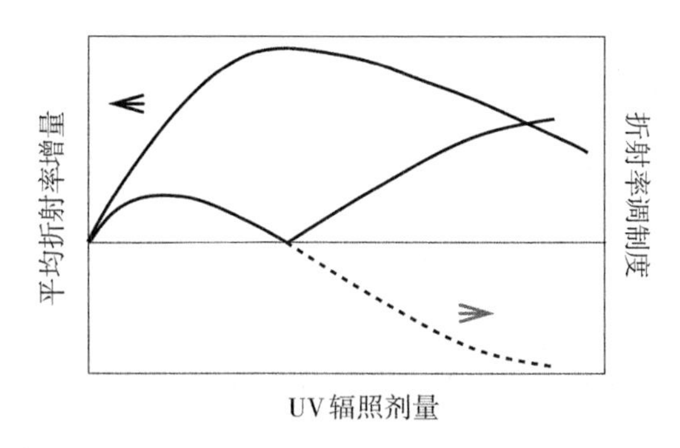

图 2.1 折射率调制量和平均折射率随紫外辐照剂量的变化

5. 氢载敏化

在光敏机制研究的同时，人们做了很多努力来提高其敏感性，如通过硼、磷、锡等元素与锗共掺、过火焰技术等[7]。氢载敏化是最重要的发明之一，已经作为一种简单而有效的敏化方式得到了普遍应用。在最早报道的氢载敏化实验中，光栅是在锗摩尔分数为3mol%的普通石英光纤中写入的：该光纤预先在高压(典型值为150atm，$1\text{atm}=1.01\times10^5$ Pa)氢气钢瓶中放置数天，使光纤中的氢气溶解度达到饱和浓度的95%以上[8]。在氢载敏化中，光致折射率变化可以达到$10^{-3}\sim10^{-2}$。

2.1.2 光敏性机理

显然，了解紫外辐射时材料内部发生了怎样的变化是一个很有意义的课题，尤其是对于如何制作光纤光栅和改进其性能十分重要。实际上，人们已经提出了若干模型来解释实验现象。然而，实验结果如此复杂，以至于没有一个单独的模型能够解释所有在或多或少不同条件下观察到的现象，包括不同的光纤组分、不同的生产工艺。基本的机制取决于材料的分子结构，对于掺锗的熔融石英，二氧化锗分子彼此键合形成一个四面体的网状结构，而掺入的二氧化锗分子也包含其中，如图 2.2(a)所示。

在光纤及其预制棒制备工艺的高温下，很容易产生氧空位，在高温下氧原子容易逃逸，GeO 比 GeO_2更稳定，从而形成锗的缺氧中心。图 2.2(b)表示一种可能的错位键，硅原子和锗原子直接键合，而不是通过氧原子键合。几种相关的缺陷随之产生，而掺入的二氧化锗分子也包含其中，包括 GeE′中心，如图 2.2(c)和(d)所示[9]。这些缺陷被称为色心。

在紫外辐照下色心的电子态将会发生改变，如从错位键到 GeE′色心的跃迁，表示为[10]

$$\rangle\text{Ge—Ge}\langle\ (\text{or Ge—Si})\xrightarrow{h\nu}\text{GeE}'+\text{GeO}_3^+(\text{or SiO}_3^+)+\text{e}^-$$

此时，相关的色心就被漂白了。根据人们熟知的 Kramers-Kronig 关系，吸收的变化导致折射率的变化，如下式所示[11][12]：

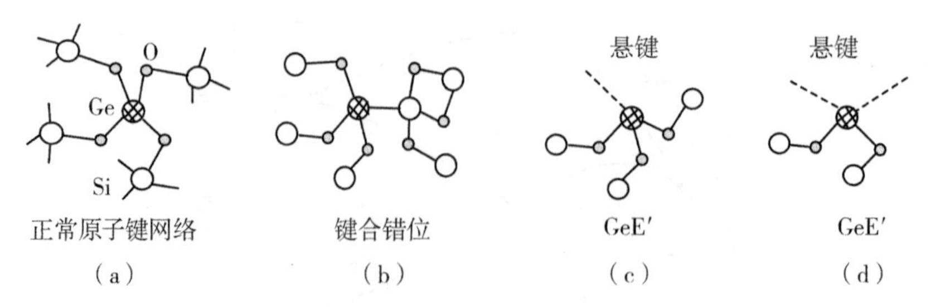

图 2.2　(a)掺锗石英的正常网络结构；(b)~(d)几种典型缺陷

$$\Delta n(\lambda') = \frac{1}{2\pi^2} P \int_0^\infty \frac{\Delta\alpha(\lambda)}{1-(\lambda/\lambda')^2} \mathrm{d}\lambda \tag{2.2}$$

式中，P 为积分主值。这样的光敏性机制通常称为色心模型。

人们普遍认为，光敏性的机理主要与锗掺杂相关的缺陷有关，尤其是氧空位。在载氢敏化光纤中，作为还原剂的氢分子将在紫外辐照下和二氧化锗发生反应，生成 OH^-。这是另一种与氧空位有关的缺陷，其生成过程可以表示为[13]

$$\equiv \mathrm{Ge{-}O{-}Si} \equiv + \mathrm{H_2}/2 \longrightarrow \equiv \mathrm{Ge}\cdot e^- \quad \mathrm{OH{-}Si} \equiv$$

这种缺陷的数量通常比非氢载敏化普通光纤中锗的缺氧中心(Germanium Oxygen-deficient Centers，GODC)多很多，从而使光纤的光敏性大大增强。虽然 OH^- 会导致 1400nm 波段的损耗，但光栅与作为传输介质的光纤相比短得多，它对光纤损耗的影响可以忽略不计。

还有其他一些机制在不同的光纤光栅制作工艺中起了重要作用。人们发现，在较大剂量紫外曝光后，材料发生紧密化，这被认为是ⅡA 型光敏化的主要机制[5]。另外一个可能的机制是玻璃结构体积的光致变化[14]。

2.2　光纤光栅

光纤光栅是利用光纤材料的光敏特性，在光纤纤芯上建立起折射率周期性分布的一种无源光纤器件。通过控制折射率的周期性分布，可以控制在其中传输的光波的特性。利用光纤光栅作为传感元件的传感技术由来已久。1989 年，Morey 首先报道了光纤光栅在传感方面的应用[15]。从此，基于光纤光栅的传感器技术受到了重视并开展了诸多研究工作。这种在光纤纤芯中制作的光栅具有低损耗、易于和光纤连接、可靠性高等特点。另外，作为传感元件，它的传感参量是波长，该参量不受系统光源强度波动或光纤损耗的影响。

其中，将点式光纤光栅通过组网的方式实现分布式传感是其中的一个研究热点，可以实现周界安防等[16,17]。多个单独的光栅连接在一起，或者在一根光纤上连续刻写多个光栅，可以组成传感阵列，和波分复用等技术[18-21]相结合，能够实现准分布式传感，如图 2.3 所示。这种传感器阵列适合埋入材料和结构内部，或者贴敷于表面，对它们的温度、应变、压力等实现多点监测，这对智能建筑、健康监测等方面的研究具有重要意义。

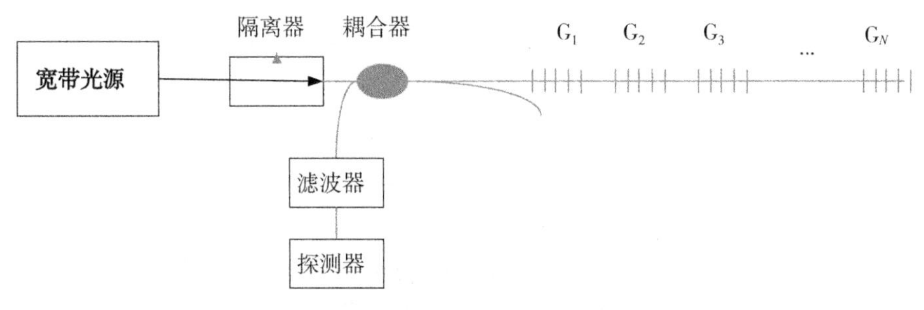

图 2.3　光纤光栅传感器

2.2.1　光纤光栅的基本结构和原理

光纤问世后不久，人们就企图在光纤上制成具有特定光谱特征的光栅，使其应用于波分复用等重要领域。早期，人们在光纤侧面研磨、抛光出一个接近纤芯的小平面，用光刻工艺在其表面制作光栅，称为 D 型光纤光栅[22]。D 型光纤光栅的性能往往不能满足实际应用的要求，制作工艺也不适于大规模生产。

1978 年 K. O. Hill 在实验中观察到，将一束 488nm 的氩离子激光束注入一段掺锗的光纤中，一段时间后纤芯内就会产生折射率的变化，其变化周期和激光束的驻波周期一致，并且这种折射率的改变是永久性的[2]。这一实验结果被认为是光纤光敏性的首次发现。1989 年研究人员发明了采用全息术写入光栅的方法，并且可以获得所希望的波长特性，使光纤光栅的实际应用成为可能。随后，相位掩膜技术被应用于光纤光栅刻写，使光纤光栅的制作适合于批量生产[23][24]。研究人员还致力于提高光纤的光敏性，特别是提高锗的掺杂浓度的方法。不久后人们发现，将普通掺锗浓度的光纤置于高压氢气钢瓶一段时间后，其光敏性大大增强。这种方法被普遍应用，被称为氢载敏化技术[25]。现在，各种光纤光栅的设计、制作以及应用技术都得到了发展，臻于成熟了[26]。

光敏光纤光栅是一段纤芯折射率在轴向被周期性调制的光纤，如图 2.4 所示。这是一种一维光栅，有两个主要参数，即折射率的改变 Δn 和周期 Λ。当周期 Λ 等于光波长的一半时，光栅就会使入射基模和后向传输基模相耦合，呈现为波长选择的反射功能。其机理与晶体中的布拉格衍射一致，因此这种光栅被称为布拉格光纤光栅(Fiber Bragg Grating, FBG)。在光纤光栅中应用 X 光衍射的布拉格方程，可得到 FBG 基本方程为

$$\lambda = 2n_{co}\Lambda \tag{2.3}$$

式中，λ 为光波波长；n_{co} 为输入纤芯的有效折射率；Λ 为光栅周期。对于普遍关注的 1550nm 波段，光栅周期 Λ 为 500nm 左右。

当光栅周期很大，达到亚毫米量级上时，光栅导致纤芯模与包层模相耦合，称为长周期光纤光栅(LPFG)[27,28]。此时的谐振波长满足下列条件：

$$\beta_{co} - \beta_{cl} = \frac{2\pi(n_{co} - n_{cl})}{\lambda} = \frac{2\pi}{\Lambda} \tag{2.4a}$$

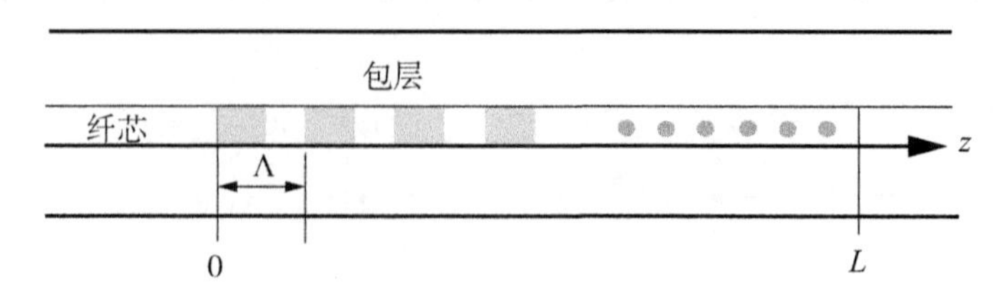

图 2.4　光纤光栅的折射率分布

$$\lambda = (n_{co} - n_{cl})\Lambda \tag{2.4b}$$

式中，n_{cl} 为相关的包层模的有效折射率。对应于两模式之间的谐振，透射光谱显示若干对应于不同包层模的尖谷，即吸收峰。

根据衍射光学，输入光波和衍射光波的波矢，以及定义为 $k_{FBG} = 2\pi/\Lambda$ 的光栅波矢之间，应当满足相位匹配关系，如图 2.5 所示。入射光和被 FBG 反射的光波长相同，方向相反，如图 2.5(a)所示。LPFG 的波矢比 FBG 的波矢短很多。可能有若干对的入射光和衍射光满足式(2.4)的相位关系，图 2.5(b)显示了两个例子。要注意的是，输入光和在 LPFG 中同方向耦合的包层模的波长相同，但有效折射率不同，因此波矢不同。输入光波耦合到包层模后，往往再向外耦合到辐射模中，导致其透射谱中出现一个损耗峰。

图 2.6(a)给出了 Λ=0.535μm 的 FBG 的特征透射谱，显示了一个对比度大于 30dB、带宽在 0.2nm 左右的窄带反射峰。图 2.6（b）给出了 Λ=450μm 时 LPFG 典型的透射谱，显示了对应于不同包层模的不同波长的 4 个损耗峰。光栅的周期和折射率调制幅度是温度和应变状态的函数，因此测量的传输特性具有对外部条件的敏感性。这正是光纤光栅用作传感器的基本机理。

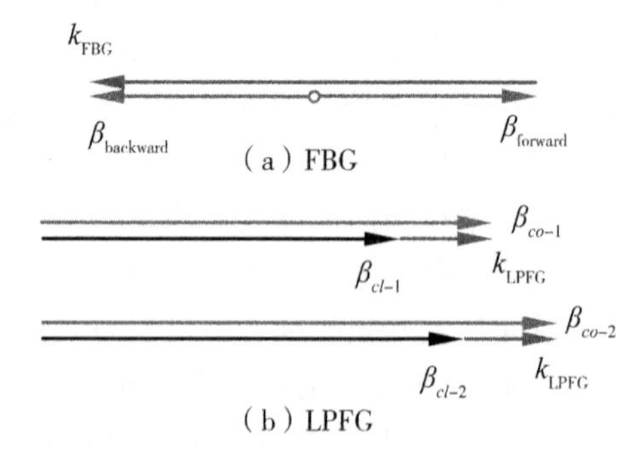

图 2.5　FBG（a）和 LPFG（b）的波矢量关系

2.2.2　光纤光栅的制备和封装

1. 光纤光栅的制备方法

不少方法已经被证明在光纤光栅刻写中有效，如驻波法[2]、逐点写入法[29]、全息法[30]和相位模板法[23][24]等。最后两种方法具有工艺简单、光栅性能好和适宜批量生产等

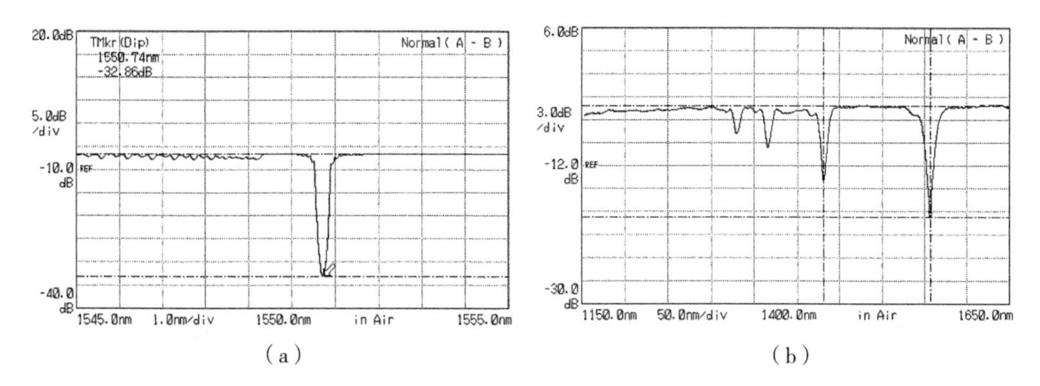

（a）　　　　　　（b）

图 2.6　FBG (a)和 LPFG (b)的典型透射谱

优点。

相位模板法，用于光纤光栅制作的相位模板本身就是一个相位光栅，其整体是透明的，但是槽顶和槽底有 δ 的厚度差，如图 2.7(a)所示。图中 θ 为入射角，A 和 B 分别对应阶数为 $\pm m$、角度为 α 和 β 的衍射光束。根据衍射光栅理论，衍射角服从方程：

$$\Lambda(\sin\theta - \sin\alpha) = m\lambda \tag{2.5}$$

当入射光束垂直于相位模板时，$\theta = 0$，则会产生对称分布的衍射光束，衍射角为 $\sin\alpha = m\lambda/\Lambda$，$m = \pm 1, 2, \cdots$。$\alpha = 0$ 的 0 阶衍射光束只是一束透射光，它除了会增加背景折射率以外，不会对建立光纤光栅有任何贡献，这束光必须被尽可能地减小。为了抑制 0 阶衍射，厚度差 δ 要满足 $(n_{\mathrm{UV}} - 1)\delta = \lambda_{\mathrm{UV}}/2$，使槽顶和槽底透过的光波获得 π 的相位差（相位差或相移 $= \dfrac{2\pi}{\lambda_{\mathrm{UV}}} \times \dfrac{\lambda_{\mathrm{UV}}}{2} = \pi$），导致平均的 0 阶光衍射被消除。掩膜板材料（通常为熔融石英）的折射率是紫外波长的函数。这样根据紫外波长就可以对掩膜板进行设计。

强度最大且相等的正负一级衍射光 $m = \pm 1$ 在掩膜板下方区域发生干涉，从而在光纤上提供周期性的紫外辐照，如图 2.7(b)所示。干涉图样的周期为 $\Lambda_{\mathrm{fiber}} = \Lambda/2$，恰好是模板光栅周期的一半；由于槽顶和槽底间 π 的相移，每一交界面都呈现一个暗点。

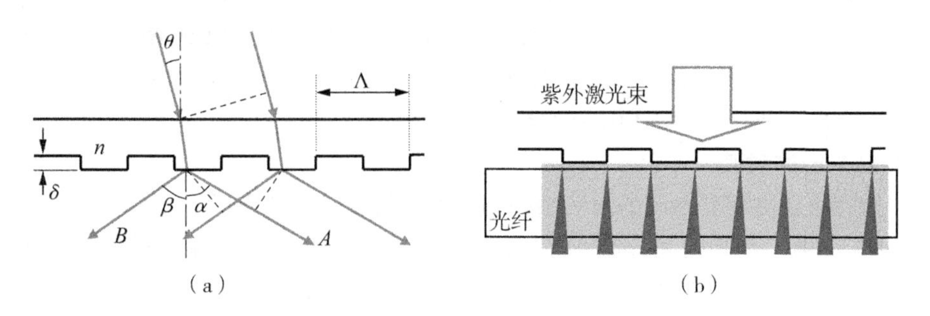

（a）　　　　　　（b）

图 2.7　(a)相位模板的衍射；(b)周期性的紫外辐照分布

全息方法是另一种重要而有效的光纤光栅制作法。在该装置中，从激光器发出的光束被分束器分成两路，以 θ 角入射光纤上形成周期为 $\Lambda_{\text{fiber}} = \lambda/(2\sin\theta)$ 的干涉图样，如图 2.8(a)所示。

相位模板法和全息法这两种方法的物理基础都是光干涉，它们在制作工艺有不同的特点。相位模板法适宜于固定周期光纤光栅和特定波长的紫外激光器。它的一个优点是对激光器的相干性要求较低，适合于采用准分子激光器；另外一个优点是更高的重复性，对批量生产有很重要的作用。全息法的一个优点是周期可以灵活调节，但是需要高相干度的激光器，如倍频氩离子激光器。图 2.8(b)为组合型的装置，其中紫外光被一个相位模板分成两束，其 0 阶衍射光可以被挡住，以降低均匀的折射率背景。入射角可以通过镜子的角度 γ 来调节。

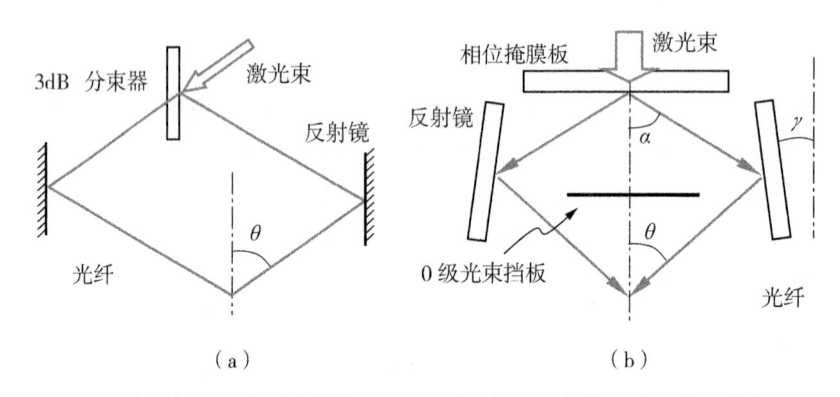

图 2.8　(a)典型的用于光纤光栅写入的全息装置；(b)使用相位掩膜板的全息装置

实际应用中要求光纤光栅很长，或者具有复杂的结构，人们发明了综合性的精密装置，通过计算机辅助调节干涉周期和辐照强度，并且精确可控地移动光纤。

长周期光纤光栅的周期在亚毫米尺度，这使得 LPFG 的制作变得相对简单。常规的方法包括振幅掩膜板紫外曝光法[28]、CO_2激光器逐点写入法[31]、电弧放电法[32,33]和周期波纹模板压制法[34]。前两种方法适于大规模生产，并且具有很好的稳定性。振幅掩膜板紫外曝光只是将模板的图样复制到纤芯上，如图 2.9(a)所示。CO_2激光器逐点写入法经常由计算机辅助控制在一维上移动，如图 2.9(b)所示。温度聚焦的 CO_2激光将光纤加热到 1000°C 以上，导致折射率改变。人们提出若干模型来解释其机理，如材料致密化、热应力、拉丝残余应力或拉丝缺陷(DID)的释放等[35,36]。

2. 光纤光栅的封装

不同的应用环境需要不同的封装结构和技术。封装时应考虑以下几个要求。

(1)保护封装。易损的光纤器件要具备高的可靠性，必须进行保护封装，尤其是由于光纤光栅是在剥去涂覆层的光纤上制作的。在一些应用中，光纤传感器被埋在钢筋或混凝土结构中，对它们的保护是一个重要的任务。

(2)分解温度/应力交叉灵敏度。由于光栅的峰值波长同时对温度和应变敏感，当光栅用作传感器时，将这两个因素区分开是很必要的。为此已开发出一些结构[37,38]：

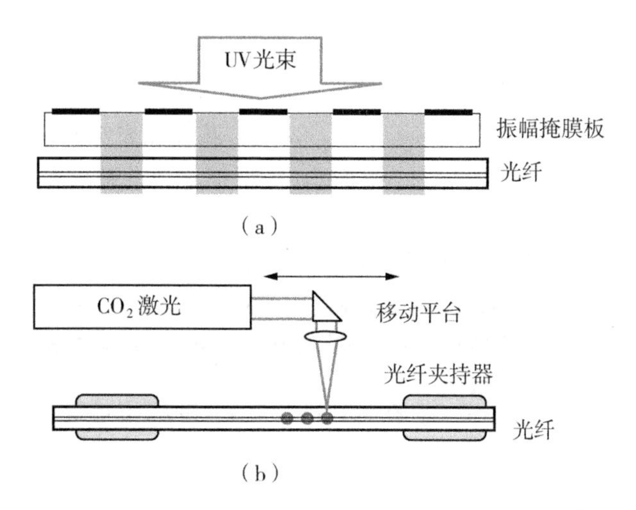

图 2.9 (a)振幅掩膜板紫外曝光写入长周期光纤光栅;(b)激光器逐点扫描写入

(a)最简单的方法是使用两个具有不同温度和应变系数的光栅。它们可以是基于不同光纤材料制造的,或者采用不同封装结构。两个峰值波长的变化互相耦合,表达为

$$\begin{pmatrix} \Delta\lambda_1 \\ \Delta\lambda_2 \end{pmatrix} = \begin{pmatrix} \zeta_{1\sigma} & \zeta_{1T} \\ \zeta_{2\sigma} & \zeta_{2T} \end{pmatrix} \begin{pmatrix} \Delta\sigma \\ \Delta T \end{pmatrix} \tag{2.6}$$

这样,温度变化和应力变化可通过分别测量 $\Delta\lambda_1$ 和 $\Delta\lambda_2$ 得到,需要注意的是式中两组系数线性无关。

(b)将具有不同周期的光栅刻写在同一段光纤上,如 1310nm 和 1550nm 波段。热光系数通常为波长的函数,因而可以得到对应两个波段的不同的温度和应力系数。采用 FBG 和 LPFG 的组合,也可以得到具有不同温度和应力系数的两组谐振波长。

(c)将光栅刻写在由两个不同本底折射率、不同灵敏度系数的光纤熔接在一起的光纤上,如图 2.10(a)所示。也可以将光栅刻写在一半截面缩小的光纤段上,如图 2.10(b)所示。利用细光纤和原尺寸光纤不同的应力系数,就可以分解温度和应力两个参数。

图 2.10 温度和应变效应的解耦合:(a)用不同光纤熔接;(b)局部减小直径

(3)温度/应力不敏感封装。温度不敏感光纤光栅在很多应用中是必要的,例如密集型波分复用(DWDM)光纤通信中的滤波器。由于信道宽度是在亚纳米量级,对于通常在数十摄氏度温度变化的使用环境,温度灵敏度应降低到 1pm/℃,大约为原始 FBG 灵敏度的 1/10。为此,已开发了一种具有负温度系数(NTC)的特殊陶瓷材料作为 FBG 的封装基底。光纤光栅在适当的预拉伸应变下固定在 NTC 基底上,从而补偿温度灵敏度。这样,

峰值波长随温度的变化写为

$$\frac{\Delta\lambda_B}{\lambda_B}=\zeta_e e_z+\zeta_T\Delta T=\zeta_e(e_{z0}-\Delta\zeta_T\Delta T)+\zeta_T\Delta T \tag{2.7}$$

式中，ζ_e 和 ζ_T 是FBG的应力和温度系数；$\Delta\zeta_T$ 是NTC陶瓷和光纤的温度膨胀系数之差。由此可推出温度补偿条件为 $\zeta_e\Delta\zeta_T=\zeta_T$。预应变还要根据这两个系数和NTC材料线性工作范围来设计。

除了NTC陶瓷之外，用不同热膨胀系数(TEC)和合适长度的两种材料构成一个机械装置，可以实现同样的效果。图2.11(a)画出用两种不同材料构成的圆筒状封装，它们的热膨胀系数分别为 α_1 和 α_2，例如，一个石英管和一个铝管($\alpha_2\approx2.5\times10^{-6}$/℃)。该结构的复合热膨胀系数为 $\tilde{\alpha}=\frac{\alpha_1 L_1-\alpha_2 L_2}{L_1-L_2}$。在合适的长度 L_1 和 L_2 下可等效地获得所需的负膨胀系数。文献[39]给出的一个实验结果显示，光纤光栅温度系数从未补偿的11pm/℃降到补偿后的0.7pm/℃。

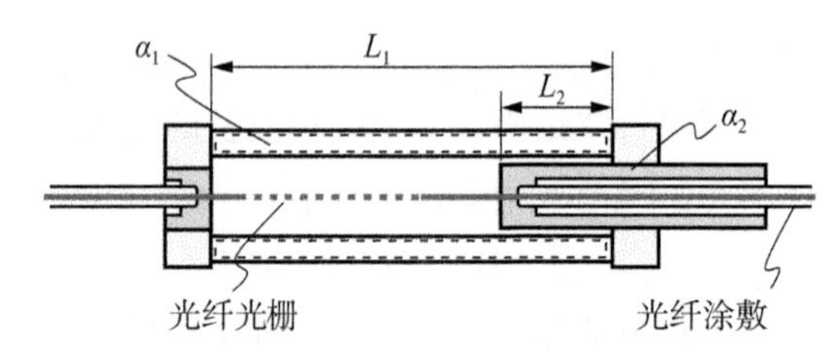

图2.11 温度补偿封装

应力不敏感的封装也是需要的，例如，在光纤光栅用作单一温度传感器时就希望不受外力的影响。为避免热应力，光纤光栅传感器应在比工作温度范围足够高的温度下封装在一个膨胀系数大于石英、应力隔离的细管中[40]。这样传感器就可以在免除热应力的条件下工作。

(4)增敏封装。传感器封装还要起到两个作用：一是增强灵敏度，二是通过不同设计的特殊结构，将传感对象的参量转换为光纤光栅的特性参数[37]。这些不同的传感参数包括位移、弯曲度、扭转、振动、声波、压力、加速度、电磁场、水位以及化学等。

为此，人们提出和演示了许多结构。图2.12(a)显示了一个压力传感器结构，其中弹性波纹管由压力差推动，光纤光栅在预拉伸的情况下封装在波纹管和支撑件之间。适当地选择波纹管合适的弹性系数，光纤光栅的灵敏度可获得增强和调节。图2.12(b)是将FBG固定在柱体侧表面的扭转传感器。

在图2.13(a)是另一种压力传感器的设计图，它将传感器固定在一个圆筒型鼓的表面上。压力变化将导致鼓面形变，从而改变光纤光栅的应变。将光纤光栅固定在径向 $r=R/\sqrt{3}$ 处，可以得到最大的应变效应。另外，鼓面最大曲率位于中心处，固定在此处的长周期光纤光栅将表现出最大灵敏感度。图2.13(b)展示了FBG压力传感器的另一种封装方式。

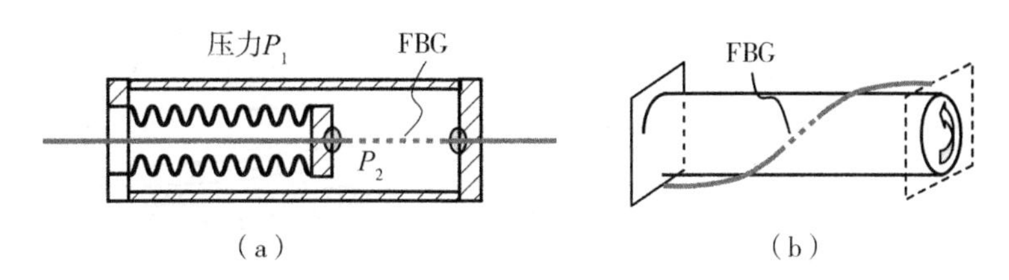

图 2.12 (a)压力传感器；(b)扭转传感器

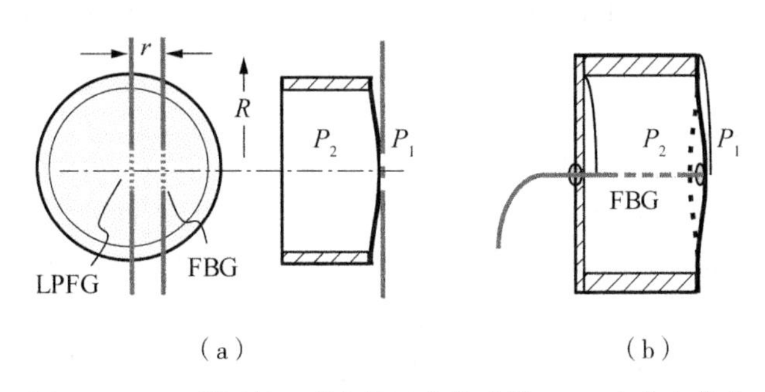

图 2.13 (a)利用鼓面形变的压力传感器；(b)安装在鼓内

在图 2.14(a)所示的传感器中，光纤光栅固定于一个吸收特殊化学物质后会膨胀的基底上[41]；或者固定在一个有磁致伸缩效应或其他对环境场敏感的材料上。因此，这种光纤光栅可以探测环境中的化学物质浓度，如石油泄漏；亦可用于检测磁场。图 2.14(b)画出了一种锈蚀传感器的结构[42]，当弹簧在一些腐蚀性环境中被腐蚀后，其直径发生改变，因此导致的弹性系数变化可由 FBG 反映出。

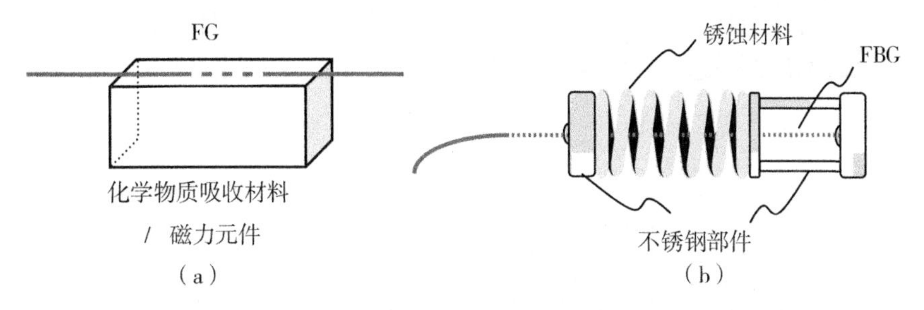

图 2.14 (a)粘贴在衬底上的光纤光栅传感器粘器；(b)弹簧金属片腐蚀传感器

图 2.15(a)为可提供二维应力状态的由三个 FBG 组成的复合传感器的概念图。图 2.15(b)表示一个埋在复合材料(PTP)中的 FBG 传感器，这种复合材料由碳纤维构成，既有高硬度，又有柔软性。这些传感器在建筑结构的健康监测方面有很大作用。

许多具有高温度膨胀系数的材料可用作基底封装光纤光栅，以此实现更高的温度灵敏度，如用聚合物材料和金属材料[43]。

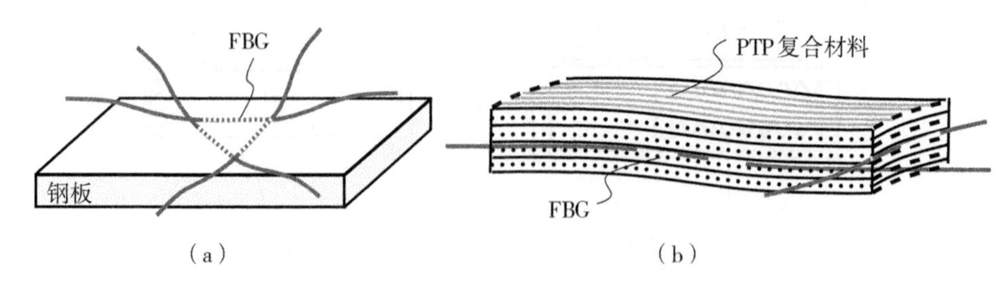

图 2.15　(a)由三个 FBG 构成的应变传感器；(b)埋在 PTP 材料中的 FBG 传感器

2.2.3　光纤光栅分类

在应用的推动下，人们发明并生产各种光纤光栅来满足不同的需求。这些光纤可以分成若干类型，按材料可分为硅基光纤和非硅基光纤，如塑料光纤(POF)、光子晶体光纤(PCF)；按工作波长可分为 1550nm、980nm、1310nm、1064nm 和可见光范围等；按周期可分为光纤布拉格光栅(FBG)和长周期光纤光栅(LPFG)。其中，单模石英光纤中的布拉格光栅在光纤通信和光纤传感领域应用最广泛。

除了均匀的 FBG，下面几种特殊设计的光栅也值得人们注意。

(1)啁啾光纤布拉格光栅(CFBG)。如图 2.16(b)所示，其周期沿着光纤线性(线性啁啾 FBG，LCFG)或非线性变化。啁啾使光纤光栅光谱展宽，广泛地应用于光纤通信中的脉宽压窄、激光技术中的脉冲整形和光信号测量中的滤波器等。

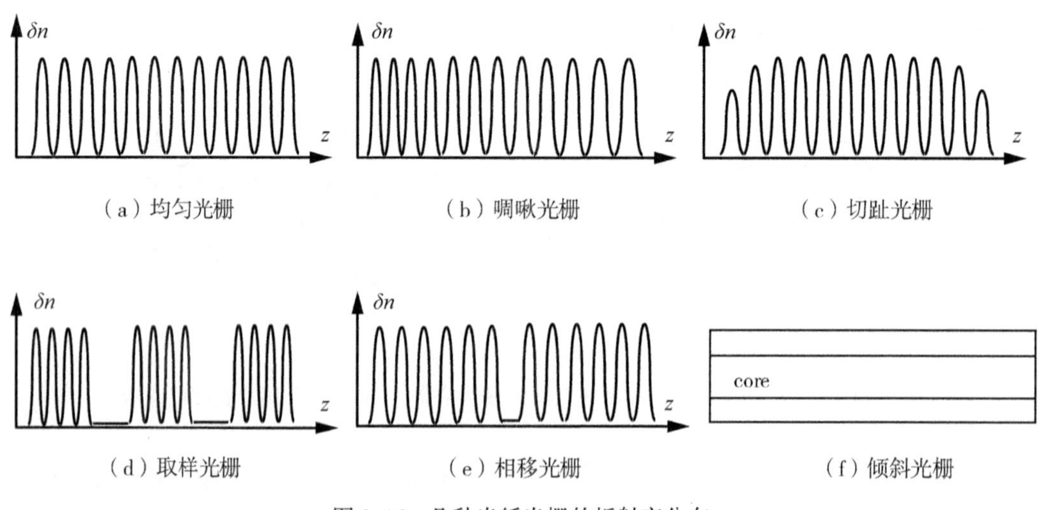

图 2.16　几种光纤光栅的折射率分布

(2)切趾光纤布拉格光栅。均匀折射率调制的光栅谱常常是振荡的，有好几个边瓣。然而许多应用中要求有一个清晰、单瓣的反射峰。切趾光栅，如折射率调制幅度在长度方向上有一个中间凸起的分布，会极大地改善光栅的光谱，如图 2.16(c)所示。

(3)取样光纤布拉格光栅。一个均匀光栅的折射率进一步用一个长周期方波调制，如图2.16(d)所示，称为取样光纤布拉格光栅。其光谱变为一个多峰的光谱，在光通信和光纤传感领域中有很大的用处。

(4)相移光纤布拉格光栅。两个光栅相连地刻写在光纤上，并在其间引入一个相移，就构成一个相移光纤光栅，如图2.16(e)所示。它的传输光谱会在反射峰的中间出现一个很窄的透射峰。

(5)保偏光纤光栅。它是在保偏光纤上写入的光栅，其光谱是偏振相关的，具有很多有用的特性。

(6)倾斜光纤布拉格光栅。以上提到的光栅的光致折射率变化都发生在光纤的轴向上，因此布拉格矢量是沿轴向的。理论分析和实验研究发现，如果光栅倾斜写入，如图2.16(f)所示，就会出现新的特性，如向辐射模的耦合以及偏振相关损耗。

2.3 光纤光栅的敏感性原理

从光纤光栅发展一开始，它对外部环境(特别是温度和应变)的敏感性就一直是对研究人员有吸引力的重要研究和开发课题。同时，在应用中光纤光栅的稳定性是人们普遍关心的问题。另一方面，灵敏性使光纤光栅成为一种优越的传感器元件。本节主要关注光纤光栅的敏感性。

2.3.1 FBG的敏感性

光纤光栅的主要参量是谐振波长，对于FBG，布拉格波长为$\lambda_B = 2n_{eff}\Lambda$，它的变化取决于有效折射率和光栅周期的敏感性：$\delta\lambda_B = 2n_{eff}\delta\Lambda + 2\Lambda\delta n_{eff}$。对外界的应力，最容易发生的是轴向应力，光栅周期随之变化。同时由于弹光效应，折射率也发生改变。布拉格波长增量与应变e_z成正比：

$$\Delta\lambda_B = \lambda_B\{1 - \frac{n^2}{2}[(1-\nu)p_{12} - \nu p_{11}]\} = \lambda_B(1+\gamma)e_z \tag{2.8}$$

石英光纤的有效弹光系数$\gamma = -0.22$，可以估算在1300nm和1550nm波段的应变灵敏度分别为$\Delta\lambda_B \approx 1.0\times e_z$ pm/(με)和$1.2\times e_z$ pm/(με)。式中(με)代表“微应变”，即e_z在10^{-6}量级内。

对于温度敏感性，要考虑折射率的热光效应和材料的热膨胀效应，表示为

$$\Delta\lambda_B = \lambda_B(\alpha + \frac{1}{n}\frac{\partial n}{\partial T})\Delta T \tag{2.9}$$

式中，$\alpha = \frac{1}{\Lambda}\frac{\partial\Lambda}{\partial T}$是热膨胀系数，对于熔融石英约为$5.5\times10^{-7}$℃$^{-1}$。实验得到适应光纤布拉格光栅谐振波长的温度系数为$\frac{1}{\lambda_B}\frac{\Delta\lambda_B}{\Delta T} \approx 6.7\times10^{-6}$/℃$^{-1}$，在1550nm波段为$\frac{\Delta\lambda_B}{\Delta T} \approx$ 10pm/℃。这个数据意味着，石英光纤热光效应相对于热膨胀系数占主导地位。

2.3.2　长周期光纤光栅的敏感性

长周期光纤光栅的谐振波长 $\lambda_m=(n_{co}-n_{cl,m})\Lambda$，它由三个参量决定，即纤芯模式折射率、包层模式折射率、光栅周期。折射率色散对谐振波长的确定有重要作用。用所引入的波导色散因子来描述：

$$\gamma_m=\left[1-\Lambda\frac{\partial(n_{co}-n_{cl,m})}{\partial\lambda}\right]^{-1} \tag{2.10}$$

LPFG 的谐振波长对温度的导数可以推导为

$$\begin{aligned}\frac{\partial\lambda_{\mathrm{L}}}{\partial T}&=(n_{co}-n_{cl})\frac{\mathrm{d}\Lambda}{\mathrm{d}T}+\Lambda\frac{\partial(n_{co}-n_{cl})}{\partial T}\\&+\Lambda\frac{\partial(n_{co}-n_{cl})}{\partial\lambda}\frac{\partial\lambda_{\mathrm{L}}}{\partial T}=\gamma_m[\alpha+\xi_m^{(T)}]\lambda_{\mathrm{L}}\end{aligned} \tag{2.11}$$

式中，$\xi_m^{(T)}=\dfrac{1}{n_{co}-n_{cl,m}}\dfrac{\partial(n_{co}-n_{cl,m})}{\partial T}$ 是等效热光系数。类似地，谐振波长随应力变化的系数为

$$\begin{aligned}\frac{\partial\lambda_{\mathrm{L}}}{\partial|\boldsymbol{e}|}&=(n_{co}-n_{cl,m})\frac{\partial\Lambda}{\partial|\boldsymbol{e}|}+\Lambda\frac{\partial(n_{co}-n_{cl,m})}{\partial|\boldsymbol{e}|}\\&+\Lambda\frac{\partial(n_{co}-n_{cl,m})}{\partial\lambda}\frac{\partial\lambda_{\mathrm{L}}}{\partial|\boldsymbol{e}|}=\gamma_m[1+\xi_m^{(e)}]\lambda_{\mathrm{L}}\end{aligned} \tag{2.12}$$

式中，$\xi_m^{(e)}=\dfrac{1}{n_{co}-n_{cl,m}}\dfrac{\partial(n_{co}-n_{cl,m})}{\partial|\boldsymbol{e}|}$ 为等效弹光系数。一般轴向应变最常发生，有 $|\boldsymbol{e}|=e_z$。由于这一波导色散因子，LPFG 的温度和应变系数比 λ_{L} 比 FBG 的大得多。而且其数值可能在一个很大的范围以比较复杂的行为变化[44]。

包层模的特性还依赖于周围介质的折射率 n_3。这是一个与光纤布拉格光栅不同的特性，还可以作为用于探测周围介质折射率的传感器。这一敏感性也受波导色散因子影响，即

$$\begin{aligned}\frac{\partial\lambda_{\mathrm{L}}}{\partial n_3}&=\Lambda\frac{\partial(n_{co}-n_{cl,m})}{\partial n_3}+\Lambda\frac{\partial(n_{co}-n_{cl,m})}{\partial\lambda}\frac{\partial\lambda_{\mathrm{L}}}{\partial n_3}\\&=\gamma_m\xi_m^{(n)}\lambda_{\mathrm{L}}\end{aligned} \tag{2.13}$$

式中，系数为 $\xi_m^{(n)}=\dfrac{-1}{n_{co}-n_{cl,m}}\dfrac{\partial n_{cl,m}}{\partial n_3}$。

以上讨论表明，LPFG 的敏感性强烈地依赖于波导色散因子。而且，该因子本身也是温度和应变的函数。这就使 LPFG 的敏感性更为复杂。不同的 LPFG 可能因为波导色散因子表现出完全不同的行为。文献[44]测量相邻谐振波长随温度和应力的变化，得到斜率相反的曲线，并用波导色散因子的作用给出了解释。图 2.17 显示了在保偏光纤上写入的 LPFG 的谐振波长随轴向应力和温度变化的测量结果[45]。由于双折射，得到标为 A 和 B 的两个峰，它们之间的间隔比在同样的保偏光纤上制备的布拉格光栅的双峰间隔宽得多。

特别值得注意的是，它们的应变和温度系数不仅有不同的数值，而且有相反的正负号。

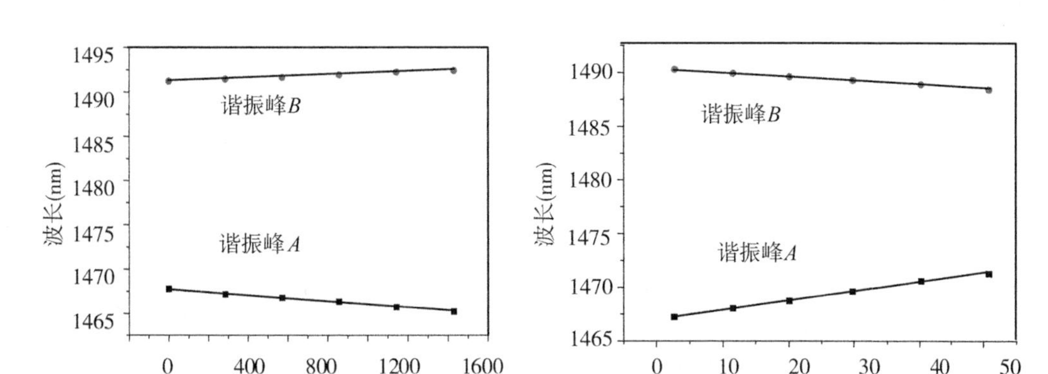

图 2.17 测量的 PMF-LPFG 谐振波长随应变和温度的变化

2.4 光纤光栅的调谐及其传感应用

2.4.1 光纤光栅的调谐

显然，光纤光栅的敏感性提供了发展传感器和可调滤波器的可能性。可调谐性是光纤器件对研究人员具有吸引力的特征。为此人们开发了两种基本方法。

1. 温度调谐

光纤光栅的热调谐的原理是简单的。光纤光栅可以粘贴到加热器和 Peltier 制冷器上，也可以将光纤表面金属化，就是将作为加热电阻的金属层直接镀在剥去外套的光纤上。

这种微型加热器可获得最高的加热效率。结合 TE 冷却器，可得到大范围灵活调谐。金属镀层的厚度还可以沿光纤变化，产生空间变化的温度分布，用这一方法可以实现可调谐的啁啾光纤光栅[46]。金属镀膜加热器的另一个优点是快速响应。图 2.18 是一个金属化光纤光栅在不同加热功率下峰值波长变化的测量结果[47]，可以看到，升温和降温时光纤光栅峰值变化的速率可以达到 4~5nm/s，从曲线的拟合可得到时间常数约为 0.6s。

2. 应力调谐

人们还提出和演示了各种应力调谐的结构。应用最广泛的结构是将光纤光栅固定到一端固支的悬臂梁上，如图 2.19(a)所示。在横向尺寸均匀的悬臂的自由端施加外力 F，将发生 x 轴方向的形变，表示为

$$\Delta x(z)=\frac{F}{2YI}z^{2}\left(L-\frac{z}{3}\right) \tag{2.14}$$

式中，Δx 是 x 轴方向上的位移；$I=\dfrac{ba^{3}}{12}$ 是厚度为 a、宽度为 b 的悬臂对于 y 轴的惯性矩；Y 是其杨氏模量。

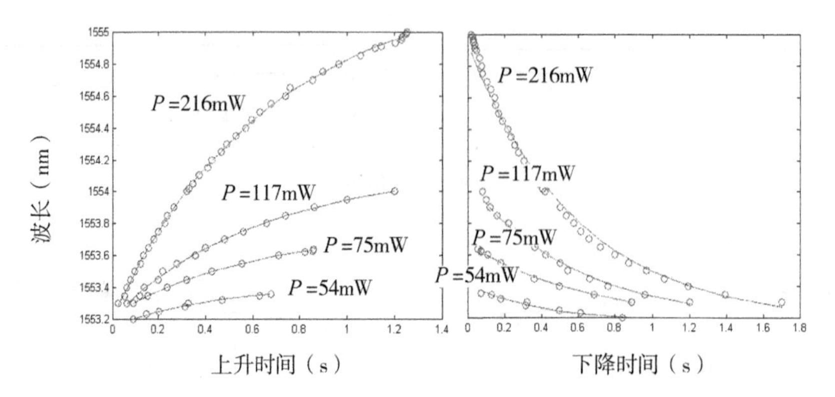

图 2.18　表面金属化 FBG 峰值波长的时域变化特性

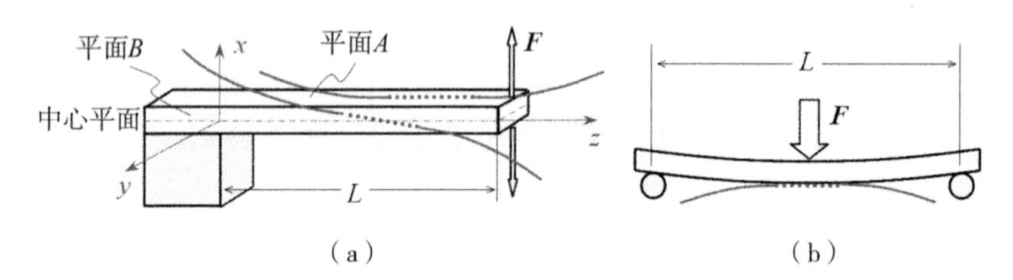

图 2.19　(a) 光纤光栅悬臂梁调谐机构；(b) 纯弯曲梁结构

由此，可以得到弯曲的悬臂的曲率半径，它是位置 z 的函数：

$$R_C \approx \frac{1}{\Delta x_z''} = \frac{YI}{F(L-z)} \tag{2.15}$$

并可以推导得到 x-z 平面上的应变分布：

$$e_z = \frac{x}{R_C} = \frac{F(L-z)}{YI}x \tag{2.16}$$

式中，x 是从不发生形变的中性面测量的。可以得到表面 A 上的应变为

$$e_z\big|_{x=a/2} = \frac{6F(L-z)}{Yba^2} \tag{2.17}$$

光纤光栅事先在悬臂未受外力时粘贴在平面 A 上，施加外力使悬臂梁弯曲，从而调谐光纤光栅。从式(2.17) 可见，调谐率是 z 轴上位置的函数。这意味光纤光栅被引入了一个线性啁啾，导致一定程度的线宽展宽。这在一些应用中是应该设法避免的。为了消除此啁啾，可以使用两个点支撑、两端可自由移动的纯弯曲梁，如图 2.19(b) 所示。由弹性力学分析得出，梁的曲率半径为 $R_C = \dfrac{YI}{Fl}$，与 z 轴上位置无关。可推导得到用于调谐粘贴在 $x = \dfrac{a}{2}$ 表面上的光纤光栅的应变为

$$e_z\big|_{x=a/2} = \frac{6Fl}{Yba^2} \tag{2.18}$$

如需要调整线性啁啾光纤光栅的啁啾率，而维持中心波长不变，则可以将光纤光栅粘贴在图2.19(a)的平面B(梁的侧面)上。此时啁啾光纤光栅(CFBG)的不同部分粘在x轴方向的不同位置，受到附加的线性变化的应变，而中性面处没有变化。啁啾的增量与CFBG在梁的z轴上的位置有关，并依赖于光栅与悬臂中性线间的夹角θ，可写为

$$\frac{\delta\lambda_{\mathrm{B}}}{\lambda_{\mathrm{B}}}(z_f)=\frac{3ax}{2L^3}(1-\gamma)(L-z_0)=\frac{3a}{2L^3}(1-\gamma)(L-z_0)z_f\sin\theta \tag{2.19}$$

式中，γ为有效弹光系数；z_f是光纤轴向距离中点的位置；z_0是悬臂的z轴位置。这里，啁啾光栅中波长需固定的点应在粘贴时与梁的中性面位置对准。

还有许多结构用来调谐光纤光栅的谐振波长，调整谱线形状，如通过侧压力的方法[48]。

2.4.2 光纤光栅的传感应用

1. 光纤光栅峰值波长变化的读取

光纤光栅的传感信号主要由其峰值波长携带，所以对于峰值波长的读取是传感技术的关键。为了解调峰值波长，研究者已经提出了多种方法。

(1)光谱分析仪。

光谱分析仪是读出峰值波长及其变化的直接方法和最佳设备，但是通常它价格昂贵，并且在外场应用中不方便。因此需要其他方法来替代光谱分析仪。幸运的是，随着光纤通信技术的发展，几种简易的光谱分析仪已经问世，如被称为芯片上光谱仪的阵列波导光栅(AWG)，基于多层介质膜窄带干涉效应的薄膜滤波片(TFF)和电荷耦合器件CCD阵列光谱仪[49]。

(2)光纤F-P滤波器。

光纤F-P滤波片是一种已经商业化的、低成本的窄带滤波器，通常具有可控制的扫描功能。可以通过其腔长的设计和调整，获得所需的工作波长。作为一个光谱分析仪，它具有高的分辨率，利用其可调谐特性可获得很宽的光谱范围。

(3)马赫-曾德尔干涉仪。

一种使用3×3光纤耦合器的马赫-曾德尔(Mach-Zehnder)干涉仪(MZI)，其三个光探测器的输出可以写为

$$\begin{aligned}
I_1&=\frac{1}{3}\left[1-\sin\left(\frac{2\pi}{\lambda^2}\Delta L\delta\lambda+\frac{\pi}{3}\right)\right]I_0\\
I_2&=\frac{1}{3}\left[1-\sin\left(\frac{2\pi}{\lambda^2}\Delta L\delta\lambda-\frac{\pi}{3}\right)\right]I_0\\
I_3&=\frac{1}{3}\left[1+\sin\left(\frac{2\pi}{\lambda^2}\Delta L\delta\lambda\right)\right]I_0
\end{aligned} \tag{2.20}$$

式中，$\Delta L=n_{\mathrm{eff}}(L_1-L_2)$为光程差(OPD)，由此可计算出峰值波长的变化$\delta\lambda$。对接收数据做相位展开处理，可扩展测量范围。用足够窄线宽的FBG，可以得到高灵敏度。

图2.20显示了一个多点准分布式传感系统，其中若干FBG传感头依次连接，由3×3光纤耦合器组成的非平衡Mach-Zehnder干涉仪作为波长读取器件[50][18]。置于MZI之前的

扫描 F-P 滤波器用于读出多路信号，消除 MZI 多通道特性带来的混淆。

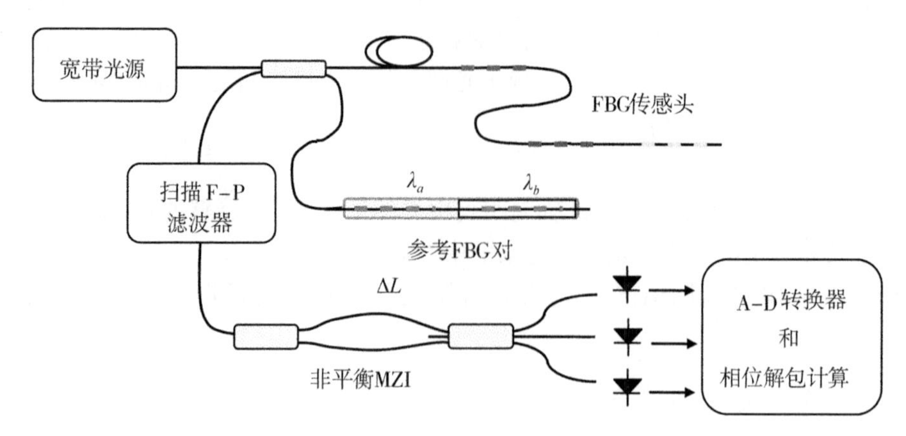

图 2.20　采用非平衡 MZI 解调的 FBG 传感器系统

光纤干涉仪的光谱漂移是一个常见的问题。MZI 两臂长度很容易受环境条件的影响，如温度变化、内应力及其蠕变、振动和声波等。为了解决光谱漂移，图 2.20 中一对参考光纤光栅被用作相位漂移补偿器[51]。两光纤光栅分别固定在两种基底如铝和石英上，使它们的温度系数彼此不同，在实验室内校准为 $\gamma_a = \partial\lambda_a/\partial T$ 和 $\gamma_b = \partial\lambda_b/\partial T$，二者封装在一起，置于同一温度环境中。此补偿器与系统相连后，它们的波长由干涉仪读出：

$$\begin{aligned}\delta\lambda_a &= \delta\lambda_{MZI} + \gamma_a\delta T\\ \delta\lambda_b &= \delta\lambda_{MZI} + \gamma_b\delta T\end{aligned} \tag{2.21}$$

通过读出 $\delta\lambda_a$ 和 $\delta\lambda_b$，可实时求得干涉仪的漂移 $\delta\lambda_{MZI} = \dfrac{\gamma_a\delta\lambda_b - \gamma_b\delta\lambda_a}{\gamma_a - \gamma_b}$，由此矫正 FBG 传感器的波长信息。

(4)可调谐光源。

非平衡 MZI 与宽带光源(BBS)相结合，可作为一种可调谐光源。图 2.21 为其结构示意图，其中由三角波驱动的相位调制器，扫描非平衡 MZI 的干涉条纹。一个参考 FBG 用于检出传感 FBG 的光信号。

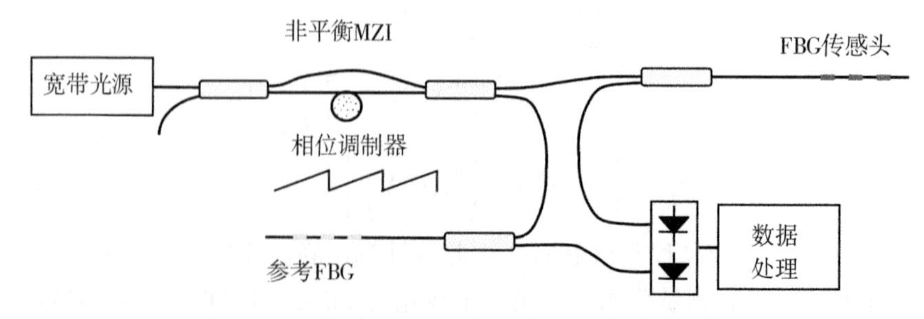

图 2.21　利用 MZI 调谐光源的 FBG 传感器系统

2. 匹配光纤光栅滤波器

当光纤光栅谱选择和调整到其谱线边缘位于入射波长时，它本身就可以作为一种波长鉴别器。这一方案称为边缘滤波解调，如图2.22(a)所示。其中，要选用光谱边缘斜率线性变化的光纤光栅。因此可设计具有三角特性反射谱的FBG作为边缘滤波器[52]。由于LFPG的谐振峰比FBG的宽，它更适用于作为边缘滤波器[53]，如图2.22(b)所示。

人们也对有源解调方法感兴趣，即将FBG传感器置于光纤激光器的腔内。FBG的反射峰决定了激射波长。有源激光器输出功率大，因而有助于读取传感信号[54,55]。

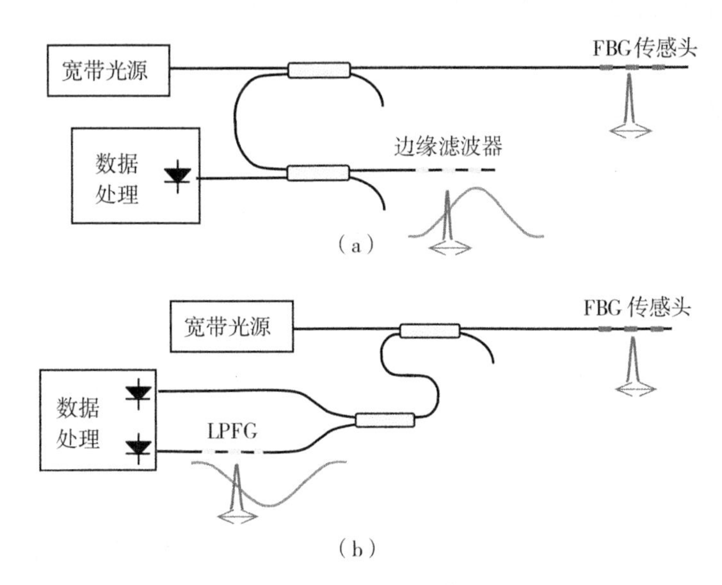

图2.22 (a)利用FBG反射峰边缘滤波器解调的FBG传感器；(b)利用LPFG吸收峰边缘滤波

2.4.3 光纤光栅传感系统的性质和优点

和其他传感器相比，光纤光栅传感器具有许多独特的性质和优点，如下所述。

(1)可记忆传感参数。光纤光栅的性质使传感器具有内建的自我参考能力。传感信号直接调制在波长信号上，数据与光功率无关，信号与其历史演变无关。这与通常的基于干涉仪的传感器不同，这是一个重要的优点。

(2)波分复用功能[56,57]。传感信号的波长编码性质，是波分复用技术用于光纤光栅和传感系统成为可能。就是说，给每个传感器分配一个特定的光谱分区。

(3)建立准分布传感系统的能力。不同布拉格波长的FBG可以连接到光纤系统中，并延伸到很长的距离。分布式光纤光栅传感系统具有快速响应的动态传感能力和相当高的空间分辨率，甚至达到毫米量级[58]。

(4)体积小，并具有与各种材料和结构相结合、实现多参量传感的潜力。

文献[59-61]展示并总结了光纤光栅传感系统和相关技术。光纤光栅传感器已经被广泛应用于各个领域，包括土木工程、环境监测和保护、能源技术和国家安全等。

2.5　光纤中的散射

早在 20 世纪 70 年代，低损耗的石英光纤问世后不久，人们就已经开始研究光纤中的背向散射效应[62-64]。这一散射效应用来表征光纤的损耗和缺陷[65]，并由此发明和发展了称为光时域反射计(OTDR)的技术[66,67]，广泛应用于光纤通信系统中。OTDR 中的光纤不仅作为传递信号的介质，而且是一个感知光纤状态的传感元件。稍后，非线性光散射，包括拉曼散射和布里渊散射，也被用于发展多种分布式光纤传感器。本节主要介绍光散射的基本原理。

2.5.1　弹性散射

早在 19 世纪，人们开始研究光的散射，瑞利提出一个假说，认为大气分子的热运动导致光波的散射，由此解释了天空的颜色。20 世纪 20 年代，分别发现了拉曼散射和布里渊散射。一般来讲，散射包括两类：非弹性散射和弹性散射。弹性散射是线性的碰撞过程，并不改变光子的能量。非弹性散射是一非线性碰撞的过程，改变了光子的能量。一般情况下在介质中弹性和非弹性散射均存在，但是二者的强度不同。

可以想象，介质中颗粒会将注入的电磁波散射到不同的方向，但是这些散射波的波长不变。米(Mie)和其他研究者提出一种理论，用麦克斯韦方程组研究介质中球形粒子散射，得到散射波的一个解析解表示式。这一结果成为不同散射中心的一个基本模型。这些散射中心，可以是真实的尘埃粒子、悬浮的水滴、气溶胶，也可以是分子热运动产生的密度波动。米氏理论描述了散射光强的空间分布，包括入射光波长的相关性和偏振态的相关性关系[68]。图 2.23 是线偏振光被一球形粒子散射的极坐标图，粒子半径为 a，相对尺度因子 $q=2\pi a/\lambda$。图2.23(a) 给出了一个米氏散射的例子，其中 $q\approx 1$。图2.23(b) 显示瑞利散射，它是米氏散射 $q\to 0$ 极限的情况。图中内圈的点虚线代表在 x-y 平面上偏振的散射波 $I_{/\!/}$，外圈的实线代表 $I_{/\!/}+I_{\perp}$，其中 $I_{\perp}$ 是在 y 轴方向偏振的散射波。这两张图显示了散射强度的空间分布是如何与粒子的尺寸参数 q 和偏振相关的。光的散射还与散射粒子的折射率有关，包括表现为折射率虚部的导电性。米氏理论的公式表示为一个无限序列。在实际应用中，该理论是十分有用的，如分析天气情况和大气污染以及对大气扰动的研究等。

在 $q\to 0$ 的瑞利散射情况下，散射强度可根据电偶极子的辐射模型写出：

$$I=\left(\frac{2\pi}{\lambda}\right)^4\frac{a^6}{r^2}\left(\frac{\hat{n}^2-1}{\hat{n}^2+2}\right)^2(\cos^2\theta\cos^2\varphi+\sin^2\varphi)\tag{2.22}$$

式中，r 是粒子和观测点之间的距离；$\hat{n}$ 是复折射率；φ 是 $\boldsymbol{r}$ 和 x-y 平面之间的夹角，θ 是 $\boldsymbol{r}$ 和 x -z 平面之间的夹角。$I_{/\!/}$ 和 $I_{\perp}$ 的散射强度可分别表示为

$$I_{/\!/}=\left(\frac{2\pi}{\lambda}\right)^4\frac{a^6}{r^2}\left(\frac{n^2-1}{n^2+2}\right)^2\cos^2\theta\tag{2.23a}$$

$$I_{\perp}=\left(\frac{2\pi}{\lambda}\right)^4\frac{a^6}{r^2}\left(\frac{\hat{n}^2-1}{\hat{n}^2+2}\right)^2\tag{2.23b}$$

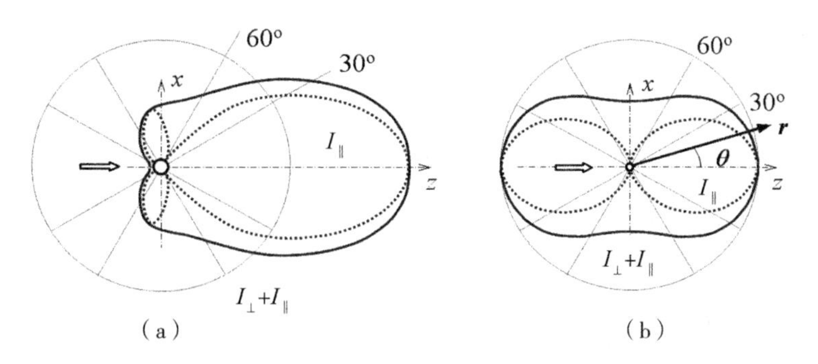

图 2.23 极坐标图：(a) 米氏散射强度；(b) 瑞利散射强度

对于非偏振入射光而言，散射强度为

$$I = I_{//} + I_{\perp} = \left(\frac{2\pi}{\lambda}\right)^4 \frac{a^6}{r^2} \left(\frac{n^2 - 1}{n^2 + 2}\right)^2 (1 + \cos^2\theta) \tag{2.24}$$

从图 2.23 和公式(2.24) 可以看出，瑞利散射强度以 $\propto \lambda^{-4}$ 函数形式依赖于波长。虽然散射光的波长并不改变，由于粒子尺寸参数 q 的影响，散射强度的空间分布具有波长相关性。短波的散射强度比长波的散射强度大，这也就解释了天空是蓝色的原因。还可以看出，散射的偏振度随着观察角的不同而不同，在与入射光垂直的方向，也就是说 $\theta = \pi/2$ 时，观察到的散射光是线偏振光。这种现象也与对天空的观察结果一致。

由于热运动无处不在，几乎所有的介质都会产生瑞利散射，包括光纤。因此瑞利散射可用于分布式传感器中。

2.5.2 非弹性散射

在光学散射中大部分光子是弹性散射的，也就是说只有辐射的方向改变而能量的大小不变。然而，有一部分的光子散射发生了能量改变。拉曼散射和布里渊散射就是典型的非弹性散射，图 2.24 是它们的谱特性示意图，其中红移的散射光称为 Stokes(斯托克斯)光，蓝移的散射光称之为 anti-Stokes(反斯托克斯)光。在近红外波段，石英材料的拉曼散射频移约为 13THz，而布里渊散射的频移在 10GHz 量级[70]。图 2.24 中对布里渊散射画出了较多的谱线，这些是高阶的布里渊散射。同样地，高阶的拉曼散射也可能产生，但这里为了减小图的尺寸而没有画出。

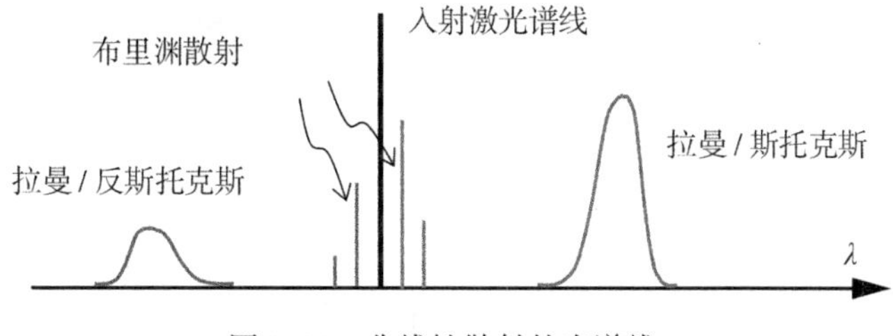

图 2.24 非线性散射的光谱线

图 2.25 根据能级跃迁的原理解释了不同的散射。材料中的大部分电子处于能量为 E_0 的基态上，少部分处于 $E_1 = E_0 + \Delta E$ 的激发态上，这些激发态相应于分子内或分子间的振动态或者转动态。当电子吸收能量为 $h\nu$ 光子后，基态的电子跳跃到 $E_\nu = E_0 + h\nu$ 的非稳态的虚拟能级上，它瞬间跃迁到基态或电子的激发态，并同时分别释放出瑞利散射光子，或非线性散射的 Stokes 光子。处于激发态的电子吸收入射光的能量，并从虚能级跃迁到基态，释放出能量为 $h\nu_a = h\nu + \Delta E$ 的光子，对应于非线性散射 anti-Stokes 光。

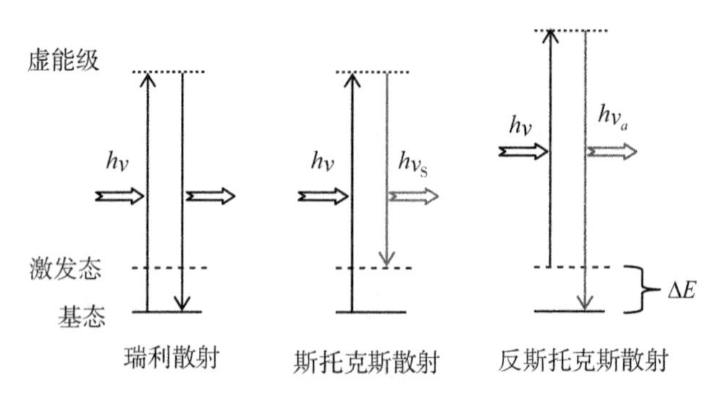

图 2.25　Stokes 和 anti-Stokes 散射的能级图

光学散射可以视为入射光子和散射粒子之间的碰撞。在米氏散射和瑞利散射中，没有考虑散射体的运动。实际上散射体是在不停运动的。根据多普勒效应，这种运动会导致次级发射源辐射的频率变化。也就是说，一些散射光子从散射粒子获得一定的能量，或者是损失一些能量来加速散射源的运动。从固体物理或者一般凝聚态物理的晶格动力学的角度，分子的运动可以量子化为声子。声子状态在声子的能量-波矢(E-K)空间中描述。声子能带一般地分为光频带和声频带两个频带，如图 2.26 所示[70]。图中的 K_1 和 K_2 表示不同方向和不同晶格周期 a_1 和 a_2 的波矢。在液体、气体和非晶介质包括熔融石英中，晶格周期是一个统计平均、各向同性的参数。

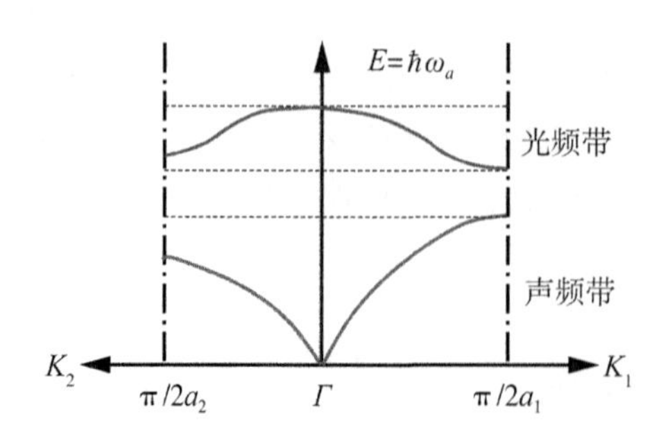

图 2.26　声子能带结构示意图

声频声子用来描述由分子间作用力产生的波；而光频声子用来描述分子内原子的相对运动，用振动能级和转动能级表征。因此有三种光子-声子间的相互作用可能发生：第一种是最可能发生的弹性相互作用，如米氏-瑞利散射；第二种产生新的声子同时导致入射光子能量的损失（Stokes 过程）；第三种是声子湮灭而新光子能量的增加（anti-Stokes 过程）。拉曼散射中频移较大的光频带声子，而布里渊散射涉及频移较小的声频带声子。

定性的理解散射机制，偶极矩的强度可表示为 $\boldsymbol{P}=\chi\boldsymbol{E}$，其中$\chi$ 表示极化率。考虑到分子的运动，极化率与原子偏离其平衡位置的物理位移有关：

$$\chi=\chi_0+\frac{\partial\chi}{\partial r}\mathrm{d}r=\chi_0+\frac{\partial\chi}{\partial r}r_1\cos(\omega_a t) \tag{2.25}$$

式中，r 表示原子的正则坐标；r_1 表示偏离平衡位置的最大位移；ω_a 为某一模式声子的频率。这样偶极矩可写作：

$$\boldsymbol{P}=\left[\chi_0+\frac{\partial\chi}{\partial r}r_1\cos(\omega_a t)\right]\boldsymbol{E}_0\cos\omega t \tag{2.26}$$

其中，第一项表示米氏-瑞利散射；第二项可表示为两个谐运动 $\omega\pm\omega_a$ 的和，这两个简谐运动分别对应于 Stokes 过程和 anti-Stokes 过程，表明能量守恒：

$$\hbar\omega_{\mathrm{S}}=\hbar\omega\pm\hbar\omega_a \tag{2.27}$$

其中，ω、ω_{S} 和 ω_a 分别是入射光、散射光和声子的角频率。值得注意的是，对于任何频率的入射光，都会发生散射。这个特性使非弹性散射不同于荧光过程，普通荧光过程和复合辐射涉及电子在两个实能级之间的跃迁。

拉曼散射和布里渊散射是由分子运动产生的，他们的特性和材料的组分以及结构有关，因为不同的材料有不同的振动能级和转动能级的结构，以及不同的声子能级结构。因此，这些散射特性可用于材料的表征。人们对许多不同材料的散射光谱数据已经做了详细的测量，包括凝聚态材料、液体和气体。当前，拉曼光谱仪已经成为测量材料结构和成分的一种重要工具。三种散射效应的特性还与材料的状态有关，特别是温度和应变，从而形成了分布式光纤传感器的物理基础。

在粒子碰撞过程中，动量也必须守恒，如图 2.27 所示，即

$$\hbar\boldsymbol{k}_{\mathrm{S}}=\hbar\boldsymbol{k}\pm\hbar\boldsymbol{k}_a \tag{2.28}$$

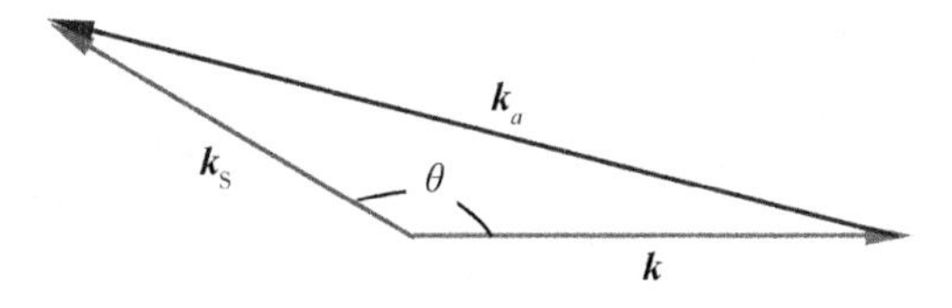

图 2.27　光子散射的动量守恒

对于布里渊散射，散射光子和入射光子的波长基本相同，$|\boldsymbol{k}_{\mathrm{S}}|\approx|\boldsymbol{k}|$。由此可得声子频率为

$$\omega_a=V_a|\boldsymbol{k}_a|\approx 2V_a|\boldsymbol{k}|\sin\left(\frac{\theta}{2}\right)=4\pi\frac{nV_a}{\lambda}\sin\left(\frac{\theta}{2}\right) \tag{2.29}$$

其中，V_a 是材料中的声速。光纤中需要考虑前向和后向的散射；从式(2.29) 中可看出 $\theta=\pi$，也就是对于后向散射，频移最大。对于 $\theta=0$ 时的前向散射，频移为 0，也就是说，

前向布里渊散射不会发生。由此可得布里渊频移为 $\nu_B = \dfrac{2nV_a}{\lambda}$。对应的声子波长为 $\Lambda = \dfrac{\lambda}{2n}$。

拉曼散射的情况和布里渊散射不同，光纤中前向和后向的声子波矢为

$$|\boldsymbol{k}_a| = |\boldsymbol{k} \pm \boldsymbol{k}_S| \tag{2.30}$$

由图 2.26 可见，声子频带在 *E-K* 图中顶部是平的。这意味着很多具有相同能量的声子参与拉曼散射过程，而同时满足动量守恒。因此，前向和后向的拉曼散射都有可能发生，而不会违背能量守恒和动量守恒定律。

2.5.3　光纤中的拉曼散射

上文已经指出，拉曼频移是材料成分和结构的一个极好的表征。拉曼光谱仪在物理和化学的研究中发挥了重要的作用。随着光纤的发明和发展，拉曼光谱仪已用于分析光纤的成分和杂质。基于拉曼效应的光纤器件也得到了长足的发展。

文献[71，72]报道了石英光纤中的拉曼振荡，给出了拉曼光谱，如图 2.28 所示。用波长 532nm 的激光，测量得到石英玻璃的拉曼频移是 13THz、线宽 9THz，这是因为石英玻璃的分子结构是随机分布的网状结构。常规光纤中需要掺入必须的杂质元素 GeO_2、B_2O_3和 P_2O_5。文献[73]对这些掺杂元素与石英玻璃基质相比较的相对拉曼截面进行了测量研究。表 2.1 给出了几种主要成分的拉曼频移和相对截面；测量所用激光器是 514.5nm 波长的氩离子激光器。这些数据对于表征光纤材料成分十分有用。

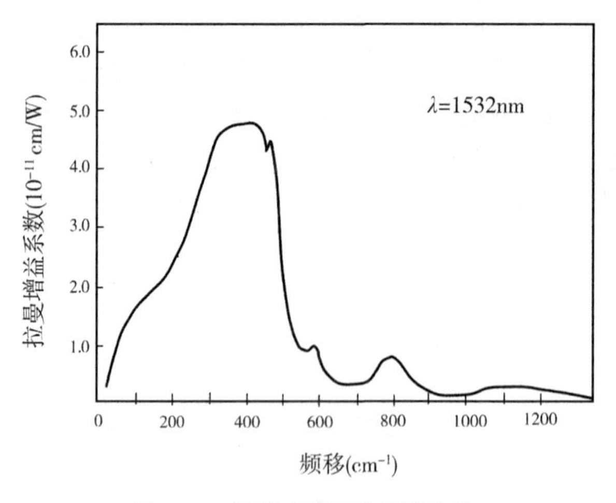

图 2.28　石英玻璃的拉曼增益谱

表 2.1　**拉曼散射频移和相对截面**

材料	折射率	频移（THz）	相对强度	相对截面
SiO_2	1.46	13.2（$440cm^{-1}$）	1	1
GeO_2	1.60	12.6（$420cm^{-1}$）	7.4	9.2

续表

材料	折射率	频移（THz）	相对强度	相对截面
B_2O_3	1.48	24.2（$808\mathrm{cm}^{-1}$）	4.6	4.7
P_2O_5	1.55	19.2（$640\mathrm{cm}^{-1}$） 41.7（$1390\mathrm{cm}^{-1}$）	4.9, 3.0	5.7, 3.5

有效的拉曼散射截面 S 和光纤的结构有关[74]。这主要来源于阶跃折射率光纤和梯度折射率光纤之间、单模光纤和多模光纤之间的不同的模式分布，因为散射光的收集比例取决于光纤的数值孔径[74-76]：

$$S = \frac{3}{2n^2\,(k_0 w_0)^2} \approx \frac{3}{2n^2}(\mathrm{NA})^2 \tag{2.31}$$

其中，w_0是光纤近场高斯光束的束腰半径。作为一种表征工具，拉曼光谱仪已用于研究材料的组分和结构，例如，测量光纤对 OH^-的吸收，可以监测其涂覆的保护效果[77]。

拉曼散射的性质也与材料所处的物理条件有关。这一特征可用于开发传感器，特别是温度传感器。材料中的 Stokes 和 anti-Stokes 拉曼散射同时存在，但是散射光强不同。决定这一差别的基本原因是基态和激发态不同的布居数 N_0和 N_1。它们服从 Bose-Einstein 分布定律或其近似 Maxwell-Boltzmann 分布定律：

$$\frac{N_1}{N_0} \propto \exp\left(\frac{-\Delta E}{k_B T}\right) \tag{2.32}$$

其中，k_B 为 Boltzmann 常量。因而，anti-Stokes 拉曼散射与 Stokes 散射效率的比值是温度的函数[78]：

$$R(T) = \frac{\eta_a}{\eta_S} = \frac{\lambda_S^4}{\lambda_a^4}\exp\left(\frac{-\Delta E}{k_B T}\right) = \left(\frac{\nu + \Delta\nu}{\nu - \Delta\nu}\right)^4 \exp\left(\frac{-T_0}{T}\right) \tag{2.33}$$

其中，因子 λ_S^4/λ_a^4 来源于散射的偶极子模型，与光纤中的瑞利散射机理类似。式中，$\Delta\nu = \Delta E/h$，$T_0 = \Delta E/k_B$，h 是普朗克常量，ΔE 是激发态和基态之间的能隙，是材料的特征参量，对于玻璃态 SiO_2，ΔE 大约是 50meV，对应于 $\Delta\nu \approx 13\mathrm{THz}$ 和 $T_0 \approx 600\mathrm{K}$。由此可以看出，$R(T)$ 随着温度的升高而增加。在室温下，anti-Stokes 光强的温度灵敏度是 $0.8\%℃^{-1}$[79]。后向拉曼散射的强度正比于入射的探针光束功率。光纤损耗使得探针光强度和拉曼散射光强都随传输距离增加而衰减。然而，anti-Stokes 和 Stokes 光强之比与光纤衰减无光，只与外界温度有关。因此，这一比例关系被用于分布式拉曼温度计(DART)。

值得注意的是，式(2.33) 仅对于自发的 Stokes 和 anti-Stokes 散射成立。这意味着入射的泵浦光功率应当小于受激拉曼散射的阈值。对于稳态下的前向散射，Stokes 光和泵浦光的光强由速率方程描述

$$\frac{\mathrm{d}}{\mathrm{d}z}I_S = g_R I_P I_S - \alpha_S I_S \tag{2.34a}$$

$$\frac{\mathrm{d}}{\mathrm{d}z}I_P = -\frac{\omega_P}{\omega_S} g_R I_P I_S - \alpha_P I_P \tag{2.34b}$$

其中，下标S和P分别表示Stokes和泵浦光，g_R 表示受激拉曼散射的增益系数，α_P，α_S 分别表示它们的损耗系数。当小于受激阈值时，拉曼散射导致的泵浦光的损耗可以忽略，泵浦光可表达为 $I_P = I_{P0}\exp(-\alpha_P z)$。因此求解得到 Stokes 散射光强为

$$I_S(z) = I_S(0)\exp(g_R I_{P0} z_{eff} - \alpha_S z) \tag{2.35}$$

泵浦光注入位置端 $I_S(0)$ 是由自发拉曼散射产生的。式(2.35)表明，在 $g_R I_{P0} z_{eff} > \alpha_S z$ 的情况下，Stokes 光随着距离 z 增加而增加，而泵浦光随着距离 z 增加而减小。受激拉曼散射阈值定义为在输出端 $z = L$ 处，产生的Stokes光与传输到该处的泵浦光的光强相同时的入射功率，即 $P_S(L) = P_P(L) = P_{P0}\exp(-\alpha_P L)$。其中的功率是对增益谱和所有模式积分的功率。根据物理原理分析，可导出 $z = L$ 表示光强相同点的拉曼散射阈值临界泵浦功率，表示为

$$\frac{g_R P_R^{cr} L_{eff}}{A_{eff}} \approx 16 \tag{2.36}$$

其中，$L_{eff} = \dfrac{1 - e^{-\alpha_P L}}{\alpha_P}$，$A_{eff}$ 是纤芯的有效面积。增益系数 g_R 和介质有关；对于石英光纤来说，受激拉曼散射的阈值光强约是 10mW/cm^2。

分布式温度传感器采用短脉冲激光作为探针光束，空间分辨率与脉宽成比例。10ns脉宽对应1m空间分辨率。拉曼光纤传感器一般利用与探针光的传输方向相反的后向拉曼散射。泵浦光与后向散射光相互作用长度很短，因而在一般功率下受激拉曼放大可以忽略。也就是说，DART 的工作基于自发拉曼散射，其相干和偏振特性可以不予考虑。

2.5.4　光纤中的布里渊散射

众多文献[63, 80]系统地阐述了布里渊散射的理论及其基本特性。在光纤技术发展早期，人们就发现使用窄线宽的激光光源时受激布里渊散射(SBS)的阈值很低[81-84]。SBS 给光纤通信技术带来不利的影响，如传输损耗、串扰以及对信号功率的限制。为分析和估计自发和受激布里渊散射的影响，我们从布里渊散射和泵浦光之间的耦合模方程出发进行讨论：

$$\frac{d}{dz}I_S = -g_B I_P I_S + \alpha I_S \tag{2.37a}$$

$$\frac{d}{dz}I_P = -g_B I_P I_S - \alpha I_P \tag{2.37b}$$

布里渊频移非常小，因此散射光和泵浦光有相同的衰减系数。与拉曼散射相似，自发布里渊散射光的强度表达式为

$$I_S(z) = I_S(0)\exp(\alpha z - g_B I_{P0} z_{eff}) \tag{2.38}$$

式(2.38)表明，如果 $\dfrac{g_B I_{P0} z_{eff}}{z} > \alpha$，后向布里渊散射光强沿着 $-z$ 轴方向增加。受激布里渊散射的阈值 P_B^{cr} 定义为在入射端 $z = 0$ 点，泵浦光与 SBS 光强相等。通过基于物理原理的理论分析，可导出 SBS 的阈值为

$$P_{\mathrm{B}}^{cr} \simeq \frac{21\,A_{\mathrm{eff}}}{g_{\mathrm{B}}\,L_{\mathrm{eff}}} \tag{2.39}$$

对于单模光纤，如果泵浦光的线宽接近或者小于布里渊散射的线宽(室温下约为40MHz)，典型的受激布里渊散射阈值为1mW。SBS的负面影响可以通过使用线宽大于布里渊线宽的光源消除。这对于常用的强度调制激光器是很简单的。

了解布里渊散射的光谱特性，特别是它的线型和线宽，是很有必要的。布里渊散射来源于光场和分子的相互作用，即电致伸缩。光纤中的声波是沿 z 轴方向的应变波。对于横向电场来说，应变所产生的介电常数变化为 $\delta\varepsilon = -\varepsilon^2 p_{12} e_z$。电致伸缩与泵浦光和散射光之间的耦合能量 $\varepsilon \boldsymbol{E}_{\mathrm{P}} \cdot \boldsymbol{E}_{\mathrm{S}}^* /2$ 有关。分子的运动方程可写为

$$\frac{\partial^2 u}{\partial t^2} + \frac{1}{\tau_a}\frac{\partial u}{\partial t} - V_a^2 \frac{\partial^2 u}{\partial z^2} = \frac{\varepsilon^2 p_{12}}{2\rho}\frac{\partial}{\partial z}(E_{\mathrm{S}}^* E_{\mathrm{P}}) \tag{2.40}$$

式中，u 为分子的位移；τ_a 表示声波的衰落时间，或者说是声子寿命。散射光和泵浦光具有相同的偏振方向。求解方程(2.40)可得声波幅度，表示为

$$u = \frac{u_0}{1 + \dfrac{j2(\nu - \nu_{\mathrm{B}})}{\Delta\nu_{\mathrm{B}}}}$$

式中，ν 是散射光波频率与入射光频之差；$\Delta\nu_{\mathrm{B}} = \dfrac{1}{2\pi\tau_a}$，从而得到非线性极化强度。进一步推导得到泵浦光和散射光场应满足的方程为

$$\frac{\partial E_{\mathrm{P}}}{\partial z} + \frac{1}{v_g}\frac{\partial E_{\mathrm{P}}}{\partial t} + \frac{\alpha}{2}E_{\mathrm{P}} = -\frac{g_{\mathrm{B}}}{2}\,|E_{\mathrm{S}}|^2 E_{\mathrm{P}} \tag{2.41a}$$

$$-\frac{\partial E_{\mathrm{S}}}{\partial z} + \frac{1}{v_g}\frac{\partial E_{\mathrm{S}}}{\partial t} + \frac{\alpha}{2}E_{\mathrm{S}} = \frac{g_{\mathrm{B}}}{2}\,|E_{\mathrm{P}}|^2 E_{\mathrm{S}} \tag{2.41b}$$

布里渊增益系数具有典型的洛伦兹形状,表示为[85]

$$g_{\mathrm{B}}(\nu) = \frac{g_0}{1 + \dfrac{(\nu - \nu_{\mathrm{B}})^2}{(\Delta\nu_{\mathrm{B}}/2)^2}} \tag{2.42}$$

其中，$\Delta\nu_{\mathrm{B}}$ 是光谱线的半高宽。布里渊频移 $\nu_{\mathrm{B}} = \dfrac{2nV_a}{\lambda}$。光纤中的纵向声波速度 V_a 取决于介质的密度和它的杨氏模量。一维纵向声波的速度为 $V_a = \sqrt{\dfrac{Y}{\rho}}$。布里渊散射发生在远小于光纤外径的纤芯中，严格来说需要考虑声波的波导，但是修正量不大。在石英光纤中测量得到 $V_a \approx 5950\mathrm{m/s}$。理论分析和实验结果表明，光纤的侧向形变对布里渊频移几乎没有影响，也就是说不必考虑横向声波。因此可得到在1550nm波段布里渊频移 $\nu_B \sim 11\mathrm{GHz}$。在室温下光子寿命 $\leqslant 10\mathrm{ns}$，对应于 $\Delta\nu_{\mathrm{B}}$ 大概 30 ~ 40MHz。因此布里渊增益系数的峰值为

$$g_{\mathrm{B}}(\nu_{\mathrm{B}}) = \frac{2\pi n^7 p_{12}^2}{c\lambda_{\mathrm{P}}^2 \rho V_a \Delta\nu_{\mathrm{B}}} \tag{2.43}$$

其中，ρ 是石英的密度。文献[85] 详细研究了不同 GeO_2 掺杂浓度时的布里渊增益谱特性以及和温度、应变之间的关系。参数 Y、ρ 和 n 明显是温度和应变的函数。因此，布里渊散射可以用于开发温度传感器[86-88] 和应变传感器[89-91]。布里渊频移 ν_B 对光纤材料组分也非常敏感。文献报道，小于 0.01% 的 GeO_2 浓度差异也可被检测到[86, 87]。布里渊频移和温度、应变之间的关系为

$$\nu_B(e,\ T) = \nu_B(0,\ T_r)[1 + C_e e + C_T(T - T_r)] \tag{2.44}$$

其中，T_r 是参考温度。实验可以得到布里渊频移系数，典型的数据如表格 2.2 所示。

拉曼散射传感器和布里渊散射传感器之间的差别是，前者探测的是散射光的幅度，后者探测的是散射光的频移。因此，在布里渊传感器中必须使用一个窄线宽的泵浦光源以及高分辨率的相干探测，以分辨布里渊频移。

空间分辨率是分布式布里渊传感器的一个重要的性能指标。将 OTDR 概念引入布里渊传感器，在时域上获得可分辨的反射信号，称之为 BOTDR。空间分辨率主要由泵浦脉冲的宽度决定，$\delta L = \dfrac{c\delta t}{2n_g}$。例如：如果脉冲宽度 $\delta t = 100\text{ns}$，那么空间分辨率 $\delta L = 10\text{m}$。如果脉冲峰值功率不太高，在如此短的长度内，对 BOTDR 信号的主要贡献是自发布里渊散射。虽然空间分辨率反比于脉冲宽度，但是脉宽也不能无限地减小。限制因素之一是声子寿命 τ_a，因为小于声子寿命的脉冲宽度意味着泵浦光的线宽大于布里渊散射的线宽，结果是频移测量的精度将下降。

值得注意的是，温度变化和应力变化不能从单一布里渊频移中区分开来。因此需要另外一个对温度和应变敏感的布里渊散射的参量，并且其灵敏度系数与频移系数相互之间线性独立。理论上已证明瑞利散射强度和布里渊散射强度之间存在一个物理本质的关系：$\dfrac{I_R}{I_B} = \dfrac{c_P - c_v}{c_v}$，称之为 Landau - Placzek 比，其中 c_P 和 c_v 分别是等压和等容比热[92]。因此布里渊散射强度可表示为

$$I_B = I_0 \frac{\pi^2 n^8 p_{12}^2}{\lambda^4} V(1 + \cos^2\theta) \frac{k_B T}{\rho V_a^2} \tag{2.45}$$

式中，θ 表示散射光方向偏离入射光的角度；V 表示体积。因此布里渊散射强度可表示为

$$P_B = \frac{AT}{\nu_B^2} \tag{2.46}$$

相应地，温度和应变灵敏度的表达式为

$$P_B(e,\ T) = P_B(0,\ T_r)[1 + D_e e + D_T(T - T_r)] \tag{2.47}$$

系数 D_T 和 D_e 分别与 C_T 和 C_e 有关，$D_T = T^{-1} - 2C_T$，$D_e = -2C_e$，然而两组系数之间线性独立；系数 A 的温度和应变敏感性很弱，一般可以不予考虑。因此可以根据布里渊频移变化 $\delta\nu_B$ 和功率变化 δP_B 得到温度和应变的信息。布里渊功率的变化一般通过测量其与瑞利散射的比值得到，以消除入射光强幅度波动的影响。实验所得功率系数如表 2.2 所示[93]。

表 2.2 **1550nm 波段常规光纤布里渊传感器的灵敏度系数**

系数	$C_e\nu_B$	$C_T\nu_B$	D_e	D_T
	48 kHz/με	1.1 MHz/K	-0.077×10^{-4}/με	0.36/K

注：单位 $\mu\varepsilon=10^{-6}\varepsilon$，为微应变。

2.5.5 受激拉曼散射和受激布里渊散射

由于入射光电场对电子的作用，引起分子运动的加速，导致电致伸缩和材料的动态应变，或者激发态粒子的增加，从而增强相应的声波；这又反过来增强光的散射。当入射光强足够大时，这一效应可以导致散射效应的放大，成为受激拉曼散射(SRS)或受激布里渊散射(SBS)。在这种情况下，散射是许多受激过程的叠加，具有相干性。入射光强较低时的散射属于自发散射。随着入射光强的增加，散射逐渐加强，并出现一个阈值行为。入射光大于阈值时，散射强度快速增加，受激散射压倒自发散射，占据主导地位。这一光放大的机制中，入射光起了泵浦光的作用，利用受激散射可放大光信号，或者用于构成一种激光器。

在 SBS 过程中，电致伸缩加速分子运动，激发出声波。这一过程导致动态光栅的形成，如图 2.29 所示。因此整个过程可以看作泵浦光产生动态光栅，而光栅的反射又加强了布里渊散射。

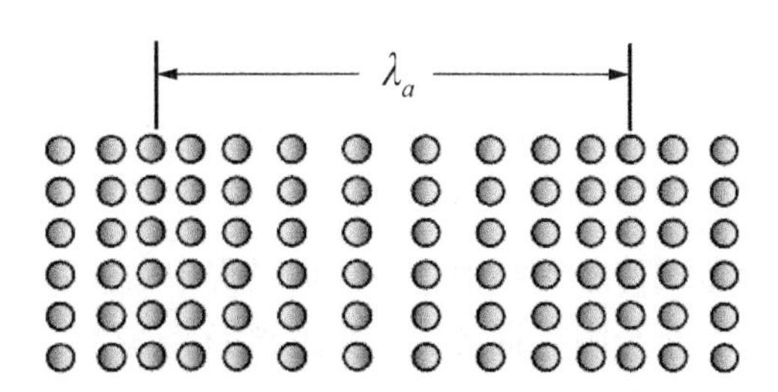

图 2.29 泵浦光子导致的动态光栅

当 SBS 和 SRS 强度足够大时，散射光子也可以作为泵浦源激发出更高阶的散射，从而在光谱中出现多重谱线。在高阶散射中光波传输方向将做相应的改变。

基于 SRS 和 SBS，人们研制和发展了多种重要的光纤器件。其中一个是以光纤作为有源介质的拉曼激光器。它具有一个引人注目的优点：其激射波长取决于泵浦光的波长，从而打破了辐射波长取决于材料能级结构的限制，大大拓展了可用的激光波长范围。SBS 可用于研制窄线宽的光纤激光器。SRS 和 SBS 激光器都不需要专门的掺杂材料。

另外一种设备是分布式拉曼光学放大器(DRFA)，广泛应用于光纤通信系统中。在 DRFA 中，光纤不仅传输光信号，还可作为光放大的有源介质。和掺铒光纤放大器(EDFA)相比，DRFA 大大地扩展了工作波长范围。另外，它也使得远端泵浦成为可能。基于拉曼散射和布里渊散射的光谱仪器在科学研究和测量技术中也得到了广泛的应用。

另一方面，光纤通信中必须避免光纤中的非线性效应，它们会损害传输的信号；特别是低阈值的SBS，对入射光功率设置了功率上限。

2.6　基于光纤散射的分布式传感技术

2.6.1　基于瑞利散射的分布式光纤传感技术

瑞利散射是由光纤纤芯中材料的不均匀和内部折射率的不均匀等因素引起的弹性散射。当脉冲在光纤中传输时，会产生瑞利散射，该散射信号的频率和入射光相同。在20世纪70年代早期，基于瑞利散射的光时域反射计(OTDR)已经面世[64,65]。现在已发展成为商业仪器，广泛应用于光纤衰减和断点测量。OTDR的基本结构如图2.30所示。

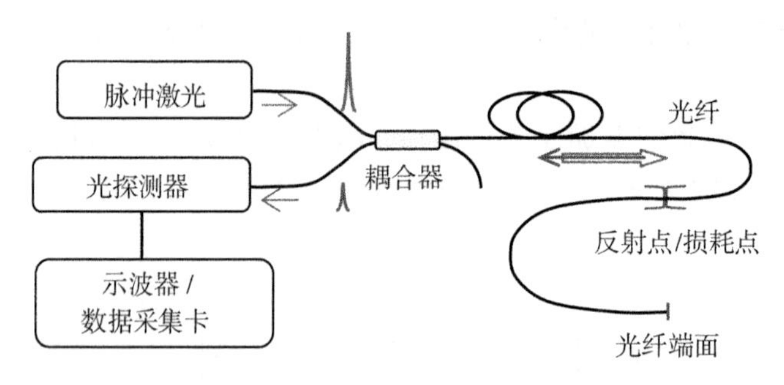

图2.30　OTDR的基本结构框图

高功率光脉冲注入分布式传感光纤中，在传输过程中发生后向散射，远端散射信号在传输至光纤入射端时，由于光纤固有损耗，散射光强逐渐减小，如图2.31所示，可以根据该图测量光纤的衰减系数。光纤连接处、熔接点、端面、额外损耗等任何光强衰减点，都会在反向散射光强中出现尖峰或者凹陷。OTDR不仅能够探知损耗点的特性，还能够根据脉冲的延迟时间对损耗点进行定位。

1980年，Rogers最早提出利用OTDR技术和光纤中的瑞利散射进行分布式温度测量[94]。Hartog和Payne在1983年研制出了基于瑞利散射的分布式温度传感器[95]，由于普通光纤中瑞利散射随温度变化的灵敏度很小[96]，所以实验中所用光纤是液芯光纤，这种液体有较高的折射率和较小的损耗系数，温度变化导致液芯散射系数变化，所以能够进行分布式温度传感；实验得到了1m空间分辨率和1℃温度分辨精度的传感系统。但是，该系统在实际使用中有一定的限制，对光纤的要求导致使用不便。研究人员希望能够使用普通的石英玻璃光纤实现温度传感，通过对光纤掺Nd，实现了200m传感范围、15m空间分辨率、2℃温度分辨率的传感系统[97]；通过对光纤掺Ho，实现了3.5m空间分辨率、1℃温度分辨率的传感系统，这种传感的机制在于光纤掺杂物的吸收带随着温度的变化而变

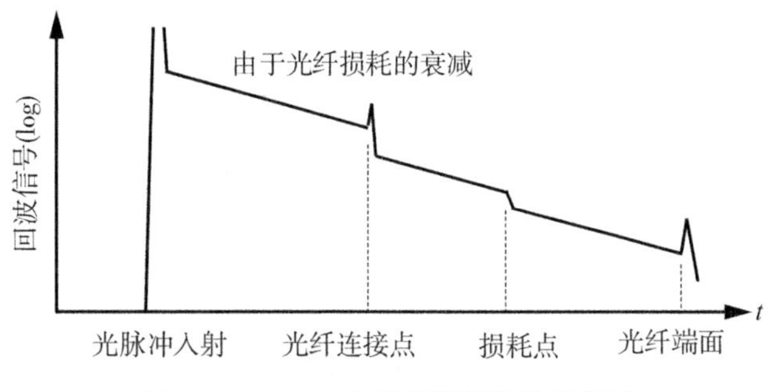

图 2.31　OTDR 中瑞利散射信号示意图

化。但这种传感机制的缺点是，这些光纤本身的衰减系数也远大于普通的单模光纤，难以实现长距离分布式传感。如果能找到一种瑞利散射系数较大、且损耗系数较小的光纤，那么基于瑞利散射的分布式光纤传感器将具有实际应用意义。

近些年，研究人员对传统 OTDR 技术进行了改进。光纤沿线温度、压力、应变、电磁场等环境参量会引起光纤特性的变化，进而引起传输光偏振态的变化，最终影响光纤入射端探测到的散射光强。由此，Rogers 提出了偏振 OTDR(POTDR)技术[94]，通过检测光纤的偏振态，可获知外界环境参量。但是会有几个参量同时影响光纤中传输光的偏振态，POTDR 技术不能够区分这些参量。如果光纤处于静态，即没有外界环境变化时，POTDR 技术可以用于测量单模光纤中的弯曲双折射[98]，或者光纤扭转产生的双折射[99]，也可以测量光纤中的固有双折射[100,101]。光纤的拍长是双折射的倒数，因此能够利用 POTDR 技术测量光纤的分布式拍长[101,102]，这为测量光纤通信中光纤的偏振模色散提供了一种不同的途径，目前已经得出一些实验结果[102-104]。POTDR 技术进行静态测量的主要缺点是诸多因素会同时影响光的偏振态，导致光纤自身的偏振态在很短时间内(几分钟)发生变化[105]。但是可以利用该特点实现动态分布式测量，目前已实现 2km 传感距离、10m 空间分辨率、5kHz 振动频率的 POTDR 系统[106]。光纤中某一点的偏振态变化会影响后继信号，所以 POTDR 技术的关键是准确定位。一般来讲，POTDR 技术主要用于定位光纤中偏振模色散比较高的位置。

在 OTDR 中，长距离传感光纤中的远端散射信号到达探测器时特别微弱，利用相干探测能够将该微弱信号提取出来，该方法称为相干 OTDR 技术(COTDR)[107]。相干探测中后向散射光和本地光混频，之后利用平衡探测器接收以消除直流信号。在之前所述 OTDR 中，使用的低相干光源能够降低系统的相干噪声，但是忽略了它的相位特性。为了利用相位的高敏感性，人们发展了另外一种 OTDR 技术，也就是相位 OTDR(ϕ-OTDR)[108]技术，如图 2.32 所示。一般情况下所用光源的线宽是 kHz 量级。利用 ϕ-OTDR 技术[109]，基于普通单模光纤实现了 2km 传感距离、10m 空间分辨率、1kHz 振动频率的分布式传感系统[110,111]。如果将单模光纤换作保偏光纤，空间分辨率可提高到 1m，振动频率范围提高至 2kHz，能感应到离光纤 18cm 远处的振动信号[111]。

一般情况下，基于 OTDR 技术的分布式传感器的空间分辨率是由时域上探测脉冲的宽

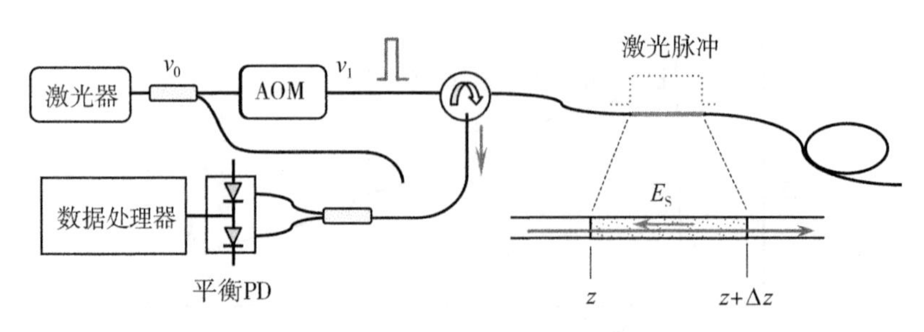

图 2.32　ϕ-OTDR 系统示意图

度决定的，但是在频域和数据处理方面，空间分辨率还受到探测器、放大器和数据采集卡带宽的限制。对于毫米量级的高空间分辨率系统，要求带宽高达几十兆赫兹的数据采集卡，这使得整个系统的造价很高。为了解决 OTDR 系统中高空间分辨率问题，人们研究了光频域反射技术(OFDR)[112]，使得系统的空间分辨率不再受限于脉冲宽度和探测器的带宽，而是取决于可调谐激光器的调谐范围。虽然瑞利散射本身不受到温度、应变和振动的影响，但是会影响待测传感光纤的长度、折射率、相位，因此能够实现分布式传感[112-115]。

2.6.2　基于拉曼散射的分布式传感技术

1928 年，拉曼发现当光子与流体和气体分子相互作用时，在入射光频率的两侧会出现新的谱线，这种现象称为自发拉曼散射效应[116]。本书所述的拉曼散射均指自发拉曼散射。光纤中的拉曼散射是入射光和光纤介质相互作用时产生的散射效应，产生频率减小或增加的散射光，分别对应于斯托克斯光和反斯托克斯光。这两种光都对温度敏感，结合 OTDR 技术，人们实现了基于拉曼散射的分布式光纤传感技术(ROTDR)。虽然光纤中的拉曼散射比瑞利散射小约 30dB，但是拉曼散射对温度非常敏感。反斯托克斯光和斯托克斯光的光强比是温度的函数[78]，见式(2.33)。

目前，基于拉曼散射的分布式温度传感器已经完全商业化。典型的 ROTDR 结构如图 2.33 所示。

和 OTDR 的区别在于，ROTDR 中使用滤波器区分斯托克斯光和反斯托克斯光。典型的 ROTDR 系统包括脉冲激光器和 1∶1 耦合器(或环行器)。耦合器输出端将脉冲光注入传感光纤，一般是多模光纤，可以注入更高的脉冲光功率。由于反斯托克斯光比斯托克斯光弱得多，因此在光路中可应用非对称分束器。一般常用斯托克斯光和反斯托克斯光之间的比值来表述光纤沿线的温度变化，避免了光源自身波动和光纤传输损耗带来的测量误差。

1985 年，J. P. Dankin 等首次实现了基于拉曼散射的光纤温度传感器[78]。在 ROTDR 系统中，一般认为斯托克斯光和反斯托克斯光的损耗系数一样，但是二者的波长差有 200nm(对于 1550nm 入射光)，在光纤中的衰减系数是不同的，如果直接用二者强度的比值来解调温度，将会产生误差。因此，人们提出了一些算法来校正该误差。2005 年

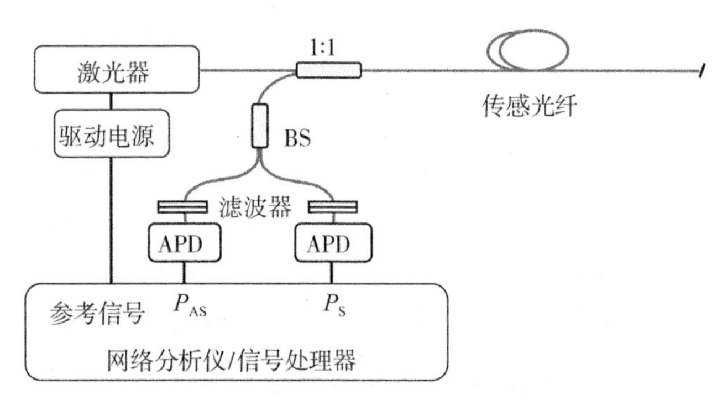

图 2.33 基于拉曼散射的分布式光纤温度传感器结构示意图

Hartog 等提出"dual-end method"方案[117]，因为在整个传感光纤范围内这两种光的损耗差异是一直存在的。但是这种方法的缺点是需要将传感光纤的两端同时连接，导致光纤传感范围缩短了一半。另一种方法是双光源方案[118]，同时利用两个光源测量斯托克斯光和反斯托克斯光的损耗比值。与"dual-end method"方案相比，双方法可靠性更高，但是两个光源的波长稳定性要求较高。上述两种解决方案均需要测量斯托克斯光和反斯托克斯光，2010 年研究人员提出利用单光源，只测量斯托克斯光或反斯托克斯光进行温度传感[119]。

限制 ROTDR 传感范围的主要因素是反斯托克斯散射光信号非常微弱，另外一个因素是光纤的损耗和多模光纤中的模式色散，所以 ROTDR 的传感范围一般只能达到 10km。因此，需要提高激光器入射脉冲的光功率以及多次采集拉曼散射信号。早期的 ROTDR 系统一般采用多模光纤以增加后向散射的强度，利用 APD(雪崩二极管)探测[78]。然而，多模光纤中的模式色散限制了传感范围和空间分辨率的进一步提高。2007 年，Soto 等利用色散位移单模光纤实现了传感距离长达 40km 的温度传感系统[120]，同时也使用了脉冲编码技术和拉曼放大技术，温度分辨率为 5K，空间分辨率为 17m。利用多光子计数技术，实现了空间分辨率为几十厘米的传感系统[121,122]，但是传感范围只有几米。最近几年，研究人员利用单光子计数技术实现了空间分辨率为 1cm 的 ROTDR 温度测量系统[123]，传感长度 3m，温度分辨率为 3℃，测量时间 60s。目前商用的 ROTDR 系统能够达到 30km 传感范围、5m 空间分辨率[124]。

基于拉曼散射的 OTDR 系统也对应时域和频域。文献[125]报道了基于频域分析的温度测量系统(ROFDR)，系统中对光源进行等间距的频率调制，连续光注入光纤；利用离散傅里叶变换(DFT)和快速傅里叶变换(FFT)进行信号解调。

20 世纪 80 年代末，英国的 YORK 公司首先推出了实用化的产品，该系统在 2km 光纤上实现了 7.5m 的空间分辨率和 1℃的温度分辨率[126]。

随后，日本的藤仓公司在 20 世纪 90 年代初推出了 DFS-1000 型分布式光纤温度传感器[126]，将空间分辨率提高到 3.5m。近年来，美国的 Agilent 公司进一步提高传感器的性能，实现了 30km 传感距离、1m 空间分辨率、0.1℃温度分辨率的传感系统。目前，在该技术领域处于领先位置的是英国的 YORK 公司和德国的 GESO。YORK 公司采用光电倍增管进行单光子探测，利用同一个探测器接收斯托克斯光和反斯托克斯光，保证了两路信号的一致性。GESO 公司是近几年在分布式光纤温度传感测量方面崛起的公司，其产品达到 0.5m 的空间分辨率。

基于拉曼散射的温度测量系统广泛应用于油井和电力线的温度监测方面[127]。在电力系统中，可以探测变压器中的高温点，连续监测变压器中温度，可以实时监测变压器的工作状态。ROTDR 也可以用于热电站中管道的泄露监测[128]。虽然目前拉曼温度传感器已经广泛应用于火灾探测等方面[125,129-133]，但是由于拉曼散射本身只对温度敏感，而对应变不敏感，所以在应用过程中无法感知外界应变的变化，应用领域受到一定的限制。

2.6.3　基于布里渊散射的分布式传感技术

光纤中的布里渊散射是 1972 年 Ippen 等最先发现的[81]，布里渊散射是光波和光纤材料中的声学声子相互作用而产生的、与入射泵浦光之间有一定频差的散射光。从量子力学的角度来看，该过程和前述的拉曼散射具有相似性，同样产生具有上频移的反斯托克斯光和下频移的斯托克斯光。1989 年，日本研究人员 Culverhouse 等首先发现布里渊频移和温度之间的关系[88]。同年，Culverhouse 和 NTT 公司的 Horiguchi 等首次开展了利用光纤中的布里渊散射效应进行分布式温度[88]和应变[89]传感的理论研究与实验研究。此后，欧洲等国的研究人员开展了各种基于布里渊散射的分布式传感器的研究工作。

光纤中布里渊散射信号的频移 $\nu_B(\varepsilon)$、强度 $P_B(\varepsilon)$ 和温度 T、应变 ε 呈线性关系：

$$\begin{aligned} &\nu_B(\varepsilon)=\nu_B(0)[1+c_{\nu\varepsilon}\varepsilon], \quad \nu_B(T)=\nu_B(0)[1+c_{\nu t}(T-T_r)] \\ &P_B(\varepsilon)=P_B(0)[1+c_{P\varepsilon}\varepsilon], \quad P_B(T)=P_B(0)[1+c_{Pt}(T-T_r)] \end{aligned} \tag{2.48}$$

通过探测布里渊散射光的频移和强度，能够实现温度、应变的传感。光纤中的布里渊散射分为自发布里渊散射和受激布里渊散射，二者分别对应布里渊光时域反射计(BOTDR)和布里渊光时域分析仪(BOTDA)分布式传感系统。

1. BOTDR 技术

1986 年 Tkach 等首先提出 BOTDR 技术[86]。由于自发布里渊散射信号的强度非常微弱，且和入射光之间的频率差为 11GHz，所以一般采用相干外差检测的方法。最初 Kurashima 等提出采用两个同样的激光器分别提供参考光和探测光，实现相干检测[134]。这种检测方案虽然实现了分布式传感，但是两个光源之间的频率漂移影响了系统测量的精度。接着 Shimizu 等提出了单光源自外差相干检测的方案，采用单个激光光源，通过光路分束提供本振参考光[135,136]。该方案中激光的频率稳定性较好，目前已经成为检测自发布里渊散射信号的主流方案。基于自发布里渊散射的分布式光纤传感器 BOTDR 基本结构如图 2.34 所示。

相干检测的方案分析如下。在图 2.34 方案(a)中，激光器频率为 ν_0，通过移频器(一般是声光移频器 AOM)将入射光纤中的脉冲泵浦光移频到 $\nu_0+\nu_S$，其中移频量 ν_S 约与布里渊频移 ν_B 相等，$\nu_S\approx\nu_B$。由于布里渊频移约为 11GHz，比一般的 AOM 频移范围都大，因此需要通过多次循环进行移频[136,137]。后向散射光和本地光通过 1∶1 耦合器进行混频。传感光纤沿线的频率变化包含在 $\nu_B-\nu_S$ 项中。相干探测有双重作用：窄带滤波器和信号放

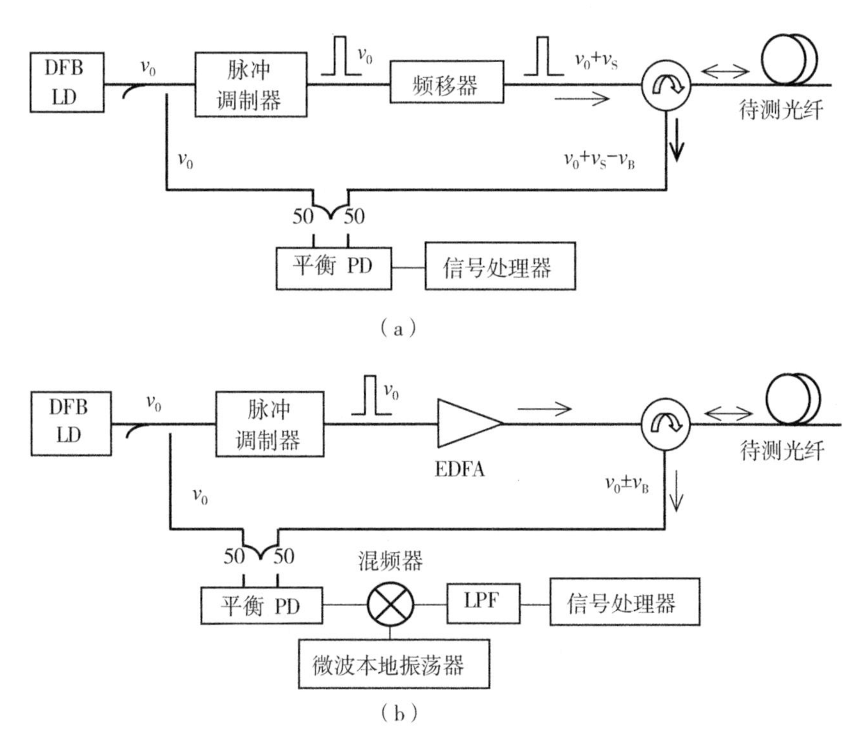

图 2.34 相干检测 BOTDR 的基本结构：(a)采用频率变换光源；(b)采用微波外差技术

大器。在图 2.34 方案(b)中，没有对脉冲光移频，布里渊散射光和本地光直接拍频，但是本地光和探针光具有相同的频率，此时拍频信号的频率为 ν_B。方案中需要高速 PD(平衡 PD)和频谱仪[138,139]。为了避免分析如此高频率的信号，一般会在电学上使用微波本地振荡 ν_L 和探测到的信号混频。另外，也可以将本地参考光进行移频，频率的移动量和布里渊散射频移近似，后继的信号拍频和探测同方案(a)中所述。

2. BOTDA 技术

1989 年，Horiguchi 等提出了 BOTDA 分布式光纤传感系统[89,140-141]。和前述 BOTDR 技术类似，BOTDA 利用光纤中受激布里渊散射光信号的频移来实现温度或应变的分布式检测[142]。和 BOTDR 的主要区别在于，BOTDA 中布里渊散射信号的强度比较大，容易探测，但是需要在传感光纤两端同时入射泵浦光和探测光，且二者之间的频差可调。最初 Horiguchi 等[140]通过双光源双端注入的方式实现了分布式传感，但是两个光源之间的频差漂移无法控制。1994 年，M. Nikles 等提出了单光源方案，一个激光器同时提供泵浦光和探测光[143]，不仅简化了整个系统的结构，还提高了频差控制的稳定性。基于受激布里渊散射的分布式光纤传感器 BOTDA 的基本结构如图 2.35 所示。

图 2.35 中，结构(a)利用两台激光器分别作为泵浦光和探测光，其中锁相环控制主、激光器从激光器之间的频差。结构(b)只利用一个激光器，其输出被分为两部分，分别为泵浦光和探测光。根据系统对激光器的要求，研究人员还提出了单端入射 BOTDA 系统，利用传感光纤尾部的端面反射提供探测光[144,145]。在 BOTDA 系统中，有必要将温度和应

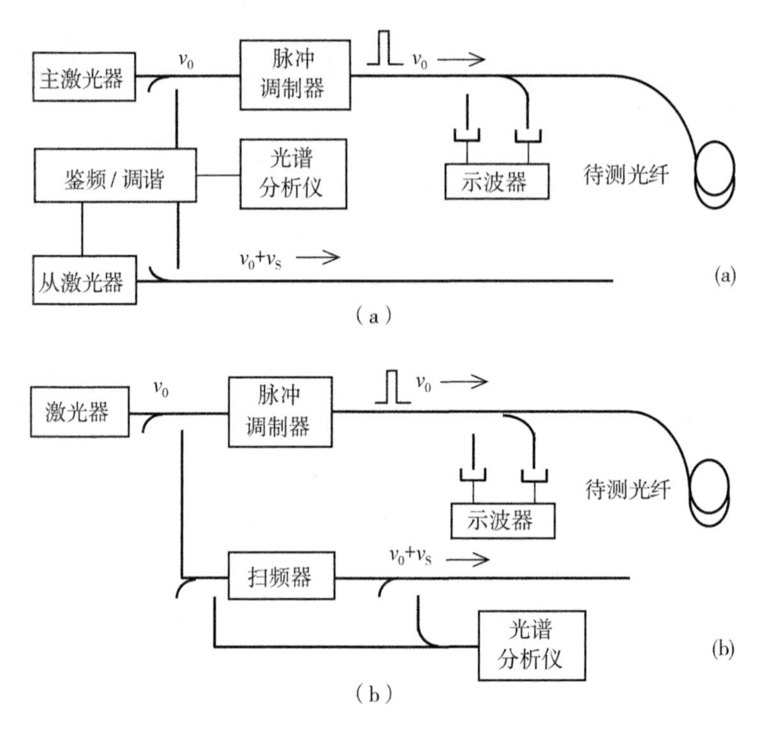

图 2.35　BOTDA 的基本结构：(a)锁频双光源；(b)单光源移频

变分开。和 BOTDR 不同，BOTDA 不能够将散射强度作为解调参量。实际应用中，一般会平行铺设两种不同的光纤来解决温度应变交叉敏感问题。

随着基于布里渊散射的分布式传感技术研究的不断深入，得到了性能指标越来越高的传感系统。

2.7　基于布里渊散射分布式光纤传感技术的研究进展

2.7.1　基于自发布里渊散射的分布式传感技术(BOTDR)

自 1986 年首次实现基于自发布里渊散射的分布式传感器以来，研究人员做了诸多的 BOTDR 研究工作，包括系统的结构以及性能指标等，为 BOTDR 系统的实际应用打下了良好的基础。本节从以下几个方面分析 BOTDR 技术的研究进展。

1. 自发布里渊散射信号的直接探测方案

1989 年，Culverhouse 用高分辨率共焦 FP 干涉仪分析光纤中的布里渊频谱时首次发现布里渊频移和温度变化的关系[146]。2001 年，P. C. Wait 和 A. H. Hartog 提出利用布拉格 notch 光栅将自发布里渊散射信号从所有的后向信号中分离出来，利用级联布拉格光栅，实现了 25km 传感范围、2m 空间分辨率、7℃光纤尾端温度分辨率的分布式温度测量系统[147]。在利用直接检测实现分布式传感系统中，文献[148]中实现了 12.9km 传感长度、

40m 空间分辨率、±2.9K 温度分辨率的传感系统，文献[149]中实现了 6km 传感长度、10m 空间分辨率、±1.4K 温度分辨精度的温度测量系统，文献[150]中实现了 16km 传感长度、3.5m 空间分辨率、±0.9K 温度分辨率的传感系统；文献[151]中实现了温度和应变的同时传感，得到了 1.2km 传感长度、40m 空间分辨率、±4K 温度分辨率的 BOTDR 系统，文献[152]中实现了 15km 传感长度、10m 空间分辨率、±4K 温度分辨率的 BOTDR 系统。利用 LPR 技术进行 BOTDR 传感时，需要用到瑞利散射信号的强度，但是对于窄线宽的光源，瑞利散射信号具有相干特征。2006 年，K. De Souza 从理论上分析了系统中相干瑞利噪声对温度/应变分辨精度的影响，并进行了实验分析，通过增加探测器的带宽，可以降低系统中的相干瑞利噪声[153]。

2. 自发布里渊散射信号的相干探测方案

由于布里渊散射光强很弱且干涉仪的稳定性有限，通过 FP 腔测量布里渊散射谱，得到的布里渊频移准确度不高。1993 年，Kurashima 等提出用相干检测的方法提高布里渊散射谱的测量精度，增加了布里渊散射传感的可行性和准确性[154]。对于移频，可以选择对泵浦光进行频率移动，文献[136][155]中利用声光调制器多次移频，将移动频率上频移约 11GHz；也可以在本地光进行移频，但是需要下频移约 11GHz。对于本地光的选择，文献[156]中利用锁模布里渊激光器作为本地光，Song Muping 等采用电光调制器的一阶边带[157,158]作为相干检测的本地光，实现了 BOTDR 信号的探测。文献[159]中利用了 PDH 稳频技术，将两个激光器之间的频率锁定在布里渊频移附近，将高频信号降低到中频。2001 年，T. P. Newson 等首次利用微波相干检测，没有使用任何移频元件，利用 26.5GHz 谱宽的频谱仪直接检测 11GHz 干涉信号，并对后向散射信号进行放大，实现了传感长度 27.4km、温度分辨精度小于 3.5K 的传感系统[160]。孙安等在 2007 年研究了高频微波技术的 BOTDR[161]，核心是用高频检波管将 11GHz 的干涉频率信号转化为幅度信号。2009 年，日本 Daisuke Iida 使用单根光纤中的受激布里渊散射效应作为本地光，实现了和其他相干探测技术近似的效果，但是在系统中需要对该光纤进行温控和隔振[162]。

3. BOTDR 系统的温度应变同时解调

对于 BOTDR 系统，关键问题是实现温度和应变的同时测量，单独测量自发布里渊散射的强度或者频移不能够将温度和应变同时解调出来。2001 年，C. C. Lee 等首次利用色散位移光纤实现了温度和应变的同时检测，该光纤中有多个布里渊散射峰，每个峰的频移和温度/应变之间的系数不同，准确地实现了温度和应变的同时检测[163]。2005 年，T. P. Newson 等利用光纤中的布里渊散射和拉曼散射相结合，实现了温度和应变的同时检测。拉曼散射的强度只对温度敏感，而布里渊散射的频移受温度和应变的同时影响，因此二者能够解调出温度和应变[164]。2010 年，Sun 等将 BOTDR 传感系统和级联光纤光栅 FBG 相结合，利用光纤光栅的中心波长和温度/应变之间的关系，结合传感光纤中的布里渊频移，实现了温度和应变的同时传感[165]，但是该方案只能实现 FBG 区域内温度和应变的同时传感。当然，也可以并行铺设两根光纤，但是需要两根光纤对温度和应变具有不同的特性，2009 年南京大学的张旭苹等利用 1∶1 耦合器将脉冲光同时入射两根传感光纤，实现了温度和应变的同时传感[166]，但是该方案中探测端每根光纤的自发布里渊散射的强度均被减小了一半，这会影响系统的信噪比和传感范围。对于温度和应变的检测精度，英国南安普敦大学光电研究中心对比了利用频移/强度解调和利用双频移解调的结果[167]，因为强度的检测会带来误差，实验结果表明，后者相对比较精确。

4. 自发布里渊散射信号的数据处理算法

硅基光纤中声子的衰减特性决定了布里渊增益谱的形状[168]。肖尚辉等分析了 10ns 脉宽的后向布里渊散射信号的拟合模型，比较了洛伦兹、高斯和洛伦兹-高斯权重优化组合的 Pseudo-Voigt(P-V)模型，结果表明 PV 模型的参数估计精度更高[169]。对于后向布里渊散射信号的解调，研究人员提出了各种方案。为了提高待测信号的信噪比，一般采用扰偏器和多次平均的方法[170]。对于布里渊散射谱中的频率信息和强度信息，不同的信号处理方法会有不同的测量精度以及不同的测量时间。宋牟平等在 2009 年提出了实时小波变化对传感信号进行处理，得到了 25km 传感距离、5m 空间分辨率、2MHz 频率分辨率和 1min 响应时间的 BOTDR 传感系统[171]。同年，Xia Haiyun 等提出了边缘探测技术，并结合光纤中的拉曼散射和布里渊散射实现了温度和应变的同时传感 BOTDR 系统[172]。2009 年，南京大学的张旭苹研究组利用区间划分和基于最小二乘的非线性回归方法对采集到的布里渊散射谱进行分析，能够拟合散射谱中的多峰，准确分析光纤的传感参量[173]。2010 年，南京大学的施斌等提出利用模式识别的方法实现 BOTDR 后向散射信号的处理[174]。2012 年，陈福昌等利用高速脉冲检波管对自发布里渊散射信号直接检测，将频率信息转化为强度信息，并结合小波变换技术，实现了 24.8km 传感距离的传感系统，测量时间小于 3s[175]。

5. BOTDR 的应用

随着 BOTDR 技术理论研究的不断发展，相关仪器的研究也在不断推进，目前已经有商用的仪器推出，并在实际应用中取得了一定的进展。1994 年，日本的 Ando 公司推出了 AQ8603 应变仪，如图 2.36 所示，应变分辨率为 0.01%，空间分辨率为 20m。由于 BOTDR 是单端入射的工作方式，所以在通信光缆[176]、河堤[177]、大型基础工程[178]等结构的健康监测中得到了广泛的应用，并取得了一定的成果。

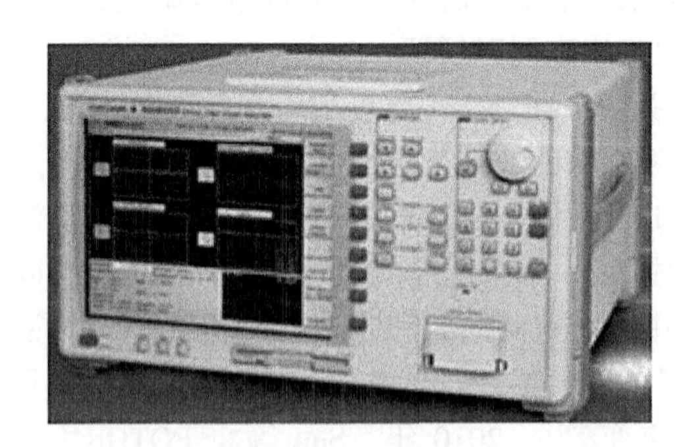

图 2.36　Ando 公司的 AQ8603 产品

2.7.2　基于受激布里渊散射的分布式传感技术(BOTDA)

对于 BOTDA 技术，泵浦光和探测光在光纤中相对传输，当脉冲泵浦光 ν_0 和连续探针光 $\nu_0-\Omega_B$ 的频差和某处布里渊频移一致时，该位置处的探针光信号被放大。连续扫描探针光的频率，用洛伦兹曲线拟合布里渊散射谱，可以得到该处的峰值频率。如果温度或应变发生变化，那么峰值频率也会发生改变。本节从 BOTDA 系统的传感范围、空间分辨率和温度应变同时解调等方面综述了其发展历程。

1. 传感范围

文献[179]得到了基于受激布里渊散射的分布式温度测量系统，系统指标是传感长度 1.2km、100m 空间分辨率和 3℃温度分辨率。通过优化泵浦脉冲的损耗以及探测光功率饱和等问题，文献[180]中报道了 22km 传感距离、1℃温度分辨精度、10m 空间分辨率的分布式温度测量系统。利用损耗型 BOTDA 技术，上述系统的指标很快被超越，文献[181]报道了传感距离为 32km、空间分辨率为 5m、温度分辨精度为 1℃的温度传感系统。1995 年，基于损耗型 BOTDA 系统的最大传感距离达到了 50km[182]。除了在温度探测方面之外，基于同样的损耗型 BOTDA 系统探测到了 20μm/m 的应变，传感范围为 22km，空间分辨率为 5m，和之前系统不同的是泵浦光为连续光，而探测光为脉冲光[183]。这种结构的 BOTDA 系统能够避免泵浦损耗的问题，脉冲探测光能够从连续泵浦光中得到足够的能量以提供布里渊增益。得到长传感距离的 BOTDA 系统的关键是限制泵浦功率，防止泵浦损耗和探测光功率饱和，以在整个传感长度上保持低增益。除了光功率的要求之外，探测光和泵浦光之间的偏振态匹配也是非常重要的，因为二者的偏振度选择应当在整个光纤长度上保持适当的增益，而不是光纤的前端增益大、后部增益小。这和短距离传感长度的系统要求是不一样的，后者要求偏振度匹配具有更高的增益。另外，对于长距离传感，希望光纤的受激布里渊散射的阈值越大越好，以保证在整段光纤上都有布里渊增益。

Bao Xiaoyi 小组在 2009 年第 20 届 OFS 会议上报道了将 S 编码技术和 DPP-BOTDA 技术结合的方案，实现了高空间分辨率和高频率分辨率、同时又具有高信噪比的布里渊传感系统。文中认为相关补码技术是在牺牲空间分辨率的条件下增加了 SNR。2010 年，Zan 等应用相移脉冲编码方式，实现了双格雷码的 BOTDA 传感系统[184]。同年，Soto 等将 S 编码技术应用于 BOTDA 系统，并分析了不同的编码方式，包括归零码和非归零码以及脉冲的占空比对后向布里渊增益谱的影响，结果表明，传统的归零码会使布里渊增益谱产生畸变[185]。利用 511 位编码，最终实现了 50km 传感长度、1m 空间分辨率、2.2MHz 频率分辨率的 BOTDA 传感系统。和传统的 BOTDA 系统不同，将 EDFA 放置到 EOM 之前，以避免脉冲串的畸变。2010 年 S. Martin-Lopez 等在 BOTDA 系统中引入分布式拉曼放大技术，实现了 75km 的传感距离和 2m 的空间分辨率[186]。

2. 空间分辨率

随着 BOTDA 技术的发展，可以得到 1m 的空间分辨率。由于在 1m 空间分辨率时，观察到的布里渊散射谱的线宽展宽严重，人们认为 1m 空间分辨率是基于受激布里渊散射传感系统的空间分辨率极限[91]。Bao Xiaoyi 小组在 2008 年第一次提出将光学锁相应用于 BOTDA[187]，得到了 1m 的空间分辨率和 0.6MHz 的频率分辨精度，其中锁定频率小于 1MHz。

研究人员在软件方面对采集到的受激布里渊散射信号进行了深入分析，以期实现小于 1m 的高空间分辨率。1998 年，Demerchant 等首次报道了空间分辨率小于 1m(50cm)的基于受激布里渊散射的传感系统[188]，并首次在实际系统中进行了应变的测量。接着研究人员利用谱解卷积技术得到 10cm 的空间分辨率[189]，在该系统中两个脉冲注入传感光纤，但是二者的触发时间延迟 1/2 脉冲，恢复得到的空间分辨率实际是单个脉冲空间分辨率的 1/2。

人们认为由于声子寿命的限制，系统的空间分辨率极限是 1m。但是，1999 年 Bao Xiaoyi 小组分析了脉冲宽度小于 10ns 时布里渊损耗谱的形状[190,191]，特别是布里渊散射谱的线宽。如果脉冲宽度远远大于声子寿命，那么布里渊谱宽为 40MHz；当脉冲宽度降低到 5ns 时，布里渊谱会有严重的展宽，已经不再是标准的洛伦兹形状；但是当脉宽继续缩小时，会有布里渊谱宽变窄的效应。2003 年，Bao Xiaoyi 小组分析了 EOM 的有限消光比对 BOTDA 系统的有益作用[192]，他们认为这是电光调制器连续基底的作用。当这样的脉冲入射传感光纤时，基底首先会激发声子的振动，继而窄脉冲吸收声子的能量，产生相对较大的光强，也就是说，连续光基底产生了光纤声子的预泵浦。基于上述思想，研究人员提出了各种方案，以实现厘米量级空间分辨率的 BOTDA 系统。2006 年，文献[193]中详细分析了如何实现高空间分辨率的 BOTDA 系统。同年，研究人员提出的利用脉冲预泵浦技术进行的裂缝探测[194]，实现了 1m 空间分辨率的 BOTDA 系统。接着，Bao Xiaoyi 小组提出差分脉冲技术，即 PPP-BOTDA 方案[195]，将两个相对较宽的脉冲、脉宽差较小的布里渊增益谱相减，得到了厘米量级的空间分辨率[196]。

2004 年，研究人员利用双脉冲方案[197]，比较了单脉冲 80ns 和脉宽 40ns、脉冲间隔 20ns 的双脉冲的传感结果，结果表明后者的空间分辨率是前者的两倍，如果对比脉冲更小的双脉冲，对比的效果更明显。

2007 年，Anthony W. Brown 等提出基于暗脉冲的 BOTDA 传感系统，实现了 20mm 的空间分辨率[198]。和前面的正脉冲对应，暗脉冲是在连续光中突然将一段时间内的光强置零，实现暗脉冲，通过布里渊增益谱的变化，实现分布式传感。

3. BOTDA 系统的温度和应变同时解调

同时，在 BOTDA 系统温度和应变双参量同时检测方面，T. R. Parker 等进行了相关理论和实验研究[199]。文献[183]中将传感光纤的一半放置在完全隔振的环境中，该部分完全不受应变的影响，而另外一部分受到温度和应变的影响。如果将这两段光纤平行铺设，那么通过比较这两段光纤的布里渊频移的变化，可以将温度和应变解调出来。在 22km 的传感范围上，得到了 5m 空间分辨率、20μm/m 应变精度、1℃温度分辨精度的传感系统。

4. 应用

在系统商用化方面，瑞士 Omnisens 公司的 Ditest 型 BOTDA 系统最高性能可以实现 0.5m 的空间分辨率、2με 的应变分辨率和 0.1℃的温度分辨率。而加拿大 OZ 公司的 ForeSight TM 型 BOTDA 系统最高性能可以实现 0.1m 的空间分辨率，2με 的应变分辨率和 0.1℃的温度分辨率，如图 2.37 所示。

图 2.37　OZ 公司的 Foresight TM 系列产品

2.7.3 BOTDR 和 BOTDA 性能比较

我们对 BOTDR 和 BOTDA 分布式光纤传感系统进行比较，详见表 2.3。

表 2.3 **BOTDR 和 BOTDA 系统的硬件比较**

<table>
<tr><th></th><th colspan="4">BOTDR</th><th colspan="2">BOTDA</th></tr>
<tr><td>工作机理</td><td colspan="4">自发布里渊散射</td><td colspan="2">受激布里渊散射</td></tr>
<tr><td>工作方式</td><td colspan="4">单端入射</td><td colspan="2">双端入射</td></tr>
<tr><td>光源</td><td colspan="4">窄线宽，低强度噪声</td><td colspan="2">窄线宽</td></tr>
<tr><td>泵浦方式</td><td colspan="4">脉冲</td><td colspan="2">脉冲光泵浦；连续光探测</td></tr>
<tr><td>脉冲消光比</td><td colspan="4">越高越好</td><td colspan="2">适当</td></tr>
<tr><td>脉冲宽度</td><td colspan="4">~10ns</td><td colspan="2">可以小于 10ns</td></tr>
<tr><td rowspan="3">检测方式</td><td rowspan="3">直接检测</td><td rowspan="2">滤波器</td><td rowspan="3">相干检测</td><td>泵浦移频</td><td rowspan="3">直接检测</td><td rowspan="3">探测光扫频</td></tr>
<tr><td>本地光移频</td></tr>
<tr><td>LPR 技术</td><td>微波探测</td></tr>
<tr><td>探测器</td><td colspan="4">高灵敏度</td><td colspan="2">宽带</td></tr>
<tr><td rowspan="4">温度和应变同时检测</td><td colspan="4">布里渊散射的强度和频移</td><td colspan="2" rowspan="2">双光纤并行</td></tr>
<tr><td colspan="4">多组分光纤的多布里渊峰的频移</td></tr>
<tr><td colspan="4">两根光纤并行</td><td colspan="2" rowspan="2">和其他技术结合，包括利用保偏光纤等</td></tr>
<tr><td colspan="4">结合其他技术，如拉曼散射和 FBG</td></tr>
</table>

从上述二者的比较可以看出：BOTDR 技术单端入射，使用简便；BOTDA 技术需要双端入射，如果将光源放置一端，则 BOTDA 的实际传感距只有一半；但是后者具有较高的空间分辨率。另外，BOTDA 技术中需要两个激光器，增加了系统成本。所以我们将主要关注 BOTDR 技术，下面分析其未来发展趋势。

2.8 基于自发布里渊散射的分布式光纤传感器发展趋势

根据 BOTDR 分布式光纤传感系统的应用需求，其发展趋势主要集中在更高的空间分辨率和更远的传感范围上，我们从这两个角度进行分析。

2.8.1 更高空间分辨率

基于自发布里渊散射的 BOTDR 系统中的空间分辨率和频率分辨率两个指标之间是相互矛盾的。如果要提高系统的空间分辨率，那么对应地需要缩短泵浦脉冲的宽度，但是同时会降低散射信号的信噪比，继而频率分辨精度会下降。再者，由于光纤中声子寿命的限制，一般系统最小的空间分辨率为1m，这限制了BOTDR技术在实际中的应用。为了进一步提高BOTDR的空间分辨率，研究人员从BOTDR硬件结构和软件数据处理两个方面进行了研究。

1. 脉冲结构

2007年，日本的Y. Kyamada等利用双脉冲方案[200]，实现了空间分辨率为20cm的BOTDR传感系统，研究中利用在声子寿命范围内、脉宽2ns、第一个脉冲的前沿和第二个脉冲的后沿间距5ns的两个脉冲，这两个脉冲在光纤中的自发布里渊散射光之间相互干涉，因此能够得到干涉效应的布里渊谱，该布里渊谱的每个干涉项都比较窄，消除了脉宽较窄时布里渊散射谱展宽的限制，通过测量0级分量，可以准确地实现频移的测量。2008年，Chang Tianying等利用另外一种双脉冲方案[201]，和前面的双脉冲方案完全不同，文中利用两个激光器产生波长不同的两个脉冲，其中一个是长脉冲，脉宽远远大于声子寿命，用于激发传感光纤中的声波，随后一个非常短的脉冲入射传感光纤，系统对应的空间分辨率为第二个脉冲所对应的宽度。这和BOTDA的思想有些类似。自发布里渊散射信号的检测采用"同源外差干涉法"，不需要本地参考光，只需要利用传感光纤中后向散射回来的瑞利信号和自发布里渊散射信号，二者干涉后的直流项、交流项与布里渊散射强度、瑞利散射强度具有一定的关系，所以能够实现强度的测量，结合频率的变化，能够实现高空间分辨率的BOTDR温度应变传感系统。最后得到了1m空间分辨率、13km传感长度的技术指标。

2. 数据处理

除了在硬件上实现脉冲的压窄以达到提高BOTDR空间分辨率以外，研究人员还提出了各种算法以提高空间分辨率。2002年，Natsuki Nitta等利用谱分离方法，在空间分辨率范围内施加两种不同的拉力并将对应的布里渊增益谱分开，实现了0.5m的空间分辨率[202]。2008年，南京大学张旭苹小组利用等效脉冲光拟合法实现了0.05m的高空间分辨率[203]。另外，2009年，Zhang Xuping和Bao Xiaoyi等共同报道了利用离散傅里叶变换实现空间分辨率的提高[204]。

2.8.2　更长传感距离

BOTDR的传感范围表征的系统能够进行温度/应变的测量距离，是BOTDR的一个重要的指标。由于光纤中自发布里渊散射的强度较弱，且远端的散射信号传输到探测端时会经历光纤链路中的固有损耗及其他损耗，所以光纤远端的信号很难探测到。目前，研究人员提出了一系列方案来提高系统的传感范围，主要从提高后向散射信号的信噪比角度出发。

1. 光学放大技术

2000年，K. De Souza和T. P. Newson利用光学预放大技术，将传感光纤中返回的信号应用EDFA放大，增加了系统的传感长度[205]。2004年，T. P. Newson等在传感光纤中加入拉曼放大来提高自发布里渊散射的强度，以及增加传感范围，最终实现了100km传感范围、20m空间分辨率、8℃温度分辨率的BOTDR系统[206]。2005年，Y. T. Cho等在传感光纤中同时利用分布式拉曼放大技术和远端EDFA放大实现了88km传感范围、20m空间分辨率、5.7℃温度分辨率的分布式传感系统[207]。和拉曼光纤放大器及相干探测技术相结合，研究人员实现了150km传感范围、50m空间分辨率、5.2℃温度分辨精度的传感系统[208]。

2. 脉冲编码技术

华北电力大学的李永倩小组研究了格雷互补码在BOTDR中的应用[209]，Golay互补序列具有理想的自相关和互相关特性，他们进行了256位格雷码的仿真，实验效果和理论一致。2008年，意大利的Soto等第一次将Simplex编码技术应用于BOTDR传感系统，该系统采用了直接检测技术[210]。他们还分析了Simplex编码对受激布里渊散射阈值的影响，实验中采用了127位编码，得到了7dB的信噪比增益，最终得到了21km传感长度、40m空间分辨率、3.1K温度分辨率的BOTDR传感系统。Soto等分析了在BOTDR中利用Simplex编码技术时受激布里渊散射阈值的变化，结果表明，编码脉冲长度越长，受激布里渊散射的阈值越小，这意味着并不是脉冲编码长度越大越好，同时需要减小入射光脉冲的功率，这限制了BOTDR传感范围的进一步增加[211]。

2007年，Bolognini等报道了在基于拉曼散射的分布式光纤传感系统中利用的Simplex编码技术和离散拉曼放大技术相结合的方案，实现了传感距离的增加，其中的泵浦脉冲部分采用255位脉冲的编码，同时在传感光纤中利用拉曼放大，使得ROTDR的传感范围达到了40km[120]。同样的道理，我们也可以将该方案应用于BOTDR系统中，以增加BOTDR传感系统的测量范围。

3. 其他增加传感范围的方法

2009年，Bolognini等将多波长激光器技术和脉冲编码技术相结合，二者均能够提高散射信号的信噪比，所以最终实现了传感范围25km传感范围、1.2MHz频率分辨率的BOTDR传感系统[212]。2012年，南京大学的张旭苹小组报道了波长扫描型的BOTDR传感系统，通过不同波长散射的自发布里渊散射信号的叠加，实现了SNR的增加，继而增加了系统的传感范围[213]。

除了将编码技术和放大技术引入BOTDR外，浙江大学宋牟平等利用波分复用技术将两台BOTDR传感器串联起来，实现了两倍的传感范围(50km)[214]。

总结上述内容，BOTDR分布式光纤传感技术的发展趋势主要是更高的空间分辨率(<1m)和更远的传感范围(>100km)，如表2.4所示。

表2.4　**BOTDR发展趋势总结**

<table>
<tr><td rowspan="6">更高空间分辨率</td><td rowspan="2">硬件结构</td><td>声子寿命内双脉冲</td></tr>
<tr><td>不同波长双脉冲(长脉冲+短脉冲)</td></tr>
<tr><td rowspan="4">软件算法</td><td>谱分离</td></tr>
<tr><td>等效脉冲光拟合</td></tr>
<tr><td>离散傅里叶变换</td></tr>
<tr><td>其他算法</td></tr>
</table>

续表

<table>
<tr><td rowspan="6">更远传感范围</td><td rowspan="2">放大技术</td><td>EDFA 放大</td><td rowspan="6">组合应用</td></tr>
<tr><td>拉曼放大</td></tr>
<tr><td>编码技术</td><td>Simplex 编码</td></tr>
<tr><td rowspan="2">多波长</td><td>多纵模 FP 激光器</td></tr>
<tr><td>扫描 DFB 波长</td></tr>
<tr><td>波分复用</td><td></td></tr>
</table>

本章参考文献

[1] Giallorenzi T G. Fibre optic sensors[J]. Optics & Laser Technology, 1981, 13(2): 73-78.

[2] Hill K O, Fujii Y, Johnson D C, Kawasaki BS. Photosensitivity in optical fiber waveguides: Application to reflection filter fabrication[J]. Applied Physics Letters, 1978, 32: 647-649.

[3] Dong L, Archambault J L, Reekie L, et al. Photo-induced absorption change in germanosilicate preforms: evidence for the color-center model of photosensitivity[J]. Applied Optics, 1995, 34: 3436-3440.

[4] Poumellec B, Kherbouche F. The photo refractive Bragg gratings in the fibers for telecommunications[J]. J. Physics III France, 1996, 6: 1595.

[5] Riant I, Haller F. Study of the photosensitivity at 193 nm and comparison with photosensitivity at 240 nm influence of fiber tension: Type IIa aging[J]. J. Lightwave Technology, 1997, 15: 1464-1469.

[6] Archambault J L, Reekie L, Russell P S. 100% reflectivity Bragg reflectors produced in optical fiber by single excimer laser pulses[J]. Electronics Letters, 1993, 29: 453-455.

[7] Bilodeau F, Malo B, Albert J, et al. Photosensitizing of optical fiber and silica-on-silicon/silica waveguides[J]. Optics Letters, 1993, 18: 953-955.

[8] Lemaire P J. Reliability of optical fibers exposed to hydrogen: prediction of long-term loss increases[J]. Optical Engineering, 1991, 30: 780-789.

[9] Russell P S, Hand D P, Chow Y T, et al. Optically-induced creation, transformation and organization of defects and color-centers in optical fibers[C]//SPIE, 1991, 1516: 47-54.

[10] Nishii J, Fukumi K, Yamanaka H, et al. Photochemical reactions in GeO_2-SiO_2 glasses induced by ultraviolet irradiations: Comparison between Hg lamp and excimer lasers[J]. Physics Review B, 1995, 52: 1661-1665.

[11] Saleh B E A, Teich M C. Fundamentals of photonics[M]. John Wiley & Sons, 2007.

[12] Araújo F M, Joanni E, Marques M B, et al. Dynamics of infrared absorption caused by hydroxyl groups and its effect on refractive index evolution in ultraviolet exposed hydrogen loaded GeO_2-doped fibers[J]. Applied Physics Letters, 1998, 72: 3109-3111.

[13] Grubsky V, Starodubov D S, Feinberg J. Effect of molecular water on thermal stability of gratings in hydrogen-loaded optical fibers [C]//Technical Digest of Optical Fiber Communication Conference, 1999.

[14] Douay M, Xie W X, Taunay T, et al. Densification involved in the UV-based photosensitivity of silica glasses and optical fibers [J] J. Lightwave Technology, 1997, 15: 1329-1342.

[15] Morey W W, Meltz G, Glenn W H. Fiber optic Bragg grating sensors[C]//The SPIE—The International Society for Optical Engineering, 1990, 1169: 98-107.

[16] 吴慧娟, 李姗姗, 卢祥林, 等. 一种新型光纤光栅围栏防火防入侵同步预警系统[J]. 光子学报, 2011, 40(11): 1671-1676.

[17] 祁耀斌, 陈满, 许天舒, 等. 光纤光栅技术在周界入侵报警系统中应用研究[J]. 中国海洋大学学报(自然科学版), 2011, 41(198): 109-114.

[18] Kersey A D, Berkoff T A, Morey W W. Multiplex fiber Bragg grating strain-sensor system with a Fabry-Perot wavelength filter[J]. Optics Letters, 1993, 18(16): 1370-1372.

[19] Weis R S, Kersey A D, Berkoff T A. A 4-element fiber grating sensor array with phase-sensitive detection[J]. IEEE Photonics Technol. Lett., 1994, 6(12): 1469-1472.

[20] Rao Y J, Kalli K, Brady G, et al. Spatially-multiplexed fiberoptic Bragg gratings strain and temperature sensor system based on interferometric wavelength-shift detection [J]. Electronics Letters, 1995, 31(12): 1009-1010.

[21] Rao Y J, Ribeiro A B L, Jackson D A, et al. Simultaneously spatial-, time-and wavelength-division-multiplexed in-fibre Bragg grating sensor network [C]//The Distributed and Multiplexed Fiber Optic Sensors Vi, 1996: 283823-283830.

[22] Russell P S J, Ulrich R. Grating-fiber coupler as a high-resolution spectrometer[J]. Optics Letters, 1985, 10: 291-293.

[23] Hill K O, Malo B, Bilodeau F, et al. Bragg grating fabricated in monomode photosensitive optical fiber by UV exposure through a phase mask[J]. Applied Physics Letters, 1993, 62: 1035-1037.

[24] Malo B, Johnson D C, Bilodeau F, et al. Single-excimer-pulse writing of fiber gratings by use of a zero-order nulled phase mask: grating spectral response and visualization of index perturbations[J]. Optics Letters, 1993, 18: 1277-1279.

[25] Lemaire P J, Atkins R M, Mizrahi V, et al. High pressure H_2 loading as a technique for achieving ultrahigh UV photosensitivity and thermal sensitivity in GeO_2 doped optical fiber [J]. Electronics Letters, 1993, 29: 1191-1193.

[26] Hill K O, Meltz G. Fiber Bragg grating technology fundamentals and overview [J]. J. Lightwave Technology, 1997, 15: 1263-1276.

[27] Vengsarkar A M, Lemaire P J, Judkins J B, et al. Long-period fiber gratings as band-rejection filters[J]. J. Lightwave Technology, 1996, 14: 58-65.

[28] Bhatia V, Vengsarkar A M. Optical fiber long-period grating sensors[J]. Optics Letters,

1996, 21: 692-694.

[29] Hill K O, Malo B, Vineberg K A, et al. Efficient mode conversion in telecommunication fiber using externally written grating[J]. Electronics Letters, 1990, 26: 1270-1272.

[30] Askins C G, Tsai T E, Williams G M, et al. Fiber Braggreflectors prepared by a single excimer pulse[J]. Optics Letters, 1992, 17: 833-835.

[31] Davis D D, Gaylord T K, Glytsis E N, et al. Long-period fiber grating fabrication with focused CO_2 laser pulses[J]. Electronics Letters, 1998, 34: 302-303.

[32] Hwang I K, Yun S H, Kim B Y. Long-period fiber gratings based on periodic microbends [J]. Optics Letters, 1999, 24: 1263-1265.

[33] Malki A, Humbert G, Ouerdane Y, et al. Investigation of the writing mechanism of electric-arc-induced long-period fiber gratings[J]. Applied Optics, 2003, 42: 3776-3779.

[34] Jiang Y, Li Q, Lin C H, et al. A novel strain-induced thermally tuned long-period fiber grating fabricated on a periodic corrugated silicon fixture[J]. IEEE Photonics Technology, 2002, 14: 941-943.

[35] Davis D D, Gaylord T K, Glytsis E N, et al. Very-high-temperature stable CO_2-laser induced long-period fiber gratings[J]. Electronics Letters, 1999, 35: 740-742.

[36] Liu Y, Chiang K S. CO_2 laser writing of long-period fiber gratings in optical fibers under tension[J]. Optics Letters, 2008, 33: 1933-1935.

[37] Kersey A D, Davis M A, Patrick H J, et al. Fiber Grating Sensors [J]. J. Lightwave Technol, 1997, 15: 1442-1463.

[38] Zhao Y, Liao Y. Discrimination methods and demodulation techniques for fiber Bragg grating sensors[J]. Optics and Lasers in Engineering, 2004, 41: 1-18.

[39] Yoffe G W, Krug P A, Ouellette F, et al. Passive temperature-compensating package for optical fiber gratings[J]. Applied Optics, 1995, 34: 6859-6861.

[40] Haran F M, Rew J K, Foote P D. A strain-isolated fiber Bragg grating sensor for temperature compensation of fiber Bragg grating strain sensors[J]. Measurement Science & Technology, 1998, 9: 1163-1166.

[41] Spirin V V, Shlyagin M G, Miridonov S V, et al. Fiber Bragg grating sensor for petroleum hydrocarbon leak detection[J]. Optics and Lasers in Engineering, 2000, 32: 479-503.

[42] Yang S, Cai H, Geng J, et al. Advanced fiber grating corrosion sensors for structural health monitoring [M]//Structural Health Monitoring and Intelligent Infrastructure, Taylor & Francis, 441, 2006.

[43] Lin G C, Wang L, Yang C C, et al. Thermal performance of metal-clad fiber Bragg grating sensors[J]. IEEE Photonics Technology Letters, 1998, 10: 406-408.

[44] Shu X, Zhang L, Bennion I. Sensitivity characteristics of long-period fiber gratings [J]. J. Lightwave Technology, 2002, 20: 255-266.

[45] Zhou Y, Gao K, Huang R, et al. Temperature and stress tuning characteristics of long-period gratings imprinted in Panda fiber[J]. IEEE Photonics Technology Letters, 2003,

15: 1728-1730.

[46]Eggleton B J, Ahuja A, Westbrook P S, et al. Integrated tunable fiber gratings for dispersion management in high-bit rate systems[J]. J. Lightwave Technol, 2000, 18: 1418-1432.

[47]Li L, Geng J, Zhao L, et al. Response characteristics of thin-film-heated tunable fiber Bragg gratings[J]. IEEE Photonics Technology Letters, 2003, 15: 545-547.

[48]Torres P, Valente L C G. Spectral response of locally pressed fiber Bragg grating[J]. Optics Communications, 2002, 208: 285-291.

[49]Lee B. Review of the present status of optical fiber sensors[J]. Optical Fiber Technology, 2003, 9: 57-79.

[50]Todd M D, Johnson G A, Althouse B L. A novel Bragg grating sensor interrogation system utilizing a scanning filter, a Mach-Zehnder interferometer and a 3 × 3 coupler [J]. Measurement Sciences & Technology, 2001, 12: 771-777.

[51]Kersey A D, Berkoff T A, Morey W W. Fiber-optic Bragg grating strain sensor with drift-compensated high-resolution interferometric wavelength-shift detection[J]. Optics Letters, 1993, 18: 72-74.

[52] Huang R, Zhou Y, Cai H, et al. A fiber Bragg grating with triangular spectrum as wavelength readout in sensor systems[J]. Optics Communications, 2004, 229: 197-201.

[53]Fallon R W, Zhang L, Everall L A, et al. All-fiber optical sensing system: Bragg grating sensor interrogated by a long-period grating[J]. Measurement Sciences & Technology, 1998, 9: 1969-1973.

[54]Tsuda H. Fiber Bragg grating vibration-sensing system, insensitive to Bragg wavelength and employing fiber ring laser[J]. Optics Letters, 2010, 35: 2349-2351.

[55]Kang M S, Yong J C, Kim B Y. Suppression of the polarization dependence of fiber Bragg grating interrogation based on a wavelength-swept fiber laser[J]. Smart Materials and Structures, 2006, 15: 435-440.

[56]Rao Y J, Ribeiro A B L, Jackson D A, et al. Combined spatial-and time-division-multiplexing scheme for fiber grating sensors with drift-compensated phase-sensitive detection [J]. Optics Letters, 1995, 20: 2149-2151.

[57]Zhou B, Guan Z G, Yan C S, et al. Interrogation technique for a fiber Bragg grating sensing array based on a Sagnac interferometer and an acousto-optic modulator[J]. Optics Letters, 2008, 33: 2485-2487.

[58]Cheng H C, Lo Y L. Arbitrary strain distribution measurement using a genetic algorithm approach and two fiber Bragg grating intensity spectra[J]. Optics Communications, 2004, 239: 323-332.

[59]Todd M D, Johnson G A, Vohra S T. Deployment of a fiber Bragg grating-based measurement system in a structural health monitoring application[J]. Smart Material & Structures, 2001, 10: 534-539.

[60]Todd M, Seaver M, Wiener T, et al. Structural monitoring using high-performance fiber

optic measurement system[C]//SPIE, 2002, 4694: 149-161.

[61] Udd E, Schulz W, Seim J, et al. Multidimensional strain field measurements using fiber optic grating sensors[C]//SPIE, 2000.

[62] Kapron F P, Teter M P, Maurer R D. Theory of backscattering effects in waveguides[J]. Applied Optics, 1972, 11: 1352-1356.

[63] Smith R G. Optical power handling capacity of low loss optical fibers as determined by stimulated Raman and Brillouin-scattering[J]. Applied Optics, 1972, 11: 2489-2494.

[64] Lines M E. Scattering losses in opticd fiber materials[J]. Journal of Applied Physics, 1984, 55: 4058-4063.

[65] Barnoski M K, Jensen S M. Fiber waveguides-novel technique for investigating attenuation characteristics[J]. Applied Optics, 1976, 15(9): 2112-2115.

[66] Barnoski M K, Rourke M D, Jensen S M, et al. Optical time domain reflectometer[J]. Applied Optics, 1977, 16: 2375-2379.

[67] Personick S D. Photon probe-optical fiber time domain reflectometer[J]. Bell System Technical Journal, 1977, 56: 355-366.

[68] Born M, Wolf E. Principles of Optics[M]. Cambridge University Press, 1999.

[69] Agrawal G P. Nonlinear Fiber Optics[M]. Elsevier Science, 2004.

[70] Kittel C. Introduction to Solid State Physics[M]. 6th ed. John Wiley & Sons, Inc. 1986.

[71] Stolen R H, Tynes A R, Ippen E P. Raman oscillation in glass optical waveguide[J]. Applied Physics Letters, 1972, 20: 62-64.

[72] Stolen R H, Ippen E P. Raman gain in glass optical waveguides[J]. Applied Physics Letters, 1973, 22: 276-278.

[73] Galeener F L, Mikkelsen J C, Geils R H, et al. Relative Raman cross-sections of vitreous SiO_2, GeO_2, B_2O_3, and P_2O_5[J]. Applied Physics Letters, 1978, 32: 34-36.

[74] Whitbread T W, Wassef W S, Allen P M, et al. Profile dependence and measurement of absolute Raman-scattering cross-section in optical fibers[J]. Electronics Letters, 1989, 25: 1502-1503.

[75] Brinkmeyer E. Analysis of the backscattering method for single-mode optical fibers[J]. Journal of the Optical Society of America, 1980, 70: 1010-1012.

[76] Philen D L, White I A, Kuhl J F, et al. Single-mode fiber OTDR—experiment and theory [J]. IEEE Journal of Quantum Electronics, 1982, 18: 1499-1508.

[77] Walrafen G E, Krishnan P N, Hardison D R. Raman investigation of the rate of OH uptake in stressed and unstressed optical fibers[J]. Journal of Lightwave Technology, 1984, 2: 646-649.

[78] Dakin J P, Pratt D J, Bibby G W, et al. Distributed optical fiber Raman temperature sensor using a semiconductor light-source and detector[J]. Electronics Letters, 1985, 21(13): 569-570.

[79] Hartog A H, Leach A P, Gold M P. Distributed temperature sensing in solid-core fibers[J].

Electronics Letters, 1985, 21: 1061-1062.

[80] Tang C L. Saturation and spectral characteristics of Stokes emission in stimulated Brillouinprocess[J]. Journal of Applied Physics, 1966, 37: 2945-2955.

[81] Ippen E P, Stolen R H. Stimulated Brillouin-scattering in optical fibers[J]. Applied Physics Letters, 1972, 21: 539-541.

[82] Uesugi N, Ikeda M, Sasaki Y. Maximum single frequency input power in a long optical fiber determined by stimulated Brillouin scattering[J]. Electronics Letters, 1981, 17: 379-380.

[83] Cotter D. Observation of stimulated Brillouin scattering in low-loss silica fiber at 1.3mm[J]. Electronics Letters, 1982, 18: 495-496.

[84] Waarts R G, Braun R P. Crosstalk due to stimulated Brillouin scattering in monomode fiber[J]. Electronics Letters, 1985, 21: 1114-1115.

[85] Nikles M, Thevenaz L, Robert P A. Brillouin gain spectrum characterization in single-mode optical fibers[J]. Journal of Lightwave Technology, 1997, 15: 1842-1851.

[86] Tkach R W, Chraplyvy A R, Derosier R M. Spontaneous Brillouin scattering for single-mode optical-fiber characterization[J]. Electronics Letters, 1986, 22(19): 1011-1013.

[87] Shibata N, Waarts R G, Braun R P. Brillouin gain spectra for single-mode fibers having pure-silica, GeO_2-doped, and P_2O_5-doped cores[J]. Optics Letters, 1987, 12: 269-271.

[88] Culverhouse D, Farahi F, Pannell C N, et al. Stimulated Brillouin scattering—a means to realize tunable microwave generator or distributed temperature sensor[J]. Electronics Letters, 1989, 25: 915-916.

[89] Horiguchi T, Kurashima T, Tateda M. Tensile strain dependence of Brillouin frequency shift in silica optical fibers[J]. IEEE Photonics Technology Letters, 1989, 1(5): 107-108.

[90] Kurashima T, Horiguchi T, Tateda M. Thermal effects on the Brillouin frequency-shift in jacketed optical silica fibers[J]. Applied Optics, 1990, 29: 2219-2222.

[91] Horiguchi T, Shimizu K, Kurashima T, et al. Development of adistributed sensing technique using Brillouin scattering[J]. Journal of Lightwave Technology, 1995, 13(7): 1296-1302.

[92] Wait P C, Newson T P. Landau Placzek ratio applied to distributed fiber sensing[J]. Optics Communications, 1996, 122: 141-146.

[93] Parker T R, Farhadiroushan M, Handerek V A, et al. Temperature and strain dependence of the power level and frequency of spontaneous Brillouin scattering in optical fibers[J]. Optics Letters, 1997, 22: 787-789.

[94] Rogers A J. Polarization on optical-time domain reflectometry[J]. Electronics Letters, 1980, 16(13): 489-490.

[95] Hartog A G, Payne D N. Remote measurement of temperature distribution using an optical fibre[C]//European Conference on Optical Communication, 1982: 215-220.

[96] Dakin J P, Pratt D J. Fibre-optic distributed temperature measurement—a comparative study of techniques[C]//The IEE Colloquium on `Distributed Optical Fibre Sensors' (Digest No. 74), 1986.

[97] Farries M C, Fermann M E, Laming R I, et al. Distributed temperature sensor using Nd^{3+} doped optical fiber[J]. Electronics Letters, 1986, 22(8): 418-419.

[98] Kim Byoung Yoon, Choi Sang Sam. Backscattering measurement of bending-induced birefringence in single mode fibres[J]. Electronics Letters, 1981, 17(5): 193-194.

[99] Schuh R E, Sikora E S R, Walker N G, et al. Thoretical-analysis and measurement of effects of fiber twist on polarization mode dispersion of optical fibers[J]. Electronics Letters, 1995, 31(20): 1772-1773.

[100] Elhison J G, Siddiqui A S. A fully polarimetric optical time-domain reflectometer[J]. IEEE Photonics Technol. Lett., 1998, 10(2): 246-248.

[101] Wuilpart M, Megret P, Blondel M, et al. Measurement of the spatial distribution of birefringence in optical fibers[J]. IEEE Photonics Technol. Lett., 2001, 13(8): 836-838.

[102] Corsi F, Galtarossa A, Palmieri L. Polarization mode dispersion characterization of single-mode optical fiber using backscattering technique[J]. Journal of Lightwave Technology, 1998, 16(10): 1832-1843.

[103] Shatalin S V, Rogers A J. Location of high PMD sections of installed system fiber[J]. Journal of Lightwave Technology, 2006, 24(11): 3875-3881.

[104] Huttner B, Gisin B, Gisin N. Distributed PMD measurement with a polarization-OTDR in optical fibers[J]. Journal of Lightwave Technology, 1999, 17(10): 1843-1848.

[105] Cameron J, Chen L A, Bao X Y, et al. Time evolution of polarization mode dispersion in optical fibers[J]. IEEE Photonics Technol. Lett., 1998, 10(9): 1265-1267.

[106] Zhang Ziyi, Bao Xiaoyi. Distributed optical fiber vibration sensor based on spectrum analysis of polarization-OTDR system[J]. Optics Express, 2008, 16(14): 10240-10247.

[107] Takada K, Himeno A, Yukimatsu K. Phase-noise and shot-noise limited operations of low coherence optical-time domain reflectometry[J]. Applied Physics Letters, 1991, 59(20): 2483-2485.

[108] Juarez J C, Taylor H F. Polarization discrimination in a phase-sensitive optical time-domain reflectometer intrusion-sensor system[J]. Optics Letters, 2005, 30(24): 3284-3286.

[109] Lu Yuelan, Zhu Tao, Chen Liang, et al. Distributed vibration sensor based on coherent detection of phase-OTDR[J]. Journal of Lightwave Technology, 2010, 28(22): 3243-3249.

[110] Qin Z G, Zhu T, Chen L, et al. High sensitivity distributed vibration sensor based on polarization-maintaining configurations of Phase-OTDR[J]. IEEE Photonics Technol. Lett., 2011, 23(15): 1091-1093.

[111] Qin Zengguang, Chen Liang, Bao Xiaoyi. Wavelet denoising method for improving detection performance of distributed vibration sensor[J]. IEEE Photonics Technol. Lett., 2012, 24(7): 542-544.

[112] Froggatt M, Moore J. High-spatial-resolution distributed strain measurement in optical fiber

with Rayleigh scatter[J]. Applied Optics, 1998, 37(10): 1735-1740.

[113]Kingsley S A, Davies D E N. OFDR diagnostics for fiber and integrated-optic systems[J]. Electronics Letters, 1985, 21(10): 434-435.

[114]Soller B J, Gifford D K, Wolfe M S, et al. High resolution optical frequency domain reflectometry for characterization of components and assemblies[J]. Optics Express, 2005, 13(2): 666-674.

[115]Froggatt M, Soller B, Gifford D, et al. Correlation and keying of Rayleigh scatter for loss and temperature sensing in parallel optical networks [C]//The Optical Fiber Communication Conference (OFC) (IEEE Cat No04CH37532), 2004.

[116]Raman C V, Krishnan K S. A new type of secondary radiation[J]. Nature, 1928, 121: 501-502.

[117]Fernandez A F, Rodeghiero P, Brichard B, et al. Radiation-tolerant Raman distributed temperature monitoring system for large nuclear infrastructures[J]. IEEE Transactions on Nuclear Science, 2005, 52(6): 2689-2694.

[118]Suh Kwang, Lee Chung. Auto-correction method for differential attenuation in afiber-optic distributed-temperature sensor[J]. Optics Letters, 2008, 33(16): 1845-1847.

[119]Hwang B, Yoon D J, Kwon I B, et al. Novel auto-correction method in a fiber-optic distributed-temperature sensor using reflected anti-Stokes Raman scattering[J]. Optics Express, 2010, 18(10): 9747-9754.

[120]Bolognini G, Park J, Soto M A, et al. Analysis of distributed temperature sensing based on Raman scattering using OTDR coding and discrete Raman amplification[J]. Measurement Science & Technology, 2007, 18(10): 3211-3218.

[121]Belal M, Cho Y T, Ibsen M, et al. A temperature-compensated high spatial resolution distributed strain sensor[J]. Measurement Science & Technology, 2010, 21(1):.

[122]Hobel M, Ricka J, Wuthrich M, et al. High-resolution distributed temperature sensing with the multiphoto-timing technique[J]. Applied Optics, 1995, 34(16): 2955-2967.

[123]Tanner M G, Dyer S D, Baek B, et al. High-resolution single-mode fiber-optic distributed Raman sensor for absolute temperature measurement using superconducting nanowire single-photon detectors[J]. Applied Physics Letters, 2011, 99(20): 201110-201113.

[124]Rogers A. Distributed optical-fibre sensing[J]. Measurement Science & Technology, 1999, 10(8): R75-R99.

[125]Farahani M A, Gogolla T. Spontaneous raman scattering in optical fibers with modulated probe light for distributed temperature Raman remote sensing[J]. Journal of Lightwave Technology, 1999, 17(8): 1379-1391.

[126]周胜军, 刘凤军, 蔡玉琴, 等. 分布式光纤温度传感器的原理和应用[J]. 半导体光电, 1998, 19(5): 5-8.

[127]Brown G A, Hartog A. Optical fiber sensors in upstream oil & gas[J]. Journal of Petroleum Technology, 2002, 54(11): 63-65.

[128] Hartog A H. A distributed temperature sensor based on liquid-core optical fibers[J]. Journal of Lightwave Technology, 1983, LT-1(3): 498-509.

[129] Feced R, Farhadiroushan M, Handerek V A, et al. A high spatial resolution distributed optical fiber sensor for high-temperature measurements[J]. Review of Scientific Instruments, 1997, 68(10): 3772-3776.

[130] Kimura A, Takada E, Fujita K, et al. Application of a Raman distributed temperature sensor to the experimental fast reactor JOYO with correction techniques[J]. Measurement Science & Technology, 2001, 12(7): 966-973.

[131] Pandian C, Kasinathan M, Sosamma S, et al. One-dimensional temperature reconstruction for Raman distributed temperature sensor using path delay multiplexing[J]. Journal of the Optical Society of America B—Optical Physics, 2009, 26(12): 2423-2426.

[132] Hartog A. Distributed fiberoptic temperature sensors—Technology and applications in the power industry[J]. Power Engineering Journal, 1995, 9(3): 114-120.

[133] Yilmaz G, Karlik S E. A distributed optical fiber sensor for temperature detection in power cables[J]. Sensors and Actuators A—Physical, 2006, 125(2): 148-155.

[134] Alahbabi M N, Lawrence N P, Cho Y T, et al. High spatial resolution microwave detection system for Brillouin-based distributed temperature and strain sensors[J]. Measurement Science & Technology, 2004, 15(8): 1539-1543.

[135] Shimizu K, Horiguchi T, Koyamada Y, et al. Coherent self-heterodyne detection of spontaneously Brillouin-scattered light wave in a single-mode fiber[J]. Optics Letters, 1993, 18(3): 185-187.

[136] Shimizu K, Horiguchi T, Koyamada Y, et al. Coherent self-heterodyne Brillouin OTDR for measurement of Brillouin frequency-shift distribution in optical fibers[J]. Journal of Lightwave Technology, 1994, 12(5): 730-736.

[137] Kurashima T, Tateda M, Horiguchi T, et al. Performance improvement of a combined OTDR for distributed strain and loss measurement by randomizing the reference light polarization state[J]. IEEE Photonics Technol. Lett., 1997, 9(3): 360-362.

[138] Maughan S M, Kee H H, Newson T P. 57km single-ended spontaneous Brillouin-based distributed fiber temperature sensor using microwave coherent detection[J]. Optics Letters, 2001, 26(6): 331-333.

[139] Alahbabi M N, Cho Y T, Newson T P. 100km distributed temperature sensor based on coherent detection of spontaneous Brillouin backscatter[J]. Measurement Science & Technology, 2004, 15(8): 1544-1547.

[140] Horiguchi T, Tateda M. BOTDA-nondestructive measurement of a single-mode optical fiber attenuation characteristics using Brillouin interaction-theory[J]. Journal of Lightwave Technology, 1989, 7(8): 1170-1176.

[141] Kurashima T, Horiguchi T, Tateda M. Thermal effects on the Brillouin frequency-shift in jacketed optical silica fibers[J]. Applied Optics, 1990, 29(15): 2219-2222.

[142] Kamikatano N, Sawano H, Miyamoto M, et al. Fiber strain measurement in optical cables employing Brillouin gain analysis [C]//41st International Wire and Cable Symposium, 1992: 176-182.

[143] Nikles M, Thevenaz L, Robert P A. Simple distributed temperature sensor-based on Brillouin gain spectrum analysis[C]//The Tenth International Conference on Optical Fibre Sensors, 1994, 2360: 138-141.

[144] Nikles M, Thevenaz L, Robert P A. Simple distributed fiber sensor based on Brillouin gain spectrum analysis[J]. Optics Letters, 1996, 21(10): 758-760.

[145] Thevenaz L, Nikles M, Fellay A, et al. Applications of distributed Brillouin fibre sensing [C]//The International Conference on Applied Optical Metrology, 1998, 3407: 374-381.

[146] Culverhouse D, Farahi F, Pannell C N, et al. Stimulated Brillouin-scattering-a means to realize tunable microwave generator or distributed temperature sensor [J]. Electronics Letters, 1989, 25(14): 915-916.

[147] Wait P C, Hartog A H. Spontaneous Brillouin-based distributed temperature sensor utilizing a fiber Bragg crating notch filter for the separation of the Brillouin signal [J]. IEEE Photonics Technol. Lett., 2001, 13(5): 508-510.

[148] Desouza K, Lees G P, Wait P C, et al. Diode-pumped Landau-Placzek based distributed temperature sensor utilising an all-fibre Mach-Zehnder interferometer [J]. Electronics Letters, 1996, 32(23): 2174-2175.

[149] Lees G P, Wait P C, Cole M J, et al. Advances in optical fiber distributed temperature sensing using the Landau-Placzek ratio [J]. IEEE Photonics Technol. Lett., 1998, 10(1): 126-128.

[150] Lees G, Wait P, Newson T. Distributed temperature sensing using the Landau-Placzek ratio [C]//The Applications of Photonic Technology 3, 1998, 3491: 878-879.

[151] Parker T R, Farhadiroushan M, Handerek V A, et al. A fully distributed simultaneous strain and temperature sensor using spontaneous Brillouin backscatter[J]. IEEE Photonics Technol. Lett., 1997, 9(7): 979-981.

[152] Kee H H, Lees G P, Newson T P. All-fiber system for simultaneous interrogation of distributed strain and temperature sensing by spontaneous Brillouin scattering[J]. Optics Letters, 2000, 25(10): 695-697.

[153] De Souza K. Significance of coherent Rayleigh noise in fibre-optic distributed temperature sensing based on spontaneous Brillouin scattering [J]. Measurement Science & Technology, 2006, 17(5): 1065-1069.

[154] Kurashima T, Horiguchi T, Izumita H, et al. Brillouin optical-fiber time-domain reflectometry[J]. IEICE Transactions on Communications, 1993, E76B(4): 382-390.

[155] Kurashima T, Tateda M, Horiguchi T, et al. Performance improvement of a combined OTDR for distributed strain and loss measurement by randomizing the reference light

polarization state[J]. IEEE Photonics Technol. Lett., 1997, 9(3): 360-362.
[156] Lecoeuche V, Webb D J, Pannell C N, et al. Brillouin based distributed fibre sensor incorporating a mode-locked Brillouin fibre ring laser[J]. Optics Communications, 1998, 152(4-6): 263-268.
[157] Tsuji K, Shimizu K, Horiguchi T, Koyamada Y. Coherent optical frequency-domain reflectometry for a long single-mode optical-fiber using a coherent lightwave source and an external phase modulator[J]. IEEE Photonics Technol. Lett., 1995, 7(7): 804-806.
[158] Zhang Xianmin, Liu Diren, Song Muping. Polarization insensitive coherent detection for Brillouin scattering spectrum in BOTDR[J]. Optics Communications, 2005, 254(1-3): 168-172.
[159] Geng Jihong, Staines S, Blake M, et al. Distributed fiber temperature and strain sensor using coherent radio-frequency detection of spontaneous Brillouin scattering[J]. Applied Optics, 2007, 46(23): 5928-5932.
[160] Maughan S M, Kee H H, Newson T P. A calibrated 27km distributed fiber temperature sensor based on microwave heterodyne detection of spontaneous Brillouin backscattered power[J]. IEEE Photonics Technol. Lett., 2001, 13(5): 511-513.
[161] 孙安, 陈嘉琳, 李国扬, 等. 基于高频微波技术的分布式光纤传感器布里渊散射信号检测[J]. 中国激光, 2007, 34(4): 503-506.
[162] Daisuke Iida, Fumihiko Ito. Cost-effective bandwidth-reduced Brillouin optical time domain reflectometry using a reference Brillouin scattering beam[J]. Applied Optics, 2009, 48(22): 4302-4309.
[163] Lee C C, Chiang P W, Chi S. Utilization of a dispersion-shifted fiber for simultaneous measurement of distributed strain and temperature through Brillouin frequency shift[J]. IEEE Photonics Technol. Lett., 2001, 13(10): 1094-1096.
[164] Alahbabi M N, Cho Y T, Newson T P. Simultaneous temperature and strain measurement with combined spontaneous Raman and Brillouin scattering[J]. Optics Letters, 2005, 30(11): 1276-1278.
[165] Sun A, Semenova Y, Farrell G, et al. BOTDR integrated with FBG sensor array for distributed strain measurement[J]. Electronics Letters, 2010, 46(1): 66-67.
[166] 梁浩, 张旭苹, 路元刚. 基于自发布里渊散射的双路分布式光纤传感器设计与实现[J]. 中国光学与应用光学, 2009, 2(1): 60-64.
[167] Alahbabi M, Cho Y T, Newson T P. Comparison of the methods for discriminating temperature and strain in spontaneous Brillouin-based distributed sensors[J]. Optics Letters, 2004, 29(1): 26-28.
[168] Heiman D, Hamilton D S, Hellwarth R W. Brillouin-scattering measurement on optical-glasses[J]. Physical Review B, 1979, 19(12): 6583-6592.
[169] 肖尚辉, 李立. 光纤分布式布里渊传感散射谱数据分析模型[J]. 西南交通大学学报, 2009, 44(6): 946-950.

[170]Hu J C, Chen B, Li G Y, et al. Methods for signal-to-noise ratio improvement on the measurement of temperature using BOTDR sensor[C]//The Advanced Sensor Systems and Applications Iv, 2010.

[171]宋牟平, 陈翔. 基于实时小波变换信号处理的相干检测布里渊光时域反射计[J]. 光学学报, 2009, 29(10): 2818-2821.

[172]Xia Haiyun, Zhang Chunxi, Mu Hongqian, et al. Edge technique for direct detection of strain and temperature based on optical time domain reflectometry[J]. Applied Optics, 2009, 48(2): 189-197.

[173]梁浩, 张旭苹, 李新华, 等. 布里渊背向散射光谱数据拟合算法设计与实现[J]. 光子学报, 2009, 38(04): 875-879.

[174]Ding Y, Shi B, Zhang D. Data processing in BOTDR distributed strain measurement based on pattern recognition[J]. Optik, 2010, 121(24): 2234-2239.

[175]陈福昌, 胡佳成, 张承涛, 等. 基于高频微波技术的分布式布里渊光纤温度传感器[J]. 中国激光, 2012, 39(6): 131-135.

[176]Kurashima T, Horiguchi T, Yoshizawa N, et al. Measurement of distributed strain due to laying and recovery of submarine optical fiber cable[J]. Applied Optics, 1991, 30(3): 334-337.

[177]Kihara M, Hiramatsu K, Shima M, et al. Distributed optical fiber strain sensor for detecting river embankment collapse[J]. Ieice Transactions on Electronics, 2002, E85C(4): 952-960.

[178]张俊义, 晏鄂川, 薛星桥, 等. BOTDR 技术在三峡库区崩滑灾害监测中的应用分析[J]. 地球与环境, 2005, 33(S1): 355-358.

[179]Kurashima T, Horiguchi T, Tateda M. Distributed-temperature sensing stimulated Brillouin-scattering in optical silica fibers[J]. Optics Letters, 1990, 15(18): 1038-1040.

[180]Bao X, Webb D J, Jackson D A. 22km distributed temperature sensor using Brillouin gain in an optical fiber[J]. Optics Letters, 1993, 18(7): 552-554.

[181]Bao X, Webb D J, Jackson D A. 32km distributed temperature sensor-based on Brillouin loss in an optical-fiber[J]. Optics Letters, 1993, 18(18): 1561-1563.

[182]Bao X, Dhliwayo J, Heron N, et al. Experimental and therotical-studies on a distributed temperature sensor-based on Brillouin-scattering[J]. Journal of Lightwave Technology, 1995, 13(7): 1340-1348.

[183]Bao X, Webb D J, Jackson D A. Combined distributed temperature and strain sensor-based on Brillouin loss in an optical-fiber[J]. Optics Letters, 1994, 19(2): 141-143.

[184]Zan M S D B, Sasaki T, Horiguchi T, et al. Phase Shift Pulse Brillouin Optical Time Domain Analysis (PSP-BOTDA) employing Dual Golay Codes [C]//The 2010 International Conference on Computer and Communication Engineering (ICCCE 2010), 2010.

[185] Soto M A, Bolognini G, Di Pasquale F. Analysis of pulse modulation format in coded BOTDA sensors[J]. Optics Express, 2010, 18(14): 14878-14892.

[186] Martin-Lopez S, Rodriguez-Barrios F, Carrasco-Sanz A, et al. Measurement with 2m resolution using a Raman-assisted BOTDA sensor featuring 75km dynamic range[C]//The Fourth European Workshop on Optical Fibre Sensors, 2010.

[187] Li Yun, Bao Xiaoyi, Ravet F, et al. Distributed Brillouin sensor system based on offset locking of two distributed feedback lasers[J]. Applied Optics, 2008, 47(2): 99-102.

[188] Demerchant M D, Brown A W, Bao X Y, et al. Automated System for distributed sensing [C]//The Smart Structures and Materials, 1998: Sensory Phenomena and Measurement Instrumentation for Smart Structures and Materials, 1998, 3330: 315-322.

[189] Brown A W, Demerchant M D, Bao X Y, et al. Spatial resolution enhancement of a Brillouin-distributed sensor using a novel signal processing method [J]. Journal of Lightwave Technology, 1999, 17(7): 1179-1183.

[190] Bao X, Brown A, Demerchant M, et al. Characterization of the Brillouin-loss spectrum of single-mode fibers by use of very short (<10ns) pulses[J]. Optics Letters, 1999, 24 (8): 510-512.

[191] Lecoeuche V, Webb D J, Pannell C N, et al. Transient response in high-resolution Brillouin-based distributed sensing using probe pulses shorter than the acoustic relaxation time[J]. Optics Letters, 2000, 25(3): 156-158.

[192] Afshar V S, Ferrier G A, Bao X, et al. Effect of the finite extinction ratio of an electro-optic modulator on the performance of distributed probe-pump Brillouin sensor systems[J]. Optics Letters, 2003, 28(16): 1418-1420.

[193] Kalosha V P, Ponomarev E A, Chen L, et al. How to obtain high spectral resolution of SBS-based distributed sensing by using nanosecond pulses[J]. Optics Express, 2006, 14 (6): 2071-2078.

[194] Guo T, Li A Q, Song Y S, et al. Experimental study on strain and deformation monitoring of reinforced concrete structures using PPP-BOTDA[J]. Science in China Series E—Technological Sciences, 2009, 52(10): 2859-2868.

[195] Li Wenhai, Bao Xiaoyi, Li Yun, et al. Differential pulse-width pair BOTDA for high spatial resolution sensing[J]. Optics Express, 2008, 16(26): 21616-21625.

[196] Dong Yongkang, Bao Xiaoyi, Li Wenhai. Differential Brillouin gain for improving the temperature accuracy and spatial resolution in a long-distance distributed fiber sensor[J]. Applied Optics, 2009, 48(22): 4297-4301.

[197] Cho Seok-Beom, Lee Jung-Ju, Kwon Il-Bum. Strain event detection using adouble-pulse technique of a Brillouin scattering-based distributed optical fiber sensor [J]. Optics Express, 2004, 12(18): 4339-4346.

[198] Brown A W, Colpitts B G, Brown K. Dark-pulse Brillouin optical time-domain sensor with 20mm spatial resolution[J]. Journal of Lightwave Technology, 2007, 25(1): 381-386.

[199] Parker T R, Farhadiroushan M, Feced R, et al. Simultaneous distributed measurement of strain and temperature from noise-initiated Brillouin scattering in optical fibers[J]. Ieee Journal of Quantum Electronics, 1998, 34(4): 645-659.

[200] Koyamada Y, Sakairi Y, Takeuchi N, et al. Novel technique to improve spatial resolution in Brillouin optical time-domain reflectometry[J]. IEEE Photonics Technol. Lett., 2007, 19(21-24): 1910-1912.

[201] Chang Tianying, Li D Y, Koscica T E, et al. Fiber optic distributed temperature and strain sensing system based on Brillouin light scattering[J]. Applied Optics, 2008, 47(33): 6202-6206.

[202] Nitta N, Tateda M, Omatsu T. Spatial resolution enhancement in BOTDR by spectrum separation method[J]. Optical Review, 2002, 9(2): 49-53.

[203] 王峰, 张旭苹, 路元刚, 等. 提高布里渊光时域反射应变仪测量空间分辨力的等效脉冲光拟合法[J]. 光学学报, 2008, 28(1): 43-49.

[204] Wang Feng, Zhang Xuping, Lu Yuangang, et al. Spatial resolution analysis for discrete Fourier transform-based Brillouin optical time domain reflectometry[J]. Measurement Science & Technology, 2009, 20(2): 025202.

[205] De Souza K, Newson T P. Brillouin-based fiber-optic distributed temperature sensor with optical preamplification[J]. Optics Letters, 2000, 25(18): 1331-1333.

[206] Cho Y T, Alahbabi M N, Gunning M J, et al. Enhanced performance of long range Brillouin intensity based temperature sensors using remote Raman amplification[J]. Measurement Science & Technology, 2004, 15(8): 1548-1552.

[207] Cho Y T, Alahbabi M N, Brambilla G, et al. Distributed Raman amplification combined with a remotely pumped EDFA utilized to enhance the performance of spontaneous Brillouin-based distributed temperature sensors[J]. IEEE Photonics Technol. Lett., 2005, 17(6): 1256-1258.

[208] Alahbabi M N, Cho Y T, Newson T P. 150km-range distributed temperature sensor based on coherent detection of spontaneous Brillouin backscatter and in-line Raman amplification[J]. Journal of the Optical Society of America B-Optical Physics, 2005, 22(6): 1321-1324.

[209] 李永倩, 程效伟. 格雷互补序列在 BOTDR 中的应用研究及性能分析[J]. 华北电力大学学报(自然科学版), 2008, 35(1): 93-97.

[210] Soto M A, Sahu P K, Bolognini G, et al. Brillouin-based distributed temperature sensor employing pulse coding[J]. Ieee Sensors Journal, 2008, 8(3-4): 225-226.

[211] Soto M A, Bolognini G, Di Pasquale F. Analysis of optical pulse coding in spontaneous Brillouin-based distributed temperature sensors[J]. Optics Express, 2008, 16(23): 19097-19111.

[212] Bolognini G, Soto M A, Di Pasquale F. Fiber-optic distributed sensor based on hybrid raman and brillouin scattering employing multiwavelength fabry-perot lasers[J]. IEEE

Photonics Technol. Lett., 2009, 21(20): 1523-1525.

[213]赵晓东, 路元刚, 胡君辉, 等. 波长扫描型布里渊光时域反射仪[J]. 中国激光, 2012, 39(8): 120-124.

[214]宋牟平, 郑晓, 章献民. 波分复用串联的布里渊散射分布式光纤传感器[J]. 光子学报, 2005, 34(10): 1497-1500.

第3章　BOTDR的基本理论

光纤自身可以作为传感单元，基于光纤中的自发布里渊散射的分布式光纤传感器可以实现长距离传感光纤沿线的温度/应变连续测量。本章从布里渊散射的产生机理出发，展开讨论 BOTDR 的温度/应变传感机理以及相应的解调，并详细分析微弱自发布里渊散射信号的探测技术。

3.1　光纤中布里渊散射的电磁场理论

3.1.1　光纤中布里渊散射的产生

1. 自发布里渊散射

在光纤中，入射光和散射源相互作用，所产生的其中一种非线性效应即为布里渊散射。根据入射光强不同，所产生的布里渊散射可分为自发布里渊散射和受激布里渊散射，本章主要分析自发布里渊散射。我们可以从量子力学和经典力学两个角度解释自发布里渊散射过程。

量子力学认为：一个泵浦光子转换成一个频率较低的光子，同时产生一个新的声子；类似地，一个泵浦光子吸收一个声子的能量，转换成频率较高的光子。因此，在自发布里渊散射光谱中，会同时存在频率增加和减小的两条谱线，即斯托克斯光和反斯托克斯光，它们与入射泵浦光之间的关系和光纤材料中声子的特性有关。

经典力学认为：在注入光功率不高的情况下，由于光纤材料中声子的布朗运动，光纤中产生了声学噪声；当该噪声在光纤中传播时，其压力差会引起光纤材料折射率的变化，对在光纤中传播的光产生散射；同时光纤折射率所呈现的周期性变化，会引起散射光相对于入射光有一定的多普勒频移，这种散射即为自发布里渊散射。

光纤中周期性分布的折射率变化可以认为是一个声光栅。假设光纤中入射光的角频率为ω_{P}、波矢为$\boldsymbol{k}_{\mathrm{P}}$、振幅为$\boldsymbol{E}_{\mathrm{P}}$，声波的角频率为$\omega_{\mathrm{A}}$、波矢为$\boldsymbol{k}_{\mathrm{A}}$、振幅为$\boldsymbol{E}_{\mathrm{A}}$，$t$表示时间，那么入射光场和光纤中声场的表达式分别为

$$\begin{aligned} \boldsymbol{E}_{\mathrm{A}}(\boldsymbol{r},\ t) &= \boldsymbol{E}_{\mathrm{A}}(\boldsymbol{r})\exp(\mathrm{i}(\boldsymbol{k}_{\mathrm{A}}\cdot\boldsymbol{r}-\omega_{\mathrm{A}}t))+c.c. \\ \boldsymbol{E}_{\mathrm{P}}(\boldsymbol{r},\ t) &= \boldsymbol{E}_{\mathrm{P}}(\boldsymbol{r})\exp(\mathrm{i}(\boldsymbol{k}_{\mathrm{P}}\cdot\boldsymbol{r}-\omega_{\mathrm{P}}t))+c.c. \end{aligned} \tag{3.1}$$

自发布里渊散射的表达式可以通过求解光纤中的波动方程得到。光纤中声波的运动方程为

$$\frac{\partial^2\Delta\tilde{P}}{\partial t^2}-\tau\,\nabla^2\frac{\partial\Delta\tilde{P}}{\partial t}-V^2\,\nabla^2(\Delta\tilde{P})=0 \tag{3.2}$$

式中，V 表示声波在光纤中的速度；τ 为声子寿命；$\Delta \tilde{P}(\boldsymbol{r}, t)$ 表示光纤中分子热运动所产生的周期性压力扰动，可表示为

$$\Delta \tilde{P}(\boldsymbol{r}, t) = \Delta \boldsymbol{P}(\boldsymbol{r}) \exp[\mathrm{i}(\boldsymbol{k}_{\mathrm{A}} \cdot \boldsymbol{r} - \omega_{\mathrm{A}} t)] + c.c \tag{3.3}$$

这种扰动会引起光纤密度 ρ 的变化，对应地形成周期性分布，最终会改变光纤的介电常数 ε：

$$\Delta \tilde{\rho} = \frac{\partial \rho}{\partial P} \Delta \tilde{P} \tag{3.4}$$

$$\Delta \varepsilon = \frac{\partial \varepsilon}{\partial P} \Delta \tilde{\rho} \tag{3.5}$$

光纤中的非线性波动方程为

$$\nabla^2 \boldsymbol{E}_{\mathrm{P}} - \mu \varepsilon_0 \frac{\partial^2 \boldsymbol{E}_{\mathrm{P}}}{\partial t^2} = \mu \frac{\partial^2 \boldsymbol{P}}{\partial t^2} \tag{3.6}$$

其中，$\boldsymbol{P}$ 为极化强度。在不考虑光纤中的非线性效应时，可表示为

$$\boldsymbol{P}(r, t) = \gamma_e C_{\mathrm{S}} \Delta \tilde{P}(r, t) \boldsymbol{E}_{\mathrm{P}}(z, t) \tag{3.7}$$

其中，$\gamma_e = \frac{\rho \partial \varepsilon}{\partial \rho}$ 为电致伸缩系数，$C_{\mathrm{S}} = \frac{\partial \rho}{\rho \partial P}$ 为绝热压缩系数。

将上述的式(3.3) 和式(3.7) 代入式(3.6) 中，可得到光纤中布里渊散射 $\boldsymbol{E}_{\mathrm{Sca}}$ 所满足的非线性极化波动方程：

$$\begin{aligned} \nabla^2 \boldsymbol{E}_{\mathrm{Sca}} - \mu \varepsilon_0 \frac{\partial^2 \boldsymbol{E}_{\mathrm{Sca}}}{\partial t^2} = & \mu \gamma_e C_{\mathrm{S}} (\omega_{\mathrm{P}} - \omega_{\mathrm{A}})^2 E_{\mathrm{P}} \Delta P^* \mathrm{e}^{\mathrm{i}[(k_{\mathrm{P}} - k_{\mathrm{A}})z - (\omega_{\mathrm{P}} - \omega_{\mathrm{A}})t]} \\ & + \mu \gamma_e C_{\mathrm{S}} (\omega_{\mathrm{P}} + \omega_{\mathrm{A}})^2 E_{\mathrm{P}} \Delta P^* \mathrm{e}^{\mathrm{i}[(k_{\mathrm{P}} + k_{\mathrm{A}})z - (\omega_{\mathrm{P}} + \omega_{\mathrm{A}})t]} \\ & + c.c. \end{aligned} \tag{3.8}$$

其中，ΔP^* 表示分子热运动所引起的压力变化。自发布里渊散射就是式(3.8) 中散射光场所产生的。在散射光谱中入射泵浦光频率的两侧，对称分布有斯托克斯光 $\omega_{\mathrm{P}} - \omega_{\mathrm{A}}$ 和反斯托克斯光 $\omega_{\mathrm{P}} + \omega_{\mathrm{A}}$，分别由式(3.8) 中的第一项和第二项表示。斯托克斯光的波矢 $\boldsymbol{k}_{\mathrm{S}}$ 和角频率 ω_{S} 分别为 $\boldsymbol{k}_{\mathrm{S}} = \boldsymbol{k}_{\mathrm{P}} - \boldsymbol{k}_{\mathrm{A}}$，$\omega_{\mathrm{S}} = \omega_{\mathrm{P}} - \omega_{\mathrm{A}}$；反斯托克斯光的波矢 $\boldsymbol{k}_{\mathrm{AS}}$ 和角频率 ω_{AS} 分别为 $\boldsymbol{k}_{\mathrm{AS}} = \boldsymbol{k}_{\mathrm{P}} + \boldsymbol{k}_{\mathrm{A}}$，$\omega_{\mathrm{S}} = \omega_{\mathrm{P}} + \omega_{\mathrm{A}}$。

入射光的角频率 ω_{P} 和波矢 $\boldsymbol{k}_{\mathrm{P}}$、声波的角频率 ω_{A} 和波矢 $\boldsymbol{k}_{\mathrm{A}}$ 分别满足：

$$\omega_{\mathrm{P}} = \frac{|\boldsymbol{k}_{\mathrm{P}}| c}{n}, \quad \omega_{\mathrm{A}} = |\boldsymbol{k}_{\mathrm{A}}| V \tag{3.9}$$

式中，c 为真空中的光速；n 为光纤纤芯的折射率。当入射光耦合到布里渊散射光中时，斯托克斯光和反斯托克斯光的角频率满足：

$$\omega_{\mathrm{S}} = \frac{|\boldsymbol{k}_{\mathrm{S}}| c}{n}, \quad \omega_{\mathrm{AS}} = \frac{|\boldsymbol{k}_{\mathrm{AS}}| c}{n} \tag{3.10}$$

斯托克斯光、反斯托克斯光和泵浦光、声波之间的波矢关系可由图 3.1 斯托克斯光、反斯托克斯光和入射光之间的波矢关系象征性的描述。

对于斯托克斯光，可以认为是入射光在光纤中向前传输时遇到同向运动的声光栅，产

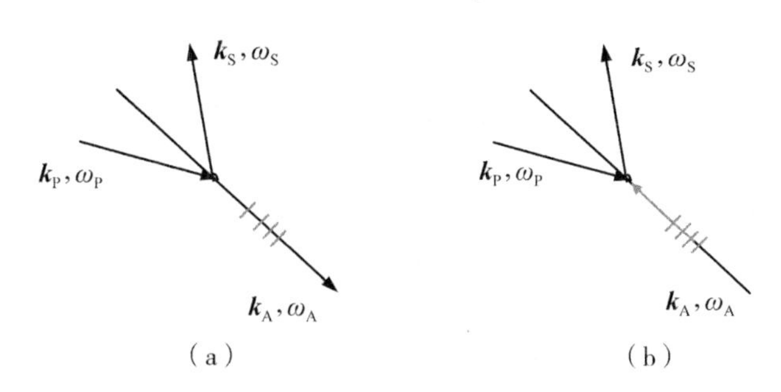

图 3.1 斯托克斯光、反斯托克斯光和入射光之间的波矢关系

生了频率减小的散射光；而对于反斯托克斯光，认为是遇到反向运动的声光栅，产生了频率增加的散射光。

由于声波的频率远远小于光波的频率，因此可以近似认为斯托克斯光的波矢和入射光的波矢相等，即 $|\boldsymbol{k}_S| \approx |\boldsymbol{k}_P|$。通过图 3.1 中的波矢关系分析，可得到声波的波矢为

$$|\boldsymbol{k}_A| = 2|\boldsymbol{k}_P|\sin\left(\frac{\theta}{2}\right) \tag{3.11}$$

因此可得到声波的角频率：

$$\omega_A = 2|\boldsymbol{k}_P|V\sin\left(\frac{\theta}{2}\right) = 2n\omega_P\frac{V}{c}\sin\left(\frac{\theta}{2}\right) \tag{3.12}$$

结合能量守恒定律，可知布里渊散射光和入射光之间频移，即为光纤中声波的频率 ν_A，即布里渊散射光的频移 ν_B 为

$$\nu_B = \nu_A = \frac{\omega_A}{2\pi} = 2n\frac{V}{\lambda_P}\sin\left(\frac{\theta}{2}\right) \tag{3.13}$$

其中，λ_P 为入射光波长。

$\theta = 0$ 时，布里渊散射频移等于 0，即没有前向的布里渊散射光产生；$\theta = \pi$ 时，布里渊散射频移最大，$\nu_B = 2nV_A/\lambda_P$，即在光纤中布里渊散射主要是后向散射。一般光纤纤芯的折射率为 1.46，声速 $V = 5945\text{m/s}$，假如入射光波长为 1550nm，那么布里渊散射的频移约为 11.2GHz。

2. 受激布里渊散射

和光纤中自发布里渊散射不同，受激布里渊散射是强感应声波场对入射光作用的结果。当入射光的强度达到一定阈值时，光纤内会产生电致伸缩效应，产生周期性形变，即光纤中生成了相干声波。该声波沿其传播方向对光纤的折射率进行调制，形成一个运动的声光栅。由于多普勒效应，散射光产生了频率下移的斯托克斯光。满足波长相位匹配条件的声波场得到增强，使得光纤内的电致伸缩声波场和相应的散射光波场的增强大于它们各自的损耗，出现声波场和散射光波场的相干放大，导致入射光的大部分能量转化为后向布里渊散射光。

在前述自发布里渊散射中，光纤内部存在和入射光传输方向相同和相反的声光栅，按

照多普勒效应，散射光中包含了上频移的反斯托克斯光和下频移的斯托克斯光。但是和自发布里渊散射不同，在受激布里渊散射中主要是入射光的电磁伸缩力在光纤内激起声波，该声波对入射光产生散射。入射光只激发了和入射光相同方向的声波，所以受激布里渊散射中只有下频移的斯托克斯光。

同样可以通过电致伸缩原理分析受激布里渊散射过程中入射光、斯托克斯光和声波之间的非线性耦合关系。入射光 I_P 和散射光 I_{Sca} 光强的空间变化过程为

$$\begin{aligned}\frac{\partial I_P(z)}{\partial z} &= -g_P I_P(z) I_{Sca}(z) \\ \frac{\partial I_{Sca}(z)}{\partial z} &= -g_{Sca} I_P(z) I_{Sca}(z)\end{aligned} \tag{3.14}$$

考虑一般条件下该方程的通解，可得到

$$\begin{aligned}I_P(z) &= I_P(0)\exp(-g_P I_{Sca} z) \\ I_{Sca}(z) &= I_{Sca}(L)\exp[g_{Sca} I_P(L-z)]\end{aligned} \tag{3.15}$$

根据式(3.15)可知，对于入射光，光强随着它向前传输逐渐减小；对于受激布里渊散射光，光强随着反向传输逐渐增强，增强作用正比于入射光的光强。

3.1.2　光纤布里渊散射的增益谱和线型

布里渊散射是入射光场和光纤材料中分子的相互作用产生的，也就是电致伸缩作用。假设光纤中的声波按照 $\exp\left(\frac{-t}{\tau_B}\right)$ 衰减，那么布里渊增益系数具有洛伦兹线型：

$$g_{Sca}(\nu) = \frac{g_0}{1 + \dfrac{(\nu - \nu_B)^2}{(\Delta\nu_B/2)^2}} \tag{3.16}$$

其中，$\Delta\nu_B = \frac{1}{\pi\tau_B}$ 表示布里渊散射谱的半高宽，其大小和声子寿命 τ_B 相关。对于普通光纤，线宽一般是几十兆赫兹。该增益谱的峰值 g_0 为

$$g_0 = g_{Sca}(\nu_B) = \frac{2\pi n^7 p_{12}^2}{c\lambda_P^2 \rho V_a \Delta\nu_B} \tag{3.17}$$

在实际光纤传感系统中，入射光不是标准的单频。当入射光是连续光或准连续光，且其谱宽远远小于布里渊增益谱宽时，光纤中的布里渊增益较大；当入射光的谱宽 $\Delta\nu_P$ 大于或者近似于布里渊增益谱宽时，光纤中的布里渊散射增益会明显降低，即

$$g_{Sca}(\nu_B) = \frac{\Delta\nu_B}{\Delta\nu_B + \Delta\nu_P}\frac{2\pi n^7 p_{12}^2}{c\lambda_P^2 \rho V_a \Delta\nu_B} \tag{3.18}$$

3.1.3　受激布里渊散射的阈值

泵浦光和后向自发布里渊散射之间的关系如下：

$$\begin{cases}\dfrac{\mathrm{d}I_{\mathrm{S}}}{\mathrm{d}z}=-g_{\mathrm{B}}I_{\mathrm{P}}I_{\mathrm{S}}+\alpha I_{\mathrm{S}}\\[2ex]\dfrac{\mathrm{d}I_{\mathrm{P}}}{\mathrm{d}z}=-g_{\mathrm{B}}I_{\mathrm{S}}I_{\mathrm{P}}-\alpha I_{\mathrm{P}}\end{cases}\tag{3.19}$$

布里渊散射光和泵浦光之间的频移很小，可以认为这两束光的损耗系数相同。求解方程组，可得到布里渊散射的表达式：

$$I_{\mathrm{S}}(z)=I_{\mathrm{S}}(0)\exp(\alpha z-g_{\mathrm{B}}I_{\mathrm{P0}}z_{\mathrm{eff}})\tag{3.20}$$

如果布里渊增益$\dfrac{g_{\mathrm{B}}I_{\mathrm{P0}}z_{\mathrm{eff}}}{z}$大于光纤的损耗$\alpha$，那么在$-z$轴方向上布里渊散射的强度是增加的。所以产生受激布里渊散射的条件为

$$g_{\mathrm{B}}I_{\mathrm{P0}}-\alpha\geqslant 0 \text{ 即 } I_{\mathrm{P0}}\geqslant\frac{\alpha}{g_{\mathrm{B}}}\tag{3.21}$$

将光纤对应的参数代入式(3.21)，可得到受激布里渊散射的阈值为

$$P_{\mathrm{B}}^{cr}\simeq\frac{21A_{\mathrm{eff}}}{g_{\mathrm{B}}L_{\mathrm{eff}}}\tag{3.22}$$

当泵浦光的线宽接近于或小于布里渊散射的线宽（常温下 40MHz）时，单模光纤的阈值约为 1mW。如果增加入射光的线宽，可以有更多的光注入光纤。假设泵浦光线宽为$\Delta\nu_{\mathrm{P}}$，那么受激布里渊散射阈值为

$$P_{\mathrm{B}}^{cr}\simeq\frac{21A_{\mathrm{eff}}}{g_{\mathrm{B}}L_{\mathrm{eff}}}\times\frac{\Delta\nu_{\mathrm{B}}}{\Delta\nu_{\mathrm{B}}+\Delta\nu_{\mathrm{P}}}\tag{3.23}$$

式中，A_{eff}表示纤芯有效面积；L_{eff}表示光纤的有效长度，$L_{\mathrm{eff}}=\dfrac{1-\exp(-\alpha L)}{\alpha}$，$\alpha$表示衰减系数，$L$表示光纤长度。

3.2 BOTDR 的温度／应变传感机理

由于布里渊散射是由光纤中声学声子引起的非弹性散射，因此布里渊散射的频移和强度等参数取决于光纤的声学、弹性力学和热弹性力学等特性。当光纤的温度和应变发生变化时，会引起这些参数的改变。基于布里渊散射的分布式光纤传感技术利用了温度、应变对布里渊散射谱的调制，通过检测布里渊散射光强度和频移来确定传感光纤的温度和应变。布里渊散射光的频移、强度与外界温度、应变之间的关系可以通过实验确定，也可以通过理论推导获得，本节主要分析它们之间的关系。

布里渊散射光的频移为

$$\nu_{\mathrm{B}}=\frac{2nV_{a}\omega_{\mathrm{P}}}{c}\tag{3.24}$$

式中，n为光纤纤芯的折射率；c为真空中的光速；V_a为光纤中的声速，

$$V_{a}=\sqrt{\frac{(1-\nu)E}{(1+\nu)(1-2\nu)\rho}}\tag{3.25}$$

E、ν、ρ 分别为介质的杨氏模量、泊松比和密度。

布里渊散射光的频移和强度移随着外界温度[1] 和应变[2] 的变化呈现线性关系，如式(2.48) 所示。

3.2.1　温度和应变对布里渊散射频移的影响

由于光纤的弹光效应和热光效应，当光纤的应变和温度变化时会使光纤折射率发生变化，并且由于应变和温度对光纤的 E、ν、ρ 等参数的调制，使得光纤中的声速也发生了变化。温度和应变对布里渊频移的影响主要在于光纤中声速的变化，而不是纤芯折射率的变化。产生频移的应变主要是指轴向应变，而不是切向应变。文献[3] 报道了当切向压力达到 2.2kg/m^2 时，对布里渊频移的影响很小，因此我们不考虑光纤泊松比的影响。光纤的折射率、杨氏模量、密度等参数可表示为温度 T 和应变 ε 的函数，因此根据式(3.24) 和式(3.25) 可得到：

$$\nu_B(T,\ \varepsilon) = \frac{2\omega_P}{c}\sqrt{\frac{E(T,\ \varepsilon)}{\rho(T,\ \varepsilon)}} \cdot n(T,\ \varepsilon) \tag{3.26}$$

假设光纤温度保持不变，当外界的应变改变时，光纤中的弹光效应导致光纤折射率改变，由于光纤内部原子间的相互作用势改变，会使得其杨氏模量相应地发生改变。因此光纤应变的改变会引起布里渊散射的频移等参数随之变化。若温度 $T = T_0$ 不变，由式(3.26) 可得到

$$\nu_B(T_0,\ \varepsilon) = \frac{2\omega_P}{c}\sqrt{\frac{E(T_0,\ \varepsilon)}{\rho(T_0,\ \varepsilon)}} \cdot n(T_0,\ \varepsilon) \tag{3.27}$$

由于光纤的应变属于微应变，在 $\varepsilon_0 = 0$ 处对式(3.26) 进行级数展开，只保留一次项，得到布里渊散射的频移随应变 ε 变化的函数：

$$\nu_B(T_0,\ \varepsilon) = \nu_B(T_0,\ 0)\ [1 + (\Delta n_\varepsilon + \Delta\rho_\varepsilon + \Delta E_\varepsilon)\,\varepsilon] + o(\varepsilon^2) \tag{3.28}$$

其中，$\Delta n_\varepsilon = n_\varepsilon / n(T_0,\ 0)$，$\Delta\rho_\varepsilon = -\rho_\varepsilon / 2\rho(T_0,\ 0)$，$\Delta E_\varepsilon = E_\varepsilon / 2E(T_0,\ 0)$，当它们取典型值 $\lambda = 1550\text{nm}$、$\Delta n_\varepsilon = -0.22$、$\Delta\rho_\varepsilon = 0.33$、$\Delta E_\varepsilon = 2.88$ 时，可得到

$$\nu_B(T_0,\ \varepsilon) = \nu_B(T_0,\ 0)\ [1 + 4.48\varepsilon] \tag{3.29}$$

式(3.29) 表明布里渊频移随着光纤应变的变化呈现出线性关系。对于波长 1550nm 入射光来说，普通单模光纤在常温下，应变每改变 100με 时会引起约 4.48MHz 的布里渊频移变化。

假设应变保持不变，那么布里渊频移随温度变化的关系为

$$\nu_B(T) = \frac{2\omega_P}{c}\sqrt{\frac{E(T,\ 0)}{\rho(T,\ 0)}} \cdot n(T,\ 0) \tag{3.30}$$

当光纤温度变化时，热膨胀效应会引起光纤材料密度的变化，热光效应引起光纤折射率的变化；由于光纤的自由能随着温度变化，使得光纤的杨氏模量等物性参数随着温度变化。当温度变化较小时，各参量随温度的变化可用泰勒级数展开，其一阶近似项为

$$
\begin{aligned}
n(T,\ 0) &\approx n(T_0,\ 0) + n_T \cdot \Delta T \\
\rho(T,\ 0) &\approx \rho(T_0,\ 0) + \rho_T \cdot \Delta T \\
E(T,\ 0) &\approx E(T_0,\ 0) + E_T \cdot \Delta T
\end{aligned} \tag{3.31}
$$

其中，T_0 为参考温度，一般取 20℃，$\Delta T = T - T_0$ 为相对于参考温度的温度变化量，$n_T = \left[\frac{\mathrm{d}n(T,\ 0)}{\mathrm{d}T}\right]_{T=T_0}$，$\rho_T = \left[\frac{\mathrm{d}\rho(T,\ 0)}{\mathrm{d}T}\right]_{T=T_0}$，$E_T = \left[\frac{\mathrm{d}E(T,\ 0)}{\mathrm{d}T}\right]_{T=T_0}$，分别为折射率、密度、杨氏模量的温度系数。

将上面展开的一次项(3.31)代入式(3.30)，可得

$$
\nu_B(T,\ 0) = \nu_B(T,\ 0)\,[1 + (\Delta n_T + \Delta\rho_T + \Delta E_T)\,\Delta T] \tag{3.32}
$$

其中，$\Delta n_T = n_T/n(T_0,\ 0)$，$\Delta\rho_\varepsilon = -\rho_T/2\rho(T_0,\ 0)$，$\Delta E_T = E_T/2E(T_0,\ 0)$。若 $T_0 = 20℃$，对单模光纤来说，$n(T_0,\ 0) = 1.46$，$\rho_T = \rho(T_0,\ 0) \times 1.65 \times 10^{-6}/℃$，$n_T = 0.68 \times 10^{-5}/℃$，$E(T_0,\ 0) = 7.3 \times 10^{10}$，$E_T = 1.35 \times 10^7/℃$，由此得到布里渊频移随温度的变化关系为

$$
\nu_B(T,\ 0) = \nu_B(T_0,\ 0)\,[1 + 1.18 \times 10^4 \Delta T] \tag{3.33}
$$

上面的结果表明，如果光纤没有应变，布里渊频移随着温度的变化近似呈线性关系。当 $T_0 = 20℃$，入射光波长为 1550nm 时，普通单模光纤的频移为 11GHz，布里渊频移的温度变化系数为 1.2MHz/℃。

3.2.2 温度和应变对布里渊散射强度的影响

光纤的应变和温度变化不仅会引起布里渊频移的变化，也会引起布里渊散射光强度的变化。布里渊散射功率 P_B 随温度 T 和布里渊频移 ν_B 变化的关系式为

$$
P_B = \frac{AT}{\nu_B^2} \tag{3.34}
$$

其中，A 是常数。由于布里渊频移随着温度和应变变化而变化，因此可以根据式(3.34)得到布里渊散射功率随着温度和应变变化的关系。布里渊散射功率的相对变化为

$$
\frac{\delta P_B}{P_B} = \frac{(\nu_B - 2\,TC_{\nu T})\,\delta T - 2T\delta\nu_B}{\nu_B T} \tag{3.35}
$$

根据之前的结果，对于普通单模光纤，在波长为 1550nm 时，$C_{\nu T} = 1.2\text{MHz/K}$，$C_{\nu\varepsilon} = 0.048\text{MHz}/\mu\varepsilon$，将其代入式(3.35)，可得：

$$
\frac{\delta P_B}{P_B} = \left(\frac{1}{T} - \frac{4C_{\nu T}}{\nu_B}\right)\delta T - \frac{2C_{\nu\varepsilon}}{\nu_B}\delta\varepsilon \tag{3.36}
$$

用幅度-温度、幅度-应变系数来表达幅度随着温度和应变的变化系数，即

$$
C_{PT} = \left(\frac{1}{T} - \frac{4C_{\nu T}}{\nu_B}\right),\quad C_{P\varepsilon} = -\frac{2C_{\nu\varepsilon}}{\nu_B} \tag{3.37}
$$

所以 $C_{P\varepsilon} = -10^{-3}\%/\mu\varepsilon$，可知幅度随着应变改变所产生的变化很小。当室温为 27℃ 时，$C_{PT} = 0.32\%/\text{K}$。具有不同掺杂和不同浓度的光纤具有不同的布里渊频移，但是实验研究

结果表明它们的应变系数没有很大的差别，虽然有一些文献报道温度系数有差别，但这主要是由温度变化产生的包层热应力带来的。

3.3　BOTDR 的温度／应变传感参量解调

3.3.1　解调布里渊散谱的强度和频移

根据 3.2 节中的理论分析，可知通过探测光纤后向布里渊散射的频移和强度的变化，即可通过求解(3.26) 解调出光纤传感位置的温度／应变信息，表达式为

$$\Delta\varepsilon = \left|\frac{C_{\nu T}\Delta P_{\mathrm{B}} - C_{PT}\Delta\nu_{\mathrm{B}}}{C_{\nu T}C_{P\varepsilon} - C_{PT}C_{\nu\varepsilon}}\right|; \quad \Delta T = \left|\frac{C_{\nu\varepsilon}\Delta P_{\mathrm{B}} - C_{P\varepsilon}\Delta\nu_{\mathrm{B}}}{C_{\nu T}C_{P\varepsilon} - C_{PT}C_{\nu\varepsilon}}\right| \tag{3.38}$$

式中，$C_{\nu T}$，$C_{\nu\varepsilon}$ 表示频移 - 温度／应变系数；C_{PT}、$C_{P\varepsilon}$ 表示强度 - 温度／应变系数。

3.3.2　利用光纤中的多布里渊散射峰

由于自发布里渊散射信号的强度非常微弱，且随着温度和应变变化的系数很小，所以同时测量温度和应变的传感会产生较大的误差。为了准确地进行温度和应变的传感，可以利用多布里渊峰光纤中的两个峰。典型的多峰光纤是大有效面积光纤(LEAF)(图 3.2)，该光纤中第一个和第二个布里渊峰的频移 - 温度系数差别较大，频移 - 应变系数几乎相同，因此可以通过两个峰的频移同时实现温度和应变的测量。与幅度的测量相比，对于频率的变化，相对比较容易准确测量。

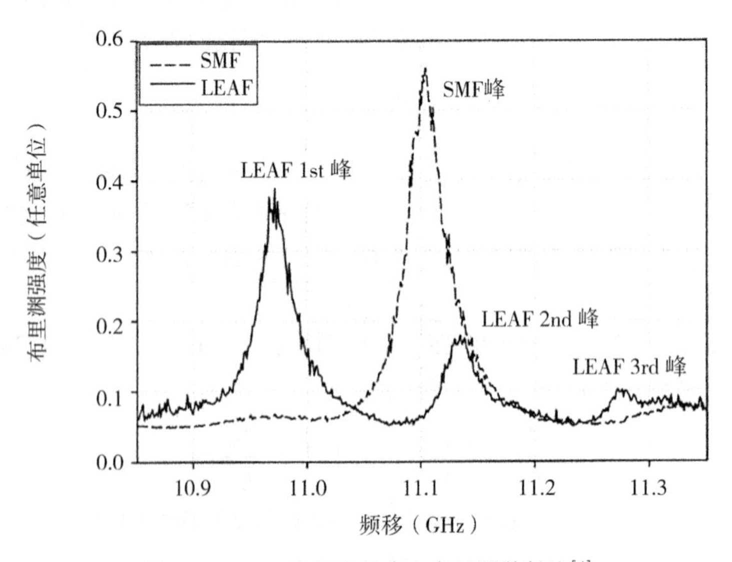

图 3.2　LEAF 光纤中的多个布里渊散射峰[4]

我们对双布里渊峰 LEAF 光纤的温度／应变的解调进行分析。第一个峰和第二个峰的布里渊频移的表达式为

$$\Delta\nu_B^{PK1} = C_\varepsilon^{PK1}\Delta\varepsilon + C_T^{PK1}\Delta T,\quad \Delta\nu_B^{PK2} = C_\varepsilon^{PK2}\Delta\varepsilon + C_T^{PK2}\Delta T \tag{3.39}$$

式中，$C_{\varepsilon,T}^{PK1}$ 表示第一个峰的频移-温度／应变系数；$C_{\varepsilon,T}^{PK2}$ 表示第二个峰的频移-温度／应变系数。测试结果表明，$C_\varepsilon^{PK1}=C_\varepsilon^{PK1}$，$C_{\varepsilon,T}^{PK1}\neq C_{\varepsilon,T}^{PK2}$，假设两个布里渊峰的频移-应变系数为 C_ε，那么得到的温度和应变变化为

$$\Delta T = \frac{\Delta\nu_B^{PK1} - \Delta\nu_B^{PK2}}{C_T^{PK1} - C_T^{PK2}},\quad \Delta\varepsilon = \frac{\Delta\nu_B^{PK1} - C_T^{PK1}\Delta T}{C_\varepsilon} \tag{3.40}$$

也就是说，利用双布里渊峰 LEAF 光纤，可以通过两个峰的频移得到传感光纤的温度和应变变化。同样地，也可以采用其他类型的多组分光纤，但是需要布里渊峰的温度／应变系数不同。

3.3.3　温度和应变多参量的双光纤解调方案

由于多组分光纤的限制，根据 3.3.2 小节中的基本思想，我们可以进行相应的变通，实现双布里渊峰进行传感，利用每根光纤中单个布里渊峰的频移变化，可以解调出温度和应变的变化。我们可以采用光开关的方法，实现双路光纤的传感，这将在第 4 章中详细介绍。

下面具体分析双路光纤传感的解调过程。假设两根光纤的频移分别为 $\Delta\nu_1$ 和 $\Delta\nu_2$：

$$\begin{cases}\Delta\nu_1 = C_{T1}\cdot\Delta T + C_{\varepsilon1}\cdot\Delta\varepsilon \\ \Delta\nu_2 = C_{T2}\cdot\Delta T + C_{\varepsilon2}\cdot\Delta\varepsilon\end{cases} \tag{3.41}$$

式中，C_{T1}、$C_{\varepsilon1}$ 和 C_{T2}、$C_{\varepsilon2}$ 分别表示两种光纤的频率-温度、频率-应变系数。

求解该方程组，可得外界温度和应变的变化：

$$\begin{cases}|\Delta T| = \left|\dfrac{\Delta\nu_1\cdot C_{\varepsilon2} - \Delta\nu_2\cdot C_{\varepsilon1}}{C_{\varepsilon1}\cdot C_{T2} - C_{\varepsilon2}\cdot C_{T1}}\right| \\ |\Delta\varepsilon| = \left|\dfrac{\Delta\nu_1\cdot C_{T2} - \Delta\nu_2\cdot C_{T1}}{C_{\varepsilon1}\cdot C_{T2} - C_{\varepsilon2}\cdot C_{T1}}\right|\end{cases} \tag{3.42}$$

其中，$C_{\varepsilon1}\neq C_{\varepsilon2}$，$C_{T1}\neq C_{T2}$。传感光纤的选择是非常重要的，需要保证 $C_{\varepsilon1}C_{T2} - C_{\varepsilon2}C_{T1}\neq 0$。

形成复合传感光纤的光纤包括以下两个条件。

(1) 双芯光纤。双芯光纤中的两根光纤同时受到温度和应变的影响，分别探测二者的频率分布，解调出温度和应变的变化。

(2) 分别选择温度、应力敏感光纤和应力不敏感光纤。应力敏感光纤中的频率受到温度和应变的共同影响，而应力不敏感光纤只受到外界温度的影响。假设第二种光纤是应力不敏感光纤，则频率-应变系数 $C_{\varepsilon2}=0$。那么，温度和应变的变化可简化为

$$\begin{cases}|\Delta T| = \left|\dfrac{-\Delta\nu_2}{C_{T2}}\right| \\ |\Delta\varepsilon| = \left|\dfrac{\Delta\nu_1\cdot C_{T2} - \Delta\nu_2\cdot C_{T1}}{C_{\varepsilon1}\cdot C_{T2}}\right|\end{cases} \tag{3.43}$$

在 BOTDA 系统也有类似的思想，文献[5]中将一部分传感光纤只进行温度的传感，

另外一部分传感光纤同时受到温度和应变的影响，通过检测频率的变化实现温度和应变的同时解调。

3.4　微弱自发布里渊散射信号的探测

在分布式光纤传感系统中，自发布里渊散射光的强度非常微弱，约是瑞利散射强度的1/30。但是，若是为了提高散射光的强度而提高入射光的功率，会在光纤中引起受激布里渊散射等非线性效应。另外，由于自发布里渊散射光相对于入射光的频移约为11GHz，利用频移的变化实现传感需要提取该频移信息。为了在所有后向散射光中提取出布里渊散射光，研究人员发展了两种技术路线，分别为直接探测技术和相干探测技术。

3.4.1　自发布里渊散射信号的直接探测技术

根据前面3.2.2小节中的分析，应变对布里渊散射的强度的影响可以忽略不计，所以根据布里渊散射强度的变化可得光纤沿线的温度分布，即可以通过检测布里渊散射光强度进行温度传感。由于光纤中还存在有端面反射等引起光功率变化的因素，所以一般采用光纤中的瑞利散射信号作为基准，以消除光纤链路本身的影响。目前，采用直接探测技术的BOTDR传感器均采用这种方法，即将布里渊散射光的强度除以瑞利散射光器的强度，称之为LPR(Landau-Placzek Ratio)。布里渊散射光和瑞利散射光之间的频差为11GHz左右，所以可以通过滤波器将二者分别滤出。LPR与温度的关系为

$$\mathrm{LPR}(T)=\frac{I_{\mathrm{B}}}{I_{\mathrm{R}}}=\frac{T_f}{T}(\beta_T\rho_0 v_{\mathrm{S}}^2-1) \tag{3.44}$$

式中，I_{B} 和 I_{R} 分别为布里渊散射和瑞利散射的光强；T_f 为参考温度；β_T 为恒温压缩系数；ρ_0 为光纤平均密度；v_{S} 为光纤中声波的速度。

环境温度可以通过下式获得

$$T=\frac{1}{K_T}\left[1-\frac{\mathrm{LPR}(T)}{\mathrm{LPR}(T_{\mathrm{R}})}\right]+T_{\mathrm{R}} \tag{3.45}$$

式中，K_T 为传感器的温度灵敏度；T_{R} 为参考温度。

直接探测自发布里渊散射光的系统结构如图3.3所示，需要将布里渊散射光和瑞利散射光分开探测，再计算出温度的分布。为了将二者分开，需要采用精密的滤波系统，因为瑞利散射光和布里渊散射光之间的频差只有11GHz，对应于0.088nm，所以滤波器的带宽必须足够小。

需要注意的是，为了得到更高的布里渊散射光强，即系统具有更大的传感范围，需要提高入射光的功率，但同时要避免产生非线性效应。另外，在探测瑞利散射光强时，需要用宽带光源，窄带光源会产生相干瑞利噪声。

3.4.2　自发布里渊散射信号的相干探测技术

相干探测技术是目前BOTDR分布式光纤传感系统中常用的方案，在探测器探测前端，先和本地光进行混频。相干检测不仅能够放大非常微弱的自发布里渊散射信号，还可

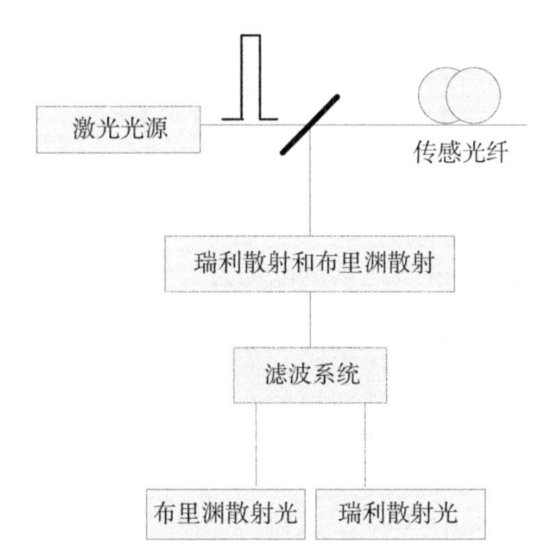

图 3.3 直接探测布里渊散射光的示意图

能将吉赫兹量级的频率信号降低到兆赫兹量级，以便于后继的探测和电信号处理。

相干检测技术的系统如图 3.4 所示。窄线宽激光器输出的光被一分为二，其中一路被调制成脉冲光，注入光纤中进行传感，产生后向的布里渊散射光；另外一路经过频移作为本地光；布里渊散射光和本地光进行相干拍频，由平衡探测器探测。改变本地光的频率，或者在探测器后端用滤波器改变频率，可以获得不同频率下的拍频时域信号；将所有的时域信号进行拼接，可以实现传感光纤沿线的三维布里渊散射谱。

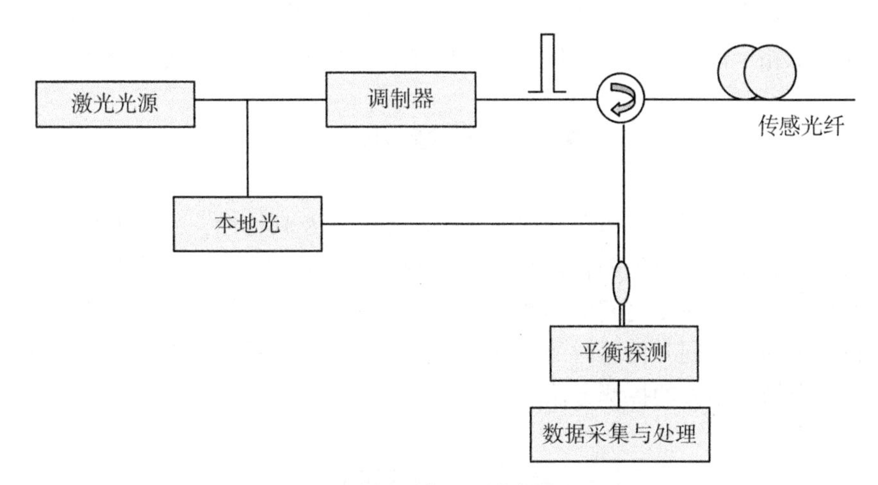

图 3.4 相干探测布里渊散射光的示意图

假设窄线宽光源的频率为 ω_P，布里渊频移为 ν_B，那么布里渊散射光的频率为 $\omega_B = \omega_P - 2\pi\nu_B$。假设本地光的频率为 ω_L，那么后向布里渊散射光和本地光的电场强度可以写成：

$$
\begin{aligned}
E_{\mathrm{B}} &= A_{\mathrm{B}} \exp\left(\mathrm{i}\left(\omega_{\mathrm{B}} t + \frac{n}{c}\omega_{\mathrm{B}} \boldsymbol{r}_{\mathrm{B}}\right)\right) + c.c. \\
E_{\mathrm{L}} &= A_{\mathrm{L}} \exp\left(\mathrm{i}\left(\omega_{\mathrm{L}} t + \frac{n}{c}\omega_{\mathrm{L}} \boldsymbol{r}_{\mathrm{L}}\right)\right) + c.c.
\end{aligned}
\tag{3.46}
$$

式中，E_{B}、E_{L} 分别为布里渊散射光和本地光的电场强度；A_{B}、A_{L} 分别为布里渊为散射光和本地光的幅度；$\boldsymbol{r}_{\mathrm{B}}$、$\boldsymbol{r}_{\mathrm{L}}$ 为光场矢量，在光纤中 $\boldsymbol{r}_{\mathrm{B}} = \boldsymbol{r}_{\mathrm{L}} = \boldsymbol{r}$；$t$ 表示时间。

布里渊散射光和本地光相干拍频之后的电场为

$$
\begin{aligned}
E = E_{\mathrm{B}} E_{\mathrm{L}} = & A_{\mathrm{B}} A_{\mathrm{L}} \exp\left\{\mathrm{i}\left((\omega_{\mathrm{B}} + \omega_{\mathrm{L}}) t + \frac{n}{c}(\omega_{\mathrm{B}} + \omega_{\mathrm{L}}) r\right)\right\} \\
& + A_{\mathrm{B}}^{*} A_{\mathrm{L}}^{*} \exp\left\{-\mathrm{i}\left((\omega_{\mathrm{B}} + \omega_{\mathrm{L}}) t + \frac{n}{c}(\omega_{\mathrm{B}} + \omega_{\mathrm{L}}) r\right)\right\} \\
& + A_{\mathrm{B}}^{*} A_{\mathrm{L}} \exp\left\{\mathrm{i}\left((\omega_{\mathrm{B}} - \omega_{\mathrm{L}}) t + \frac{n}{c}(\omega_{\mathrm{B}} - \omega_{\mathrm{L}}) r\right)\right\} \\
& + A_{\mathrm{B}} A_{\mathrm{L}}^{*} \exp\left\{-\mathrm{i}\left((\omega_{\mathrm{B}} - \omega_{\mathrm{L}}) t + \frac{n}{c}(\omega_{\mathrm{B}} - \omega_{\mathrm{L}}) r\right)\right\}
\end{aligned}
\tag{3.47}
$$

式(3.47) 的前两项的频率均为 $\omega_{\mathrm{B}} + \omega_{\mathrm{L}}$，仍然为高频信号，我们可以通过控制探测器的带宽将这两项滤除。那么，探测到的光场为

$$
E_{\mathrm{det}} = A_{\mathrm{B}}^{*} A_{\mathrm{L}} \exp\left\{\mathrm{i}\left((\omega_{\mathrm{B}} - \omega_{\mathrm{L}}) t + \frac{n}{c}(\omega_{\mathrm{B}} - \omega_{\mathrm{L}}) r\right)\right\} + c.c. \tag{3.48}
$$

最终探测器探测到的光功率为

$$
P_{\mathrm{det}} = 2\sqrt{P_{\mathrm{B}} P_{\mathrm{L}}} \tag{3.49}
$$

由上述分析得出，可以通过相干检测技术放大布里渊散射信号的功率；同时也实现了利用本地光降低相干信号的频率，使得信号探测和后继电子学处理更加容易。

3.5　本 章 小 结

本章深入分析了光纤中布里渊散射信号的产生机理及其特性，得到了其频移量和线型指标，为后继 BOTDR 系统的设计提供了理论依据；阐述了自发布里渊散射信号的频移和强度与光纤环境温度和应变之间的函数关系，为实现温度应变传感提供了理论支持，同时给出了进行温度和应变同时传感时的三种解调方案，并进行了理论推导；最后分析了微弱宽带自发布里渊散射信号的探测方法。

本章参考文献

[1] Kurashima T, Horiguchi T, Tateda M. Thermal effects on the Brillouin frequency-shift in jacketed optical silica fibers[J]. Applied Optics, 1990, 29(15): 2219-2222.

[2] Horiguchi T, Kurashima T, Tateda M. Tensile strain dependence of Brillouin frequency shift in silica optical fibers[J]. IEEE Photonics Technol. Lett., 1989, 1(5): 107-108.

[3] Kamikatano N, Sawano H, Miyamoto M, et al. Fiber strain measurement in optical cables employing Brillouin gain analysis[C]//41st International Wire and Cable Symposium, 1992: 176-182.

[4] Lee C C, Chiang P W, Chi S. Utilization of a dispersion-shifted fiber for simultaneous measurement of distributed strain and temperature through Brillouin frequency shift[J]. IEEE Photonics Technol. Lett., 2001, 13(10): 1094-1096.

[5] Bao X, Webb D J, Jackson D A. Combined distributed temperature and strain sensor-based on Brillouin loss in an optical-fiber[J]. Optics Letters, 1994, 19(2): 141-143.

第 4 章　基于宽带移频和数字相干检测的 BOTDR

4.1　BOTDR 传感系统设计

基于自发布里渊散射的分布式光纤传感系统的系统结构设计是搭建实验系统的基础。由于自发布里渊散射信号只是光纤中瑞利散射信号的 1/30，且和入射光之间的频移约为 11GHz，所以 BOTDR 系统中采用相干检测，在参考光部分实现宽带移频。由于所采用的光学移频量固定，所以在后继的布里渊散射信号解调中，利用程序控制的数据采集卡，将传感光纤中散射的自发布里渊信号和宽带移频单元的干涉信号转换为数字信号。BOTDR 传感总体系统结构如图 4.1 所示。

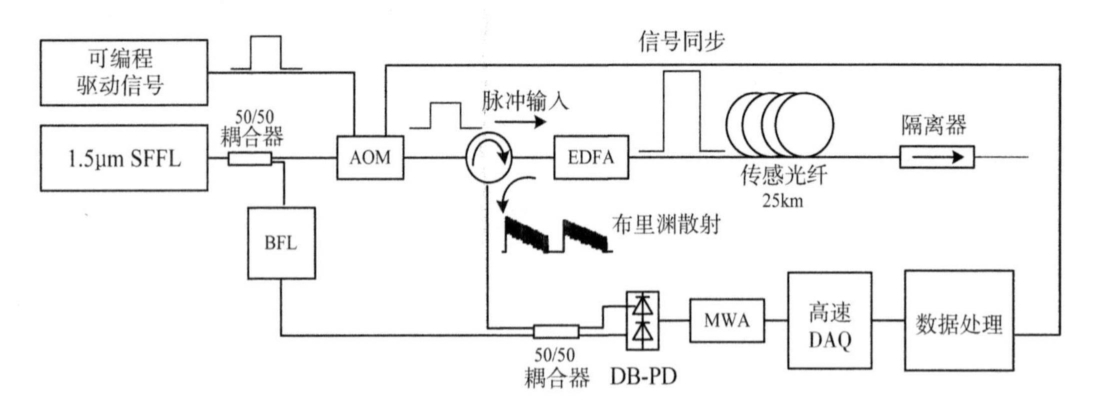

图 4.1　基于相干探测的 BOTDR 技术结构示意图

该系统工作过程如下：主光源采用窄线宽激光器，为波长在 1550nm 波段的连续光；将主光源输出分为两路，即传感支路和本地光支路。我们首先介绍传感支路。利用调制器件将主激光器输出的连续光调制为脉冲光，脉冲的宽度与重复频率和系统的指标要求相关，例如，当系统期望达到的空间分辨率为 10m、传感距离达到 25km 时，那么对应的脉冲宽度应该设置为 100ns、重复频率为 4kHz。调制后的脉冲峰值功率较弱，不能够实现长距离传感，所以一般会对脉冲进行 EDFA 放大。该脉冲经过环形器注入传感光纤，在环形器的 3 端口得到后向散射信号。该散射信号的时域长度和光纤传感长度对应，如 25km 的传感长度对应于 250μs 的后向散射信号时间。对应于不同的入射脉冲，我们得到了在时域上连续排列的一系列散射信号。但是和主激光器的频率相比，该散射信号的频率下降了约 11GHz。对于本地移频光，我们采用宽带移频单元，产生连续的布里渊激光输出，这部分将会在后面章节详细分析。后向散射光(包含自发布里渊散射、瑞利散射、端面反射等)和本地移频光拍频，得到了包含一系列频率的拍频信号。采用双平衡探测器将信号中的直流信号消除；同时，将端面反射和瑞利散射对应的拍频信号置于探测器带宽之外。由于平衡探测器输出的电信号较弱，所以利用微波放大器将电信号放大，之后用高速数据采集卡采集拍频信息，将其转换为数字信号。为了准确定位传感点，信号采集开始的时间和信号发生单元中触发信号一致。对于采集到的信号进行数字解调。

下面详细介绍 BOTDR 传感系统中的主要元件。

4.1.1 窄线宽激光器

为了准确地传感测量光纤沿线的温度和应变信息，需要准确提取出布里渊频移量。考虑到温度和应变的分辨率，假设温度的精度要达到 1℃，光源的线宽至少要小于 1MHz，使得温度变化前后的布里渊光频谱没有相互覆盖，所以我们要求入射种子激光光源的线宽很窄。现在可选用的有光纤激光器、DFB 激光器等。

实验中，我们采用自主研制的单频光纤激光器，此单频光纤激光器采用磷酸盐光纤作为增益介质，采用了超短直线腔结构，光纤激光器的功率和频率稳定性均比较好，详细信息请参考文献[1]。关于如何选择合适的激光器线宽，我们将在后继章节中详细研究。

4.1.2 声光调制器

声光调制是利用声光效应将信息加载于光波上的物理过程，调制信号以电信号(调幅)形式作用于电声换能器上，转化为超声场，当光波通过声光介质时，由于声光作用，使得光波受到调制而成为强度调制波。声光调制技术与光源直接调制技术相比，有更高的调制频率；声光调制技术与电光调制技术相比，有更高的消光比(一般大于 10000 : 1)、优良的温度稳定性等，但声光调制器的调制速率比商用的铌酸锂电光调制器的调制速率低。

针对 BOTDR 系统，更高的消光比意味着更长的传感距离，由于传感光纤的传输损耗为 0.2dB/km，因此，如果注入传感光纤中的光脉冲消光比为 20dB，当传感距离为 50km 时，传感光纤末端散射回来的光信号在传感光纤入射端的峰值与光脉冲基底大小相同，从而不能分辨出传感信息。目前电光调制器的消光比一般都只有 13dB 左右(有些经过特殊处理的可达 30dB)，另外还需要自动反馈控制以稳定半波电压，而声光调制器的消光比都高达 45dB 以上，且不需要做任何工作点的稳定控制。因此声光调制器比电光调制器使用方便。但声光调制器的调制速率不高，主要是由于声光衍射场的建立需要花费较长时间，从而导致声光调制器调制出来的光脉冲上升/下降沿时间有十几纳秒，而电光调制器则只有几十皮秒。从实际应用的角度出发，我们最终选择声光调制器产生光脉冲。

4.1.3 宽带移频单元

为了降低相干探测信号的带宽以及降低对后继电学元器件的带宽要求，我们采用了宽带移频单元，该信号和传感光纤中的自发布里渊散射信号移频量接近，无需测量高达 11GHz 左右的高频信号，便可实现百兆赫兹的信号测量。

关于该宽带移频单元的设计思想和性能分析，将在本章 4.2 节中详细分析。

4.1.4　平衡探测器和微波放大器

双平衡探测器是光相干外差检测中常用的一种探测器，由两个匹配的 PIN 光电探测器和差分放大器构成，输出正比于两路输入光电流差的电压信号，双输入可相互抵消本地噪声，从而获得更高的灵敏度。针对我们的 BOTDR 系统，采用光相干外差接收方案，两路光频差为几百兆赫兹量级，因此，在实际系统中选用双平衡探测的带宽为 800MHz，噪声等效电压 NEP 为 $20\text{pW}/\sqrt{\text{Hz}}$。

由于从双平衡探测器出来的相干拍频信号很微弱，为几百微伏量级，为了方便后续的鉴频以及布里渊信号的采集和解调，需要将信号放大至几十毫伏量级。所以需在实际系统中选用的微波放大器的带宽为 1GHz，增益最高 40dB，等效输入噪声为 43μV。

4.1.5　高速数据采集卡

数据采集卡用于采集光相干外差探测接收到的信号，将其转换为数字信号，然后设计程序进行数据分析，得到与传感光纤的分布式布里渊频移量，最终实现分布式传感信号的解调。由于光相干外差探测接收的信号频率为几百兆赫兹量级，因此在 BOTDR 系统中，我们选用的数据采集卡采样速率至少为信号频率的两倍。我们选择的是 3GS/s 采样速率、1.5GHz 带宽的高速数据采集卡，可以将信号不失真地采集下来。此外，可以通过数据采集卡的硬件库函数进行二次软件编程，对数据流进行时频分析。

4.2　宽带移频布里渊光纤激光器的设计

4.2.1　移频方案的设计

和光纤中的自发布里渊散射信号相比，光纤中受激布里渊散射信号的强度较大，且同样具有宽带的频移。根据受激布里渊散射的特性，将单根光纤的受激布里渊散射放置在光纤环中运转，组成布里渊激光器；由于形成了激光器，所以线宽较窄，能够和线宽为 40MHz 左右的自发布里渊散射光拍频时不影响传感信息的准确性。

设计该移频单元的基本思想如下：主激光器的一部分输出光用于泵浦非线性光纤，产生后向受激布里渊散射光，但是由于激光器本身光强有限，需要先用 EDFA 将这部分泵浦光放大，同时该 EDFA 也能够放大后向受激布里渊散射光。为了防止高阶受激布里渊散射的产生，在激光环形腔中加入隔离器，该隔离器的导通方向和受激布里渊散射光的方向一致。输出的激光通过 1∶9 耦合器的 1 端口输出。由于激光腔内存在两种增益(EDFA 增益和布里渊增益)，所以腔内不同的损耗对应于激光器不同的输出状态。为了使得激光器的输出是单波长，在环形腔中加入一个可调谐的衰减器，能够控制激光器的输出状态，同时也能够调节激光器输出功率的大小。

基于以上基本思想，我们搭建了一个环形腔布里渊光纤激光器，具体结构如图4.2所示：泵浦激光器输出光经过EDFA放大之后注入非线性光纤中，放大后的泵浦光能够使其产生后向布里渊散射，该散射光再次经EDFA放大之后经过环形器的2端口至3端口，后经过可调谐衰减器和隔离器后经耦合器输出激光。

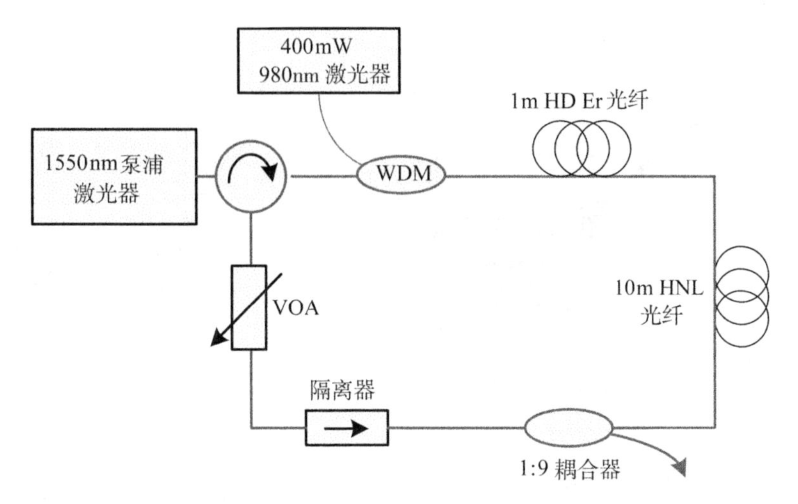

图4.2 布里渊光纤激光器的结构

4.2.2 布里渊光纤激光器的性能测试

该布里渊激光器的输出光谱如图4.3(a)所示，从光谱可以看出，其和泵浦光之间的波长差为0.084nm，也就是说，频率差约为11GHz。由此我们认为：该激光器的输出能够作为BOTDR系统中相干检测的本地光。利用延迟线法，我们测量了该激光器的线宽，20dB线宽为62kHz，经过计算后该激光器的3dB线宽为3.1kHz，如图4.3(b)所示。

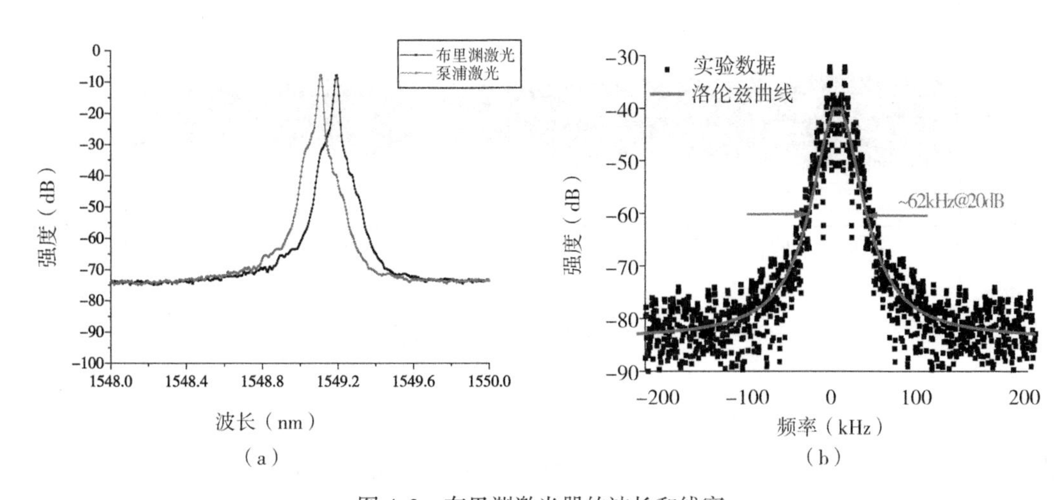

图4.3 布里渊激光器的波长和线宽

另外，我们还测量了该布里渊光纤激光器的频率噪声，如图 4.4 所示。从图中结果来看，该布里渊激光器的短期频率稳定性很好。

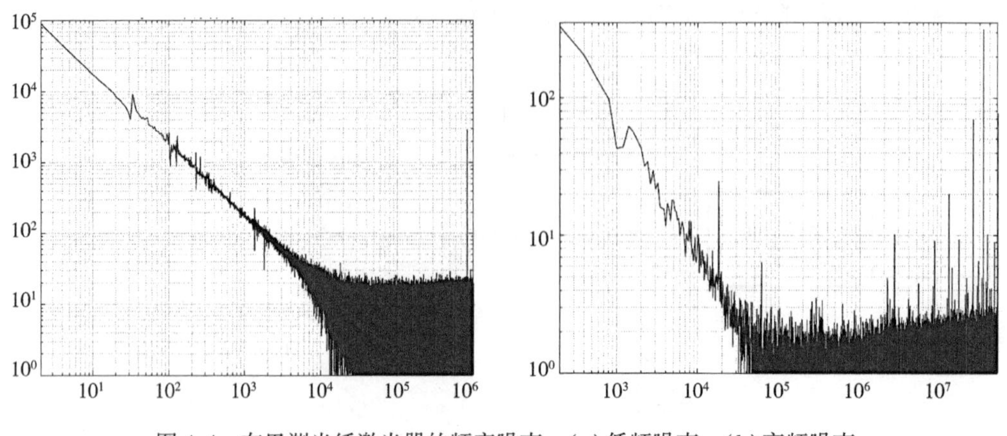

图 4.4　布里渊光纤激光器的频率噪声：(a)低频噪声；(b)高频噪声

4.2.3　布里渊激光器中自激腔模的抑制及其对 BOTDR 性能的影响

根据 4.2.1 小节中本地光的设计，将其应用作为 BOTDR 传感系统中的本地光。BOTDR 工作原理和实验系统如图 4.1 所示。以传感光纤 20km 为例，对应的拍频时域信号如图 4.5 所示，由于光纤本身的损耗，所得到的拍频信号在时域上呈现出一定的衰减特性，也就是说，在整个传感光纤上整个损耗是 4dB。由于自发布里渊散射本身的强度都很弱，所以在传感时，光纤远端的布里渊光也会经历光纤自身带来的损耗，所以随着光纤传感距离的增加，信号也变得越来越难探测。

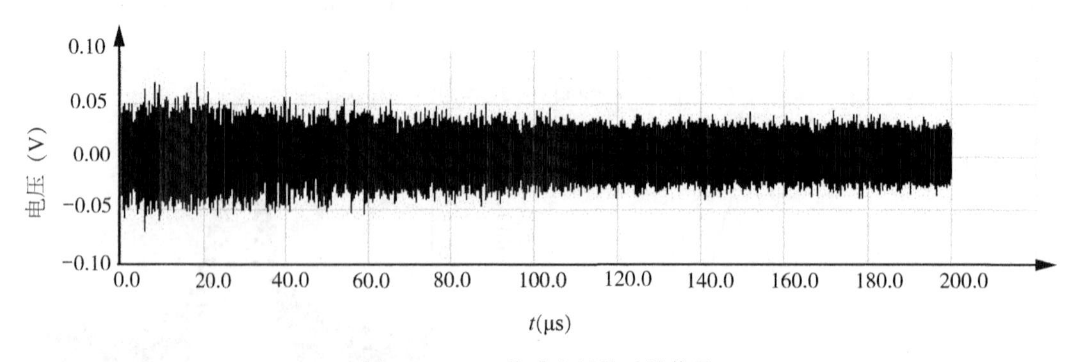

图 4.5　20km 传感光纤的时域信号

下面我们主要分析布里渊激光器在不同的运转状态时对 BOTDR 传感系统的影响。布里渊激光器的环形腔中包含两种增益：受激布里渊增益和 EDFA 增益。布里渊激光器的环形腔中包含以下损耗：光纤各端面熔融时的端面损耗，激光器输出损耗，以及光纤环中衰减器的损耗。当环形腔中的损耗处于不同的水平时，激光器具有不同的输出状态。

将泵浦光接入布里渊激光环中，此时非线性光纤中产生受激布里渊散射。对于布里渊光和自由运转振荡来讲，EDFA 对二者的增益效果是一样的；但是受激布里渊增益只对布里渊光有效果，而对于自由运转振荡没有放大效果。所以，在激光环形腔中，布里渊光的增益要大于自由运转光的增益。如果腔中的损耗大于 EDFA 的增益，而小于 EDFA 与布里渊增益之和时，自由运转振荡就能被抑制掉，仅输出和泵浦光相对应的布里渊激光，如图 4.6 中(a)所示，此时 EDFA 中用作增益的铒离子完全用来放大布里渊激光。否则，自由运转光和布里渊激光同时存在于激光器的输出光谱中，如图 4.6 中(b)状态所示。在该波长位置处产生激光的原因是与腔中 EDFA 的增益峰相关的，此时腔中没有受激布里渊散射，EDFA 的自发辐射 ASE 持续在环中振荡，形成光输出，该输出称为自激腔模(Self-lasing Oscillation)。对比图 4.6(a)和(b)，(a)的输出功率是大于(b)的，但是在图中我们对输出功率进行了归一化的处理。总之，通过调节环形腔中的损耗大小，可以控制激光器的工作状态。图 4.6 所示只是定量的分析，如果在(a)状态下继续调节环形腔中的衰减器，那么激光器输出的光谱位置不变，但是激光器输出功率会持续减小直至不能产生激光输出。

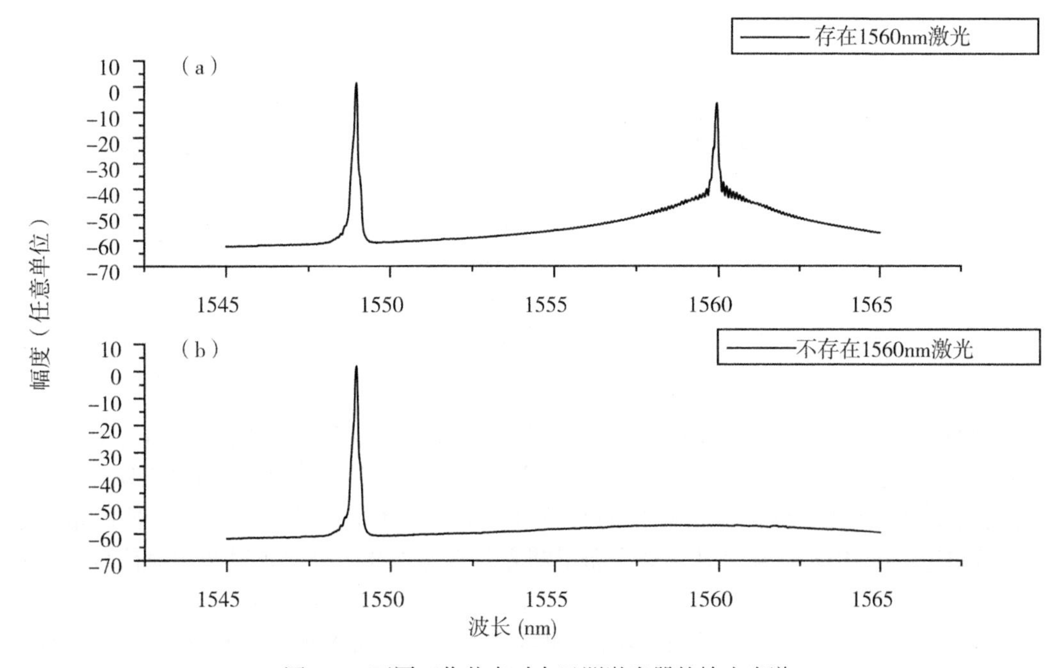

图 4.6　不同工作状态时布里渊激光器的输出光谱

将处于不同工作状态的布里渊激光输出接入 BOTDR 传感系统，并对其时域信号进行快速傅里叶变换(FFT)，以分析其拍频频谱。如果布里渊激光器输出光谱包含激光器的自激振荡，那么此时得到的频域信号如图 4.7 中(a)所示，可以看出，频域包络上包含间隔约为 17MHz 的“毛刺”，这些“毛刺”影响拍频信号的强度。如果布里渊激光器的输出只包含有布里渊激光，那么此时BOTDR的拍频频域信号如图4.7(b)所示，拍频频率约为420MHz，该频率大小是由传感光纤的自发布里渊散射频移和布里渊激光器中非线性光纤的受激布里渊散射的频移之差决定的，且二者所用的是同一个泵浦激光器。将图4.7(b)与(a)对比我们可以发现，(b)中拍频信号具有明显的频域峰，且强度较大，利于后继的数据处理与分析。

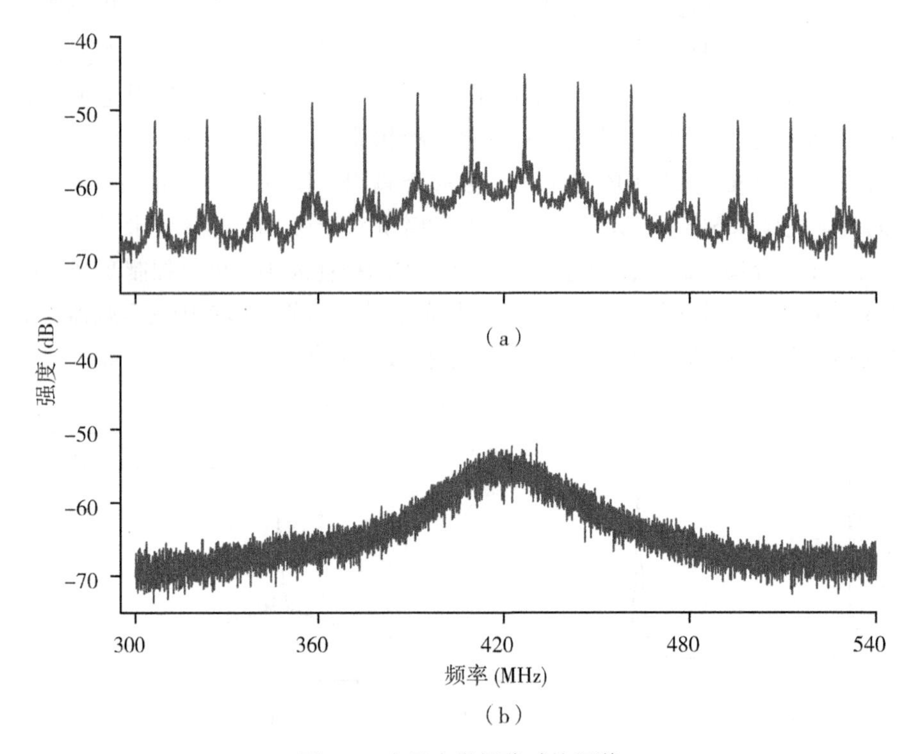

图4.7 有无自激振荡时的频谱

我们对产生“毛刺”的内在原因进行了分析：由于布里渊激光环的腔长约为12m，所以激光器本身是以多纵模的方式运转的，对应的纵模之间的间隔约为16.7MHz。这些纵模之间相互拍频，频率分布16.7MHz的整数倍，部分拍频信号处于平衡探测器的带宽范围内(10kHz~800MHz)，那么就加载在布里渊光和传感光纤的自发布里渊散射信号的拍频包络之上。

而对于本地激光器输出的布里渊激光而言，一共有EDFA增益和受激布里渊两种增益，EDFA的增益谱比较宽，从1530nm到1565nm。而受激布里渊散射的增益谱比较窄，约35MHz，且为洛伦兹形状，可以看作滤波器：对于布里渊激光来讲，也是处于多纵模的运转状态的，多个纵模在布里渊增益谱中是处于不同的增益大小的，由于纵模之间的增益竞争，会在最大布里渊增益处的纵模得到最后的布里渊激光输出；对于35MHz的滤波器，在增益带宽内共包含2~3个纵模，它们之间的增益大小差别较大，所以我们认为布里渊激光是出于单纵模运行状态的。因此，在抑制布里渊激光器自激振荡的情况下，所得到的拍频信号是没有“毛刺”的频谱，且强度比有“毛刺”时略大。

我们对上面得到的时域和频域信号进行了对应的分段 FFT 数据分析，之后对每个空间分辨率范围内的拍频信号进行了洛伦兹拟合，以得到该段传感光纤上的频率信息，所得到的频率分布如图 4.8 所示。当本地光存在自激腔模时，由于频域信息“毛刺”的分布，数据处理时不能够进行准确的洛伦兹拟合，所以得到的频率分布也是不准确的[图 4.8(a)]；当把自激振荡完全抑制掉的时候，根据上述得到的频谱，能够准确地进行曲线拟合，得到的频率分布完全反映传感光纤中的自发布里渊散射信号和本地光之间的拍频[图 4.8(b)]。对比二者的频率波动，可以看出，后者非常平坦。对传感光纤的频率分布进行放大分析，可以看到频率波动为±2MHz[图 4.8(b)中放大图]，该频率波动是和本地光的频率波动以及数据拟合时的准确度有关的。

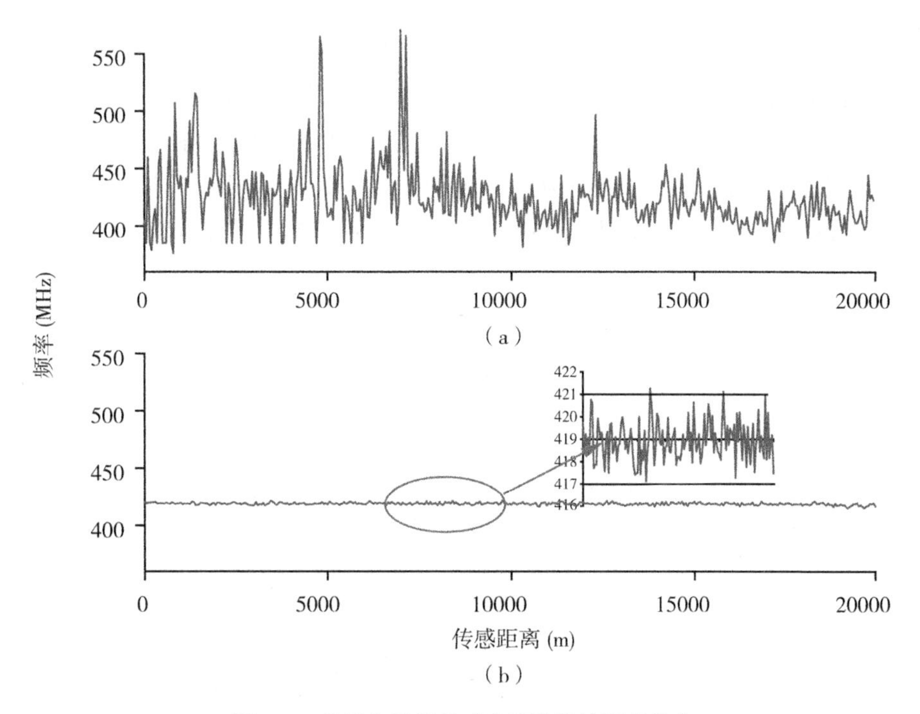

图 4.8　有无自激振荡时光纤沿线的频率分布

从上面的分析可以看出，当布里渊激光器的输出和入射光的波长差 0.084nm 时，且只有该波长单独输出时，可以用作宽带移频单元。

4.3　基于数字相干检测的传感参量解调

4.3.1　数字信号处理方法

BOTDR 系统定位方式和传统的 OTDR 定位原理相同，光脉冲入射传感光纤中，根据脉冲的上升时间开始计时，入射光在光纤中的散射光回来的时间为 Δt，散射点的位置为 $L = c\Delta t/2n$，其中 c 为光速，为 3×10^8m/s，n 为光纤纤芯折射率，取为 1.5，Δt 为时间间隔。因此在分布式传感系统中，时间和位置具有对应关系。为了获取准确的定位，需要系统具有较高的空间分辨率，对应地，需要采用比较窄的光脉冲。那么，在数据采集卡将拍频信号转化为数字信号时，需要将采集卡的触发时间和传感脉冲开始传感的时间严格一致。

对数据采集卡采集到的数字信号，进行相关的数据处理。数字信号分析处理方法和流程如图 4.9 所示：使用声光调制器对光源进行强度调制，得到脉冲序列，注入传感光纤中；当脉冲注入传感光纤输入端时，触发采集卡工作，采集卡将 BOTDR 系统的光相干信号采集下来；采集卡使用多触发采集模式工作，将每个光脉冲对应的散射信号采集下来，并保存在采集卡自带的板载内存中；数据采集工作完成后，将采集卡板载内存中的信号依次读取到 PC 机上。针对每个光脉冲的散射信号，按时间窗口 100ns 分帧(和脉冲宽度对应，或者是脉宽倍数)，之后对这些帧中的数据进行 FFT，即得到每一帧的频谱信息；累加平均处理每个脉冲中每一帧的频谱，之后对其进行洛伦兹拟合，提取出中心频率和强度峰值，即得到该分段光纤的频移和幅度；最后得到光纤传感沿线频移和幅度的分布。

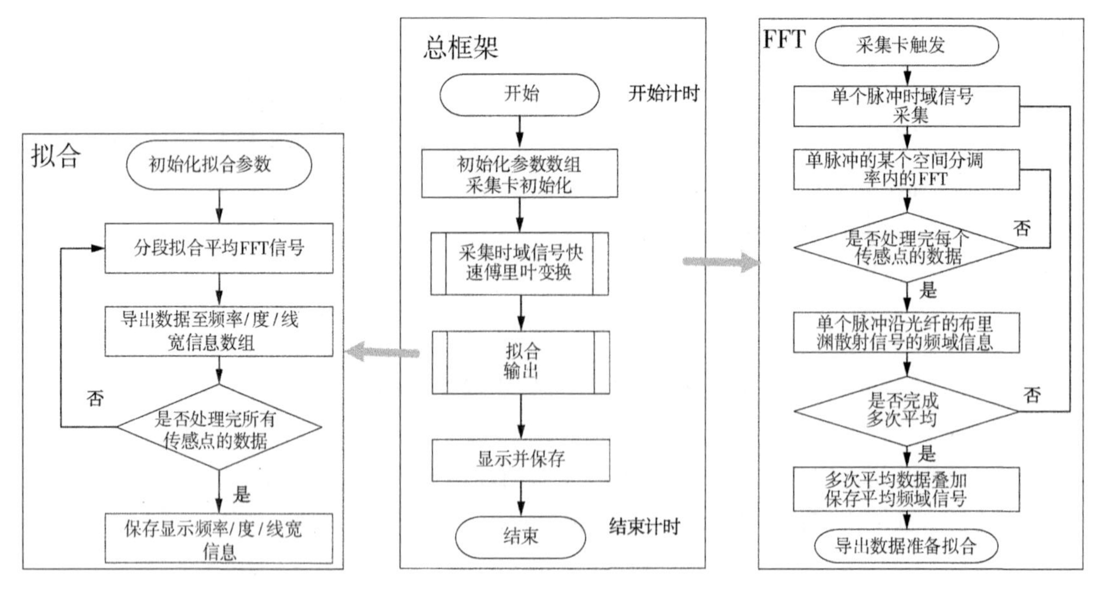

图 4.9　系统信号分析处理总流程

4.3.2　系统开发及界面

根据上述数据处理流程，我们基于 LabVIEW 语言进行了软件开发。LabVIEW 是科学研究和工程领域中强大、高效的图形开发环境，使用鼠标点击和拖曳图形、图标、连线、节点等方式进行编程，使得编程过程简单、方便、有效。

软件界面如图 4.10 所示。左边是采集卡参数设置和传感参量设置；右边是脉冲在线可调设置，以及数据的时域信号和频域信号分析、分段 FFT 拟合及频率分布等。20km 传感光纤长度、50m 空间分辨率的时域信号和频域分析的界面如图 4.10 所示。

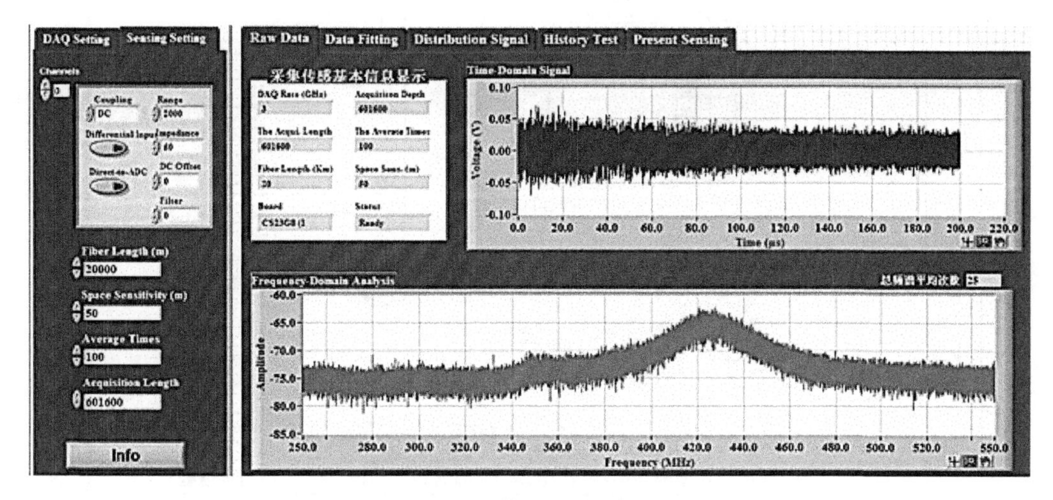

图 4.10　时域信号和频域信号界面

同时为了能够实现脉冲宽度以及重复频率在线可调，我们利用 LabVIEW 程序在线控制信号发生模块，通过 USB 接口和信号发生模块上的串口连接，可实现脉冲参数在线设置。

在整个软件分析流程中，关键子程序是洛伦兹曲线拟合。将每一个长脉冲序列的数据找到，保存在数组中。然后对此数组中的数据分段进行 FFT，将 FFT 频谱数据保存在另一个频谱数组中。当采集和分段 FFT 结束后，将累加平均后的 FFT 频谱数据，分段提取出来，进行洛伦兹线型拟合。拟合模块的程序如图 4.11(a)所示：通过一个非线性曲线拟合的子 vi 函数来实现，此函数是通过 Levenberg-Marquardt 算法获得的参数集合，该集合是输入数据点(x, y)的最佳拟合，数据点可由非线性函数$y=f(x, a)$表示，其中a是参数的集合。手动选择所需拟合的线型，在本程序中，将线型各参数设置成洛伦兹线型。通过此洛伦兹线型拟合模块后，可以提取出布里源频谱的中心频率和幅度值。洛伦兹拟合结果如图 4.11(b)所示，其中相对粗糙的曲线为单个空间分辨率内的分段 FFT 信号，相对光滑的曲线为洛伦兹拟合曲线。从拟合效果中可以看出，经过洛伦兹拟合后，曲线变得平滑，更有利于准确提取出布里渊频移成分。通过对拟合曲线的分析，可以得到整个传感光纤范围内每个空间分辨率的中心频率和幅度，最终得到整个传感光纤范围内的频率分布和幅度分布。

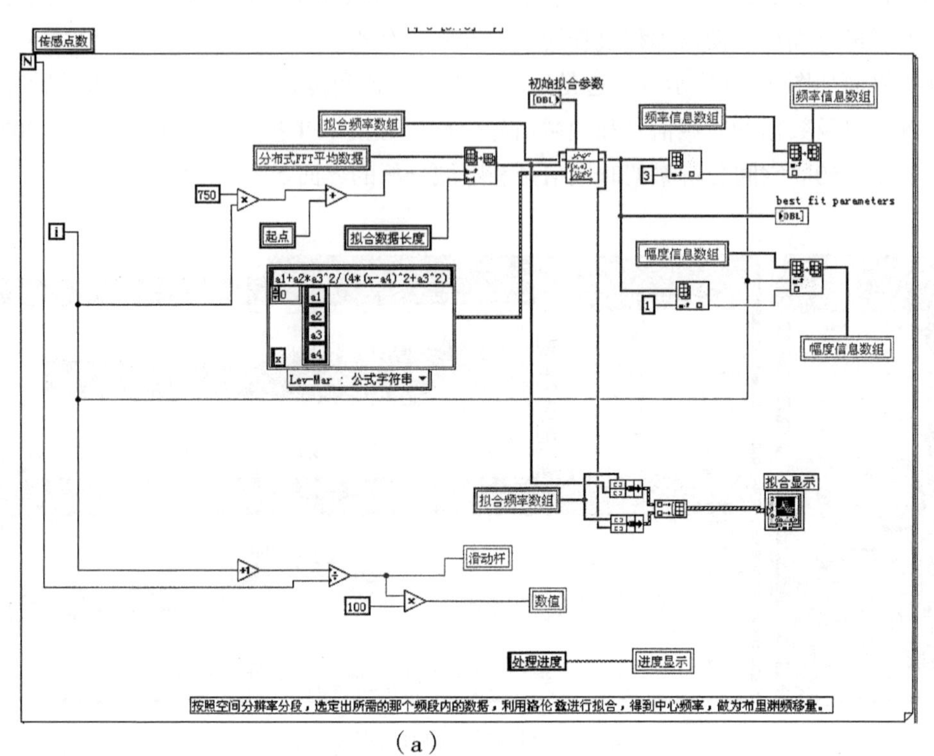

(a)

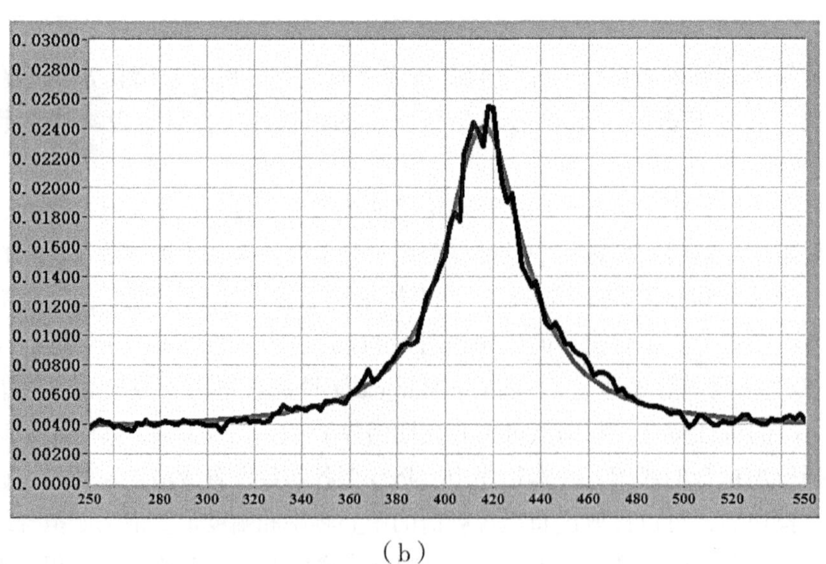

(b)

图 4.11　分段 FFT 及其洛伦兹拟合显示界面

频率分布和强度分布的界面如图 4.12(a)所示，对应的温度和应变分布如图 4.12(b)所示，这是我们最终需要的实验结果。

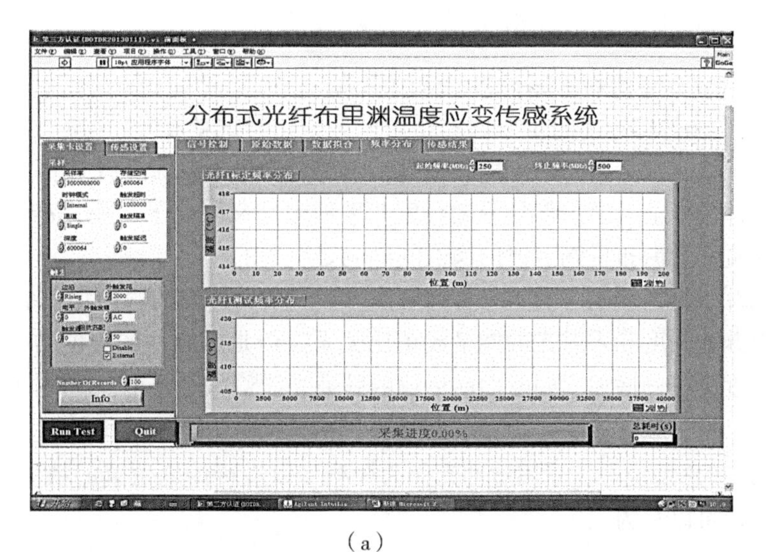

(a)

(b)

图 4.12 频率/幅度和温度/应变测量界面

4.4 激光器线宽对 BOTDR 系统的影响

在利用自发布里渊散射传感时，一般常用商业化的窄线宽 DFB 激光器作为传感系统的主光源[2]，也有研究人员采用光纤激光器作为主激光器[3]。虽然采用不同线宽的窄线宽激光器，实现了长距离的分布式光纤传感器，但是都没有系统地分析激光器线宽对 BOTDR 系统的影响。本节主要分析激光器线宽对 BOTDR 传感系统的影响，首先进行理论分析和模拟仿真，然后进行实验验证。

4.4.1　线宽对布里渊散射谱的影响数值仿真

1. 激光器线宽对受激布里渊散射阈值的影响

BOTDR 中影响传感距离的主要因素是后向散射信号的信噪比(SNR)。如果入射的探测脉冲的宽度一定，那么入射的光能量也是一定的。如果想要提高后向散射的信噪比，需要提高入射脉冲的峰值功率，但是受激布里渊散射效应又限制了功率提高的上限。因此，分析入射光线宽对受激布里渊散射的阈值的影响是重要的。

阈值是光纤中布里渊散射的重要特性之一。当入射脉冲光的峰值功率小于阈值时，后向散射的布里渊光强度和入射光的能量成正比关系。但是当脉冲的峰值功率大于阈值时，布里渊光的强度会急剧增加，同时向前传输的脉冲光能量急剧减小，此时即产生了受激布里渊散射。

在 BOTDR 传感系统中，采用脉冲光作为探测光以进行传感位置的精确定位，受激布里渊散射的阈值可以写为

$$P_{cr} = G\frac{K_{\mathrm{P}}A_{\mathrm{eff}}}{g_0}\frac{2n}{c\tau}\left(1+\frac{\Delta\nu_{\mathrm{P}}}{\Delta\nu_{\mathrm{B}}}\right) \tag{4.1}$$

式中，G 表示受激布里渊散射阈值增益因子，一般为 19；g_0 表示布里渊增益因子；K_{P} 时偏振因子，一般 $1 \leqslant K_{\mathrm{P}} \leqslant 2$，具体值取决于入射脉冲光的偏振状态；$A_{\mathrm{eff}}$ 为传感光纤纤芯的有效横截面积；$\Delta\nu_{\mathrm{P}}$ 和 $\Delta\nu_{\mathrm{B}}$ 分别为入射脉冲光和布里渊散射光的线宽。L_{eff} 为有效作用长度，可表示为 $L_{\mathrm{eff}} = [1-\exp(-\alpha c\tau/2n)]/\alpha$，其中 c 为真空中光的传播速度，n 为传感光纤纤芯的折射率。一般入射光脉冲的宽度 τ 是纳秒量级，即 $\tau \ll 2n/\alpha c$ 时，有效作用长度可以表示为 $L_{\mathrm{eff}} = c\tau/2n$，$\alpha$ 表示传感光纤的衰减系数。

一般所用的传感光纤为普通的单模通信光纤，那么阈值表达式中的一些参量的值为：$A_{\mathrm{eff}} = 76\mu\mathrm{m}^2$，$g_0 = 5\times10^{-11}\mathrm{m/W}$，$K_{\mathrm{P}} = 1$，$n = 1.44$，因此

$$P_{cr} = G\frac{K_{\mathrm{P}}A_{\mathrm{eff}}}{g_0}\frac{2n}{c\tau}\left(1+\frac{\Delta\nu_{\mathrm{P}}}{\Delta\nu_{\mathrm{B}}}\right) = 19\times\frac{1\times76\times10^{-12}}{5\times10^{-11}}\times\frac{2\times1.44}{3\times10^{8}\times\tau}\times\left(1+\frac{\Delta\nu_{\mathrm{P}}}{40\times10^{6}}\right) \tag{4.2}$$

可以看出，受激布里渊散射的阈值是入射光脉冲的宽度以及入射光的线宽的函数。根据上面理论分析，对两个分量对受激布里渊散射阈值的影响进行仿真分析，如图 4.13 所示。

2. 主激光器线宽对相干长度的影响

激光器的相干长度和其线宽成反比，表示为 $L = \lambda^2/\Delta\lambda$；由于 $\lambda = c/nf$，所以可得到 $\Delta\lambda = c\Delta f/nf^2$。那么，$L = \lambda^2/\Delta\lambda = c/n\Delta f$。对于激光器线宽对相干长度的影响，假设激光器线宽从 1kHz 到 100MHz，那么对应的和相干长度之间的数值仿真关系如图 4.14 所示。

3. 激光器线宽对布里渊光谱的影响

一般情况下，激光器的输出并不是理想的单波长，都会有一定的线宽。假设激光器的线型是洛伦兹形状，表示为

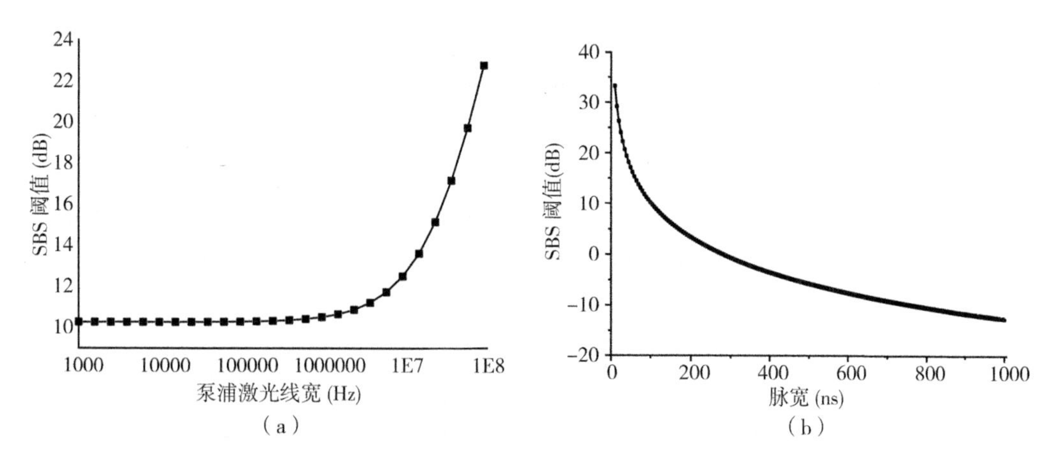

图 4.13 (a)受激布里渊散射的阈值和入射光线宽之间的关系，假设入射脉冲是 100ns，激光器线宽范围从 1kHz 到 100MHz；(b)受激布里渊散射的阈值和入射光脉冲之间的关系，假设入射光的线宽是 1kHz，脉宽从 10ns 到 1000ns

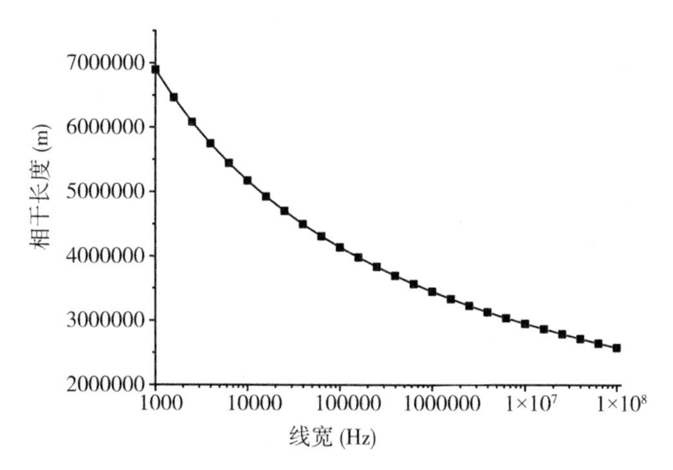

图 4.14 激光器线宽和相干长度之间的关系

$$E(f)=\frac{\left(\frac{\omega_S}{2}\right)^2}{(f-f_S)^2+\left(\frac{\omega_S}{2}\right)^2} \tag{4.3}$$

式中，$E(f)$ 表示激光器的输出光强；f_S 表示主激光器的中心频率；ω_S 表示激光是输出 3dB 线宽。

主激光器输出光被调至成为脉冲光，之后注入分布式传感光纤。后向散射的自发布里渊光可用来传感外界的温度和应变的变化。和布里渊光相关的频率因子为

$$H(\nu) = \int_{-\infty}^{\infty} P_P(f) \frac{h\,(\omega/2)^2}{[\nu - (f - S_B)]^2 + (\omega/2)^2} df \tag{4.4}$$

式中，h 为和传感光纤相关的常数；S_B 为光纤中的布里渊频移（约 11GHz），$P_P(f)$ 表示入射光脉冲的功率谱；ω 为自然布里渊散射的半高宽(FWHM，约 40MHz)；ν 用来表示后向布里渊散射谱的横坐标。

根据上述公式，我们针对不同的主激光器线宽和不同的脉冲宽度对后向布里渊散射谱的两个分量(半高宽和峰值)的影响进行了仿真分析，如图 4. 15 和图 4. 16 所示。

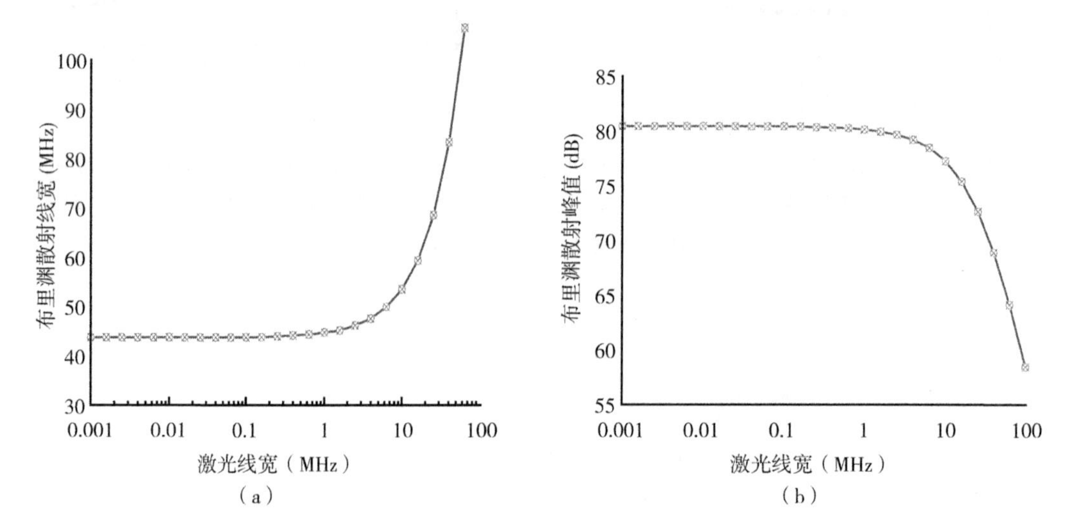

图 4. 15　布里渊散射光谱和激光器线宽之间的关系，假设入射光脉宽 100ns：(a)线宽；(b)峰值功率

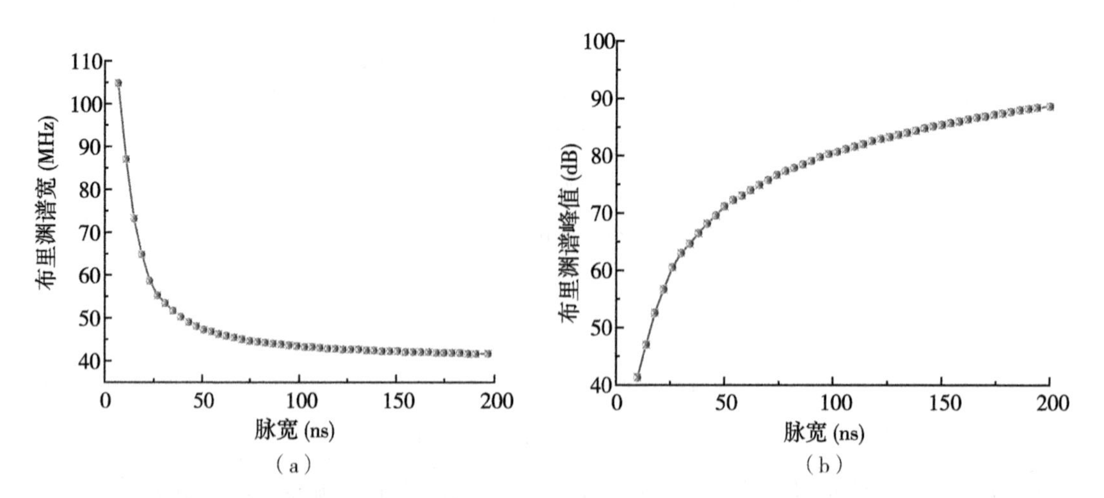

图 4. 16　布里渊散射谱和脉宽之间的关系，假设入射光的线宽为 1kHz：(a)线宽；(b)峰值功率

4.4.2　实验结果与分析

实验结构如图 4.17 所示。主激光器分别采用 1550nm 波段的光纤激光器和 DFB 激光器。主激光器输出的光被分为两部分，一部分用来传感，另一部分用于移频。传感支路的光被声光调制器调制为脉冲光，经过 EDFA 放大后峰值功率达到 500mW(脉宽 100ns 时)，通过三端口环形器入射长距离的分布式传感光纤中。用于移频的主激光器输出用于泵浦布里渊激光器，详见前面相关章节。后向散射光和移频光相干拍频，并利用平衡探测器进行探测，放大之后进行数据采集卡采集，可得到拍频信号的时域分布。

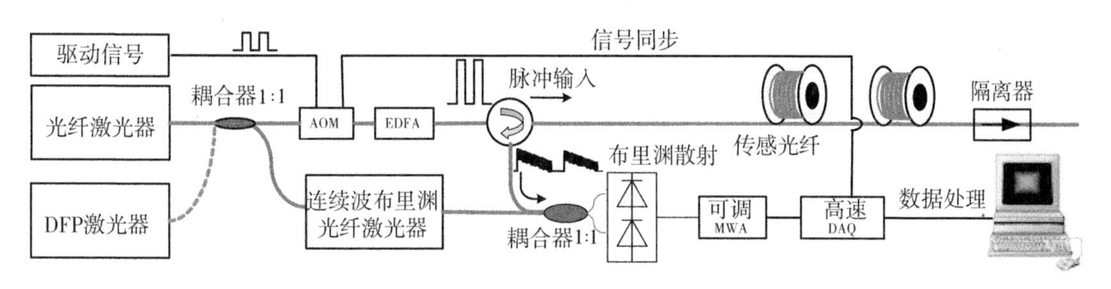

图 4.17　实验系统结构示意图

为了比较不同线宽的激光器对后向布里渊散射光的影响，我们分析了它们对 BOTDR 传感系统中的传感结果。系统中所用主光源的线宽分别是 4kHz 和 3MHz，分别对应光纤激光器和窄线宽 DFB 激光器。为了进行公平的比较，在进行测量时我们将主激光器的功率均调整至 28mW。两个激光器的线宽分别如图 4.18(a)和(b)所示。

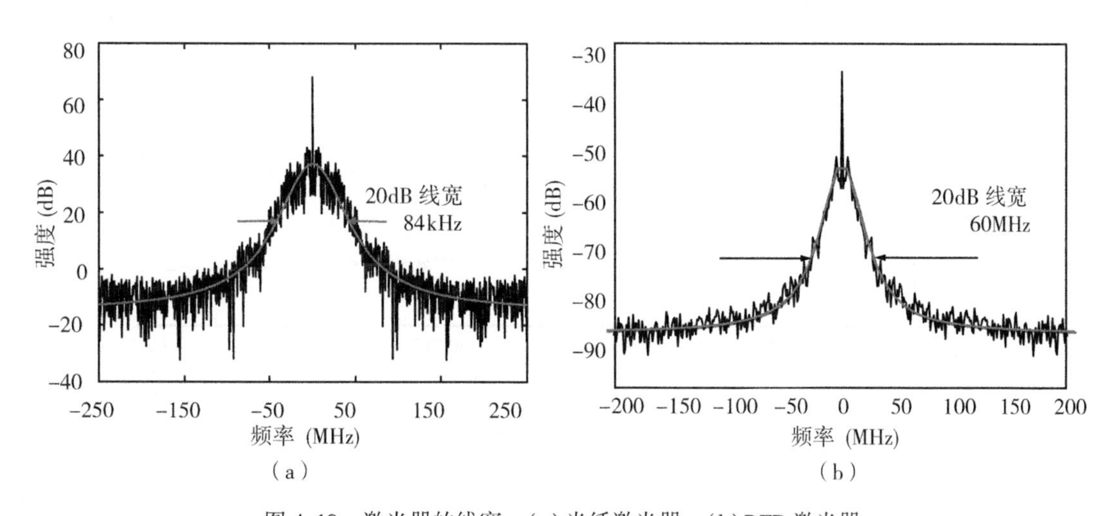

图 4.18　激光器的线宽；(a)光纤激光器；(b)DFB 激光器

将光纤激光器和 DFB 激光器分别用于 BOTDR 传感系统中，对采集到的时域信号进行数据处理后的结果如图 4.19~图 4.21 所示。我们分析了两种线宽条件下 BOTDR 传感系统中传感光纤后向散射信号和本地光拍频后的线宽、峰值功率以及频率波动特性，分别对应图 4.19、图 4.20 和图 4.21。

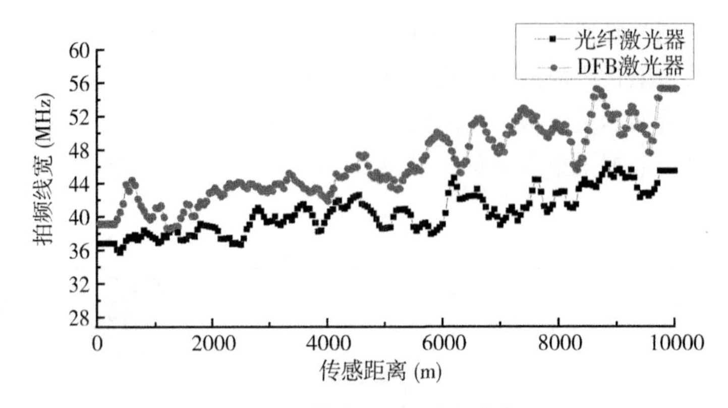

图 4.19　传感光纤沿线的线宽

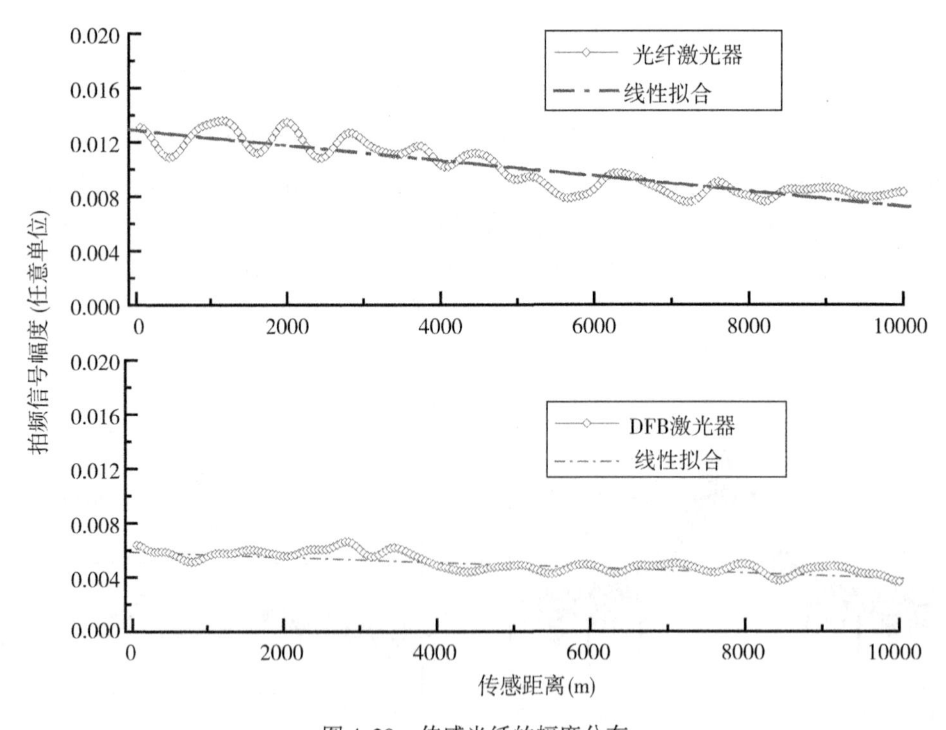

图 4.20　传感光纤的幅度分布

实验结果表明，主激光器线宽越窄，光纤沿线光谱的线宽也较小；当激光器线宽越窄，所得到的后向布里渊散射光的峰值越大；对于频率波动来说，光纤激光器比 DFB 激光器得到的频率波动小 2MHz。实验结果与前面理论仿真结果一致。

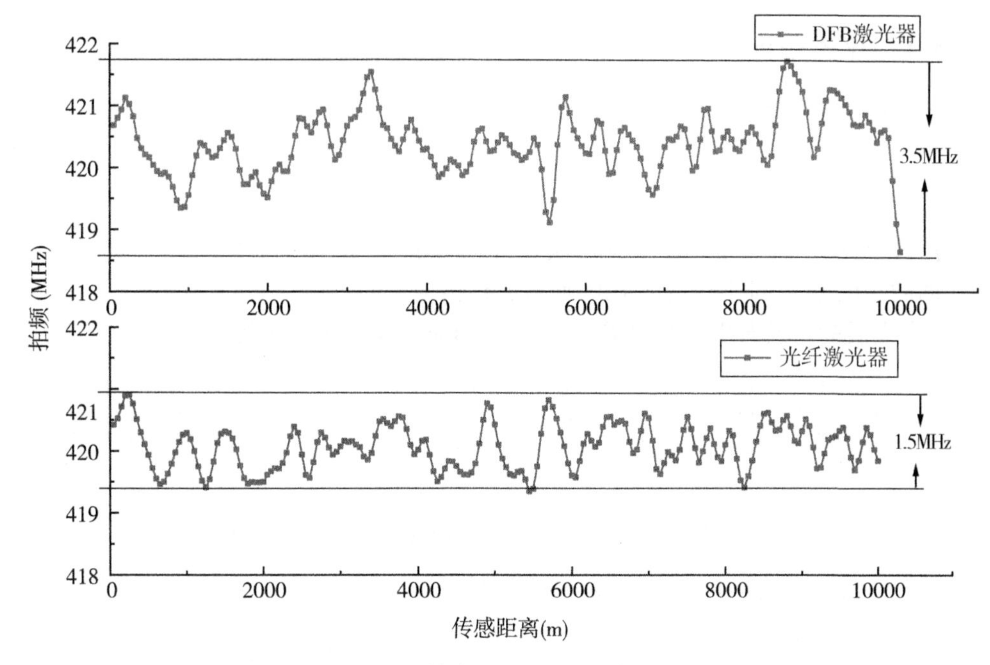

图 4.21　传感光纤沿线的频率波动

4.5　抑制偏振效应导致的幅度振荡

在 BOTDR 系统中，由于自发布里渊散射和泵浦光源之间的频移约为 11GHz，一般系统均采用相干光学检测方式。但是在相干检测过程中，由于光信号本身具有偏振性，采集得到的幅度会出现振荡，也有研究文献中称之为偏振衰落。当布里渊光和本地光之间的偏振方向一致时，幅度最大；当二者之间的偏振方向相互垂直时，幅度为 0。严重的幅度振荡使得测量得到的光线沿线的幅度分布不能够真实地反映传感光纤本身的布里渊散射幅度分布，继而导致 BOTDR 的测量结果精度降低。

为了解决偏振带来的相关问题，研究人员提出了各种解决方案。Deventer 等认为光纤沿线布里渊散射信号随机变化[4]。早期方案中，广泛使用的消偏振方案是采用高速扰偏器[5]，将该器件放置于本地光之后，但是扰偏器价格昂贵。Song 等采用偏振控制器，该器件由两个电控的 1/4 波片组成，根据精确的时间控制，实现垂直的本地偏振光输出[2]。另外一种结构是非平衡 M-Z 干涉仪，利用两个 PBS 或者耦合器，将两个臂之间插入长光纤实现二臂之间的时延[6-8]，但是这种结构容易受到环境的影响。Kazuo Hotate 等利用偏振开关实现两个正交的本地光偏振态[9]。

本节我们采用 PBS 和预放大技术，实现幅度波动振荡的抑制。利用 PBS，将本地光分解为完全偏振的 p 光和 s 光；预放大技术将微弱的散射光进行放大，并利用 1∶1 光纤耦合器将其分为两束。每一束放大后的布里渊光分别和 p 光、s 光进行干涉，之后两个平衡探测器、微波放大器进行转化，数据采集卡进行双通道采集，最后进行数据处理。

4.5.1　理论分析

PBS 将本地光分解为 p 光和 s 光，利用 Jones 矩阵，可以写作：

$$\boldsymbol{E}_{\mathrm{LO}} = E_{\mathrm{LO}}\exp(\mathrm{i}2\pi\nu_{\mathrm{LO}}t)\begin{bmatrix} p_0 \\ \sqrt{1-p_0^2}\exp(\mathrm{i}\theta)\end{bmatrix} \tag{4.5}$$

式中，E_{LO}是本地光的幅度；ν_{LO} 表示本地光的频率；p_0表示 p 光所占的比例；θ 表示 p-和 s-之间的相位差，对于选定的 PBS 而言，该值为一固定值。

对于放大后的自发布里渊散射 $\boldsymbol{E}_{\mathrm{AB}}$，每一束 Jones 矩阵可表示为

$$\begin{aligned}\boldsymbol{E}_{\mathrm{AB}} &= \frac{1}{2}K\cdot E_{\mathrm{B}}\exp(\mathrm{i}2\pi\nu_{\mathrm{B}}t)\begin{pmatrix}1 & 0\\ 0 & \exp(\mathrm{i}\pi/2)\end{pmatrix}\begin{pmatrix} p_{\mathrm{B}} \\ \sqrt{1-p_{\mathrm{B}}^2}\exp(\mathrm{i}\delta\phi_{\mathrm{B}}(l))\end{pmatrix}\\ &= \frac{1}{2}K\cdot E_{\mathrm{B}}\exp(\mathrm{i}2\pi\nu_{\mathrm{B}}t)\begin{pmatrix} p_{\mathrm{B}} \\ \sqrt{1-p_{\mathrm{B}}^2}\exp\{\mathrm{i}(\delta\phi_{\mathrm{B}}(l)+\pi/2)\}\end{pmatrix}\end{aligned} \tag{4.6}$$

式中，E_{B}，ν_{B}，P_{B} 为幅度、频率和散射光中的 p 分量；$\delta\phi_{\mathrm{B}}(l)$ 表示两正交分量之间的相位差，该值和传感光纤的位置有关；K 表示 EDFA 的放大系数；$\begin{pmatrix}1 & 0\\ 0 & \exp(\mathrm{i}\pi/2)\end{pmatrix}$是光纤耦合器的 Jones 矩阵。

当 p 光或者 s 光分别和一半的放大布里渊光干涉时，幅度可以表示为 $\boldsymbol{E}=\boldsymbol{E}_{\mathrm{LO}}+\boldsymbol{E}_{\mathrm{AB}}$，光强为 $\boldsymbol{I}=\boldsymbol{E}^{\mathrm{H}}\boldsymbol{E}$，其中 $\boldsymbol{E}^{\mathrm{H}}$ 为 $\boldsymbol{E}$ 的共轭转置矩阵。将式(4.5) 和式(4.6) 代入光强的表达式，可得到：

$$\begin{aligned} I = &\left\{\begin{aligned}&E_{\mathrm{LO}}\exp(-\mathrm{i}2\pi\nu_{\mathrm{LO}}t)\left[p_0\sqrt{1-p_0^2}\exp(-\mathrm{i}\theta)\right]\\ &+\frac{1}{2}K\cdot E_{\mathrm{B}}\exp(-\mathrm{i}2\pi\nu_{\mathrm{B}}t)\left[p_{\mathrm{B}}\sqrt{1-p_{\mathrm{B}}^2}\exp\left\{-\mathrm{i}\left(\delta\phi_{\mathrm{B}}(l)+\frac{\pi}{2}\right)\right\}\right]\end{aligned}\right\}\\ &\cdot\left\{\begin{aligned}&E_{\mathrm{LO}}\exp(\mathrm{i}2\pi\nu_{\mathrm{LO}}t)\begin{pmatrix} p_0 \\ \sqrt{1-p_0^2}\exp(\mathrm{i}\theta)\end{pmatrix}\\ &+\frac{1}{2}K\cdot E_{\mathrm{B}}\exp(\mathrm{i}2\pi\nu_{\mathrm{B}}t)\begin{pmatrix} p_{\mathrm{B}} \\ \sqrt{1-p_{\mathrm{B}}^2}\exp\left\{\mathrm{i}\left(\delta\phi_{\mathrm{B}}(l)+\frac{\pi}{2}\right)\right\}\end{pmatrix}\end{aligned}\right\}\\ = &E_{\mathrm{LO}}^2+\frac{1}{4}K^2\cdot E_{\mathrm{B}}^2+\frac{1}{2}KE_{\mathrm{B}}E_{\mathrm{LO}}\exp[\mathrm{i}2\pi(\nu_{\mathrm{B}}-\nu_{\mathrm{LO}})t]\\ &\left\{p_0p_{\mathrm{B}}+\sqrt{1-p_0^2}\sqrt{1-p_{\mathrm{B}}^2}\exp\left\{\mathrm{i}\left(\delta\phi_{\mathrm{B}}(l)+\frac{\pi}{2}-\theta\right)\right\}\right\}\\ &+\frac{1}{2}KE_{\mathrm{B}}E_{\mathrm{LO}}\exp[\mathrm{i}2\pi(\nu_{\mathrm{LO}}-\nu_{\mathrm{B}})t]\left\{p_0p_{\mathrm{B}}+\sqrt{1-p_0^2}\sqrt{1-p_{\mathrm{B}}^2}\exp\left\{-\mathrm{i}\left(\delta\phi_{\mathrm{B}}(l)+\frac{\pi}{2}-\theta\right)\right\}\right\}\\ = &E_{\mathrm{LO}}^2+\frac{1}{4}K^2\cdot E_{\mathrm{B}}^2+\frac{1}{2}KE_{\mathrm{B}}E_{\mathrm{LO}}\cdot p_0p_{\mathrm{B}}\cdot 2\cos[2\pi(\nu_{\mathrm{LO}}-\nu_{\mathrm{B}})t]\end{aligned}$$

$$+\frac{1}{2}KE_{\mathrm{B}}E_{\mathrm{LO}}\cdot\sqrt{1-p_0^2}\sqrt{1-p_{\mathrm{B}}^2}\cdot 2\cos\left\{2\pi(\nu_{\mathrm{LO}}-\nu_{\mathrm{B}})t+\left(\delta\phi_{\mathrm{B}}(l)+\frac{\pi}{2}-\theta\right)\right\} \tag{4.7}$$

利用有限带宽的双平衡探测器，只有最后两项能够转化为光电流。因此，探测得到的光强可以简化为

$$i_{\det}=\frac{\eta e}{h\nu}\left\{\begin{array}{l}\frac{1}{2}KE_{\mathrm{B}}E_{\mathrm{LO}}\cdot p_0p_{\mathrm{B}}\cdot 2\cos[2\pi(\nu_{\mathrm{LO}}-\nu_{\mathrm{B}})t] \\ +\frac{1}{2}KE_{\mathrm{B}}E_{\mathrm{LO}}\cdot\sqrt{1-p_0^2}\sqrt{1-p_{\mathrm{B}}^2}\cdot 2\cos\left[2\pi(\nu_{\mathrm{LO}}-\nu_{\mathrm{B}})t+\left(\delta\phi_{\mathrm{B}}(l)+\frac{\pi}{2}-\theta\right)\right]\end{array}\right\} \tag{4.8}$$

式中，η 表示探测器的量子效率；h 为普朗克常量；$\nu=\nu_{\mathrm{LO}}\approx\nu_{\mathrm{B}}$表示干涉光的频率；$e$ 表示电子电荷。

从式(4.8)可以看出，$i_{\det}$ 和本地光、布里渊散射光之间的频差有关，将其写成：

$$i_{\det}=A\cdot\cos[2\pi(\nu_{\mathrm{LO}}-\nu_{\mathrm{B}})t+\Psi] \tag{4.9}$$

其中 Ψ 和 E_{B}，E_{LO}，p_0，p_{B}，K 有关；幅度 A 为

$$A=2\frac{\eta e}{h\nu}\left(\frac{1}{2}KE_{\mathrm{B}}E_{\mathrm{LO}}\right)\sqrt{1+2p_{\mathrm{B}}^2p_0^2-p_0^2-p_{\mathrm{B}}^2+2p_0p_{\mathrm{B}}\sqrt{1-p_0^2}\sqrt{1-p_{\mathrm{B}}^2}\cos(\delta\phi_{\mathrm{B}}(l))} \tag{4.10}$$

那么，探测到的光强为

$$P_{\det}\propto A^2=4\left(\frac{\eta e}{h\nu}\right)^2\left(\frac{1}{2}KE_{\mathrm{B}}E_{\mathrm{LO}}\right)^2\left\{\begin{array}{l}1+2p_{\mathrm{B}}^2p_0^2-p_0^2-p_{\mathrm{B}}^2 \\ +2p_0p_{\mathrm{B}}\sqrt{1-p_0^2}\sqrt{1-p_{\mathrm{B}}^2}\cos(\delta\phi_{\mathrm{B}}(l))\end{array}\right\} \tag{4.11}$$

在探测过程中，会进行多次采集取平均值。$\delta\phi_{\mathrm{B}}(l)$ 在传感光纤中随着时间随机变化，因此 $\cos(\delta\phi_{\mathrm{B}}(l))$ 的时间平均为0。式(4.11)可简化为

$$P_{\det}\propto 4\left(\frac{\eta e}{h\nu}\right)^2\left(\frac{1}{2}KE_{\mathrm{B}}E_{\mathrm{LO}}\right)^2\{1+2p_{\mathrm{B}}^2p_0^2-p_0^2-p_{\mathrm{B}}^2\} \tag{4.12}$$

对于 p 光而言，$p_0=1$，那么

$$P_{\det}\propto 4\left(\frac{\eta e}{h\nu}\right)^2\left(\frac{1}{2}KE_{\mathrm{B}}E_{\mathrm{LO}}\right)^2\{p_{\mathrm{B}}^2\} \tag{4.13a}$$

对于 s 光而言，$p_0=0$，那么

$$P_{\det}\propto 4\left(\frac{\eta e}{h\nu}\right)^2\left(\frac{1}{2}KE_{\mathrm{B}}E_{\mathrm{LO}}\right)^2\{1-p_{\mathrm{B}}^2\} \tag{4.13b}$$

从上述两个公式可以看出，光强和光纤位置相关。如果将两个光强叠加，探测到的光强为

$$\sum P_{\det}\propto 4\left(\frac{\eta e}{h\nu}\right)^2\left(\frac{1}{2}KE_{\mathrm{B}}E_{\mathrm{LO}}\right)^2 \tag{4.14}$$

明显地，探测到的光强不再受到光纤位置的影响。总之，利用 PBS 和预放大技术，可消除相干探测中的偏振效应。

4.5.2 实验研究

实验中所用结构如图 4.22 所示。首先将从传感光纤中散射的光放大，之后利用 1 : 1

耦合器将其一分为二；对于本地光，利用偏振分束器(PBS)将其分为 p 光和 s 光。p 光和一部分散射光相干，s 光和另一部分散射光相干，采用两套平衡探测器和微波放大器进行光电转换和电信号放大，最后利用高速数据采集卡进行双通道采集。

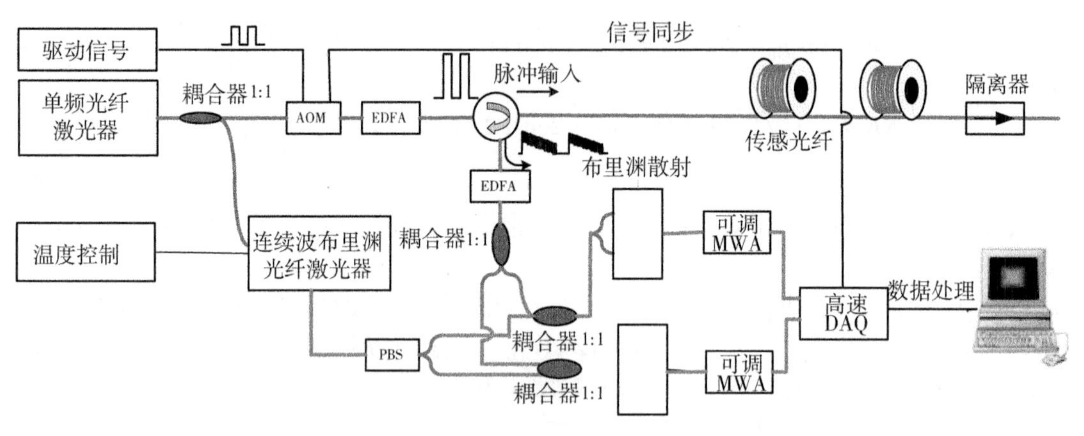

图 4.22　实验系统框图

有/无采用本方案的幅度振荡对比如图 4.23 所示。从图 4.23 中可以看出，偏振导致的幅度振荡大幅减弱。没有采用此方案时，传感幅度变化从 0.002 到 0.020；采用本节中所提出的方案时，传感幅度变化从 0.011 到 0.015。

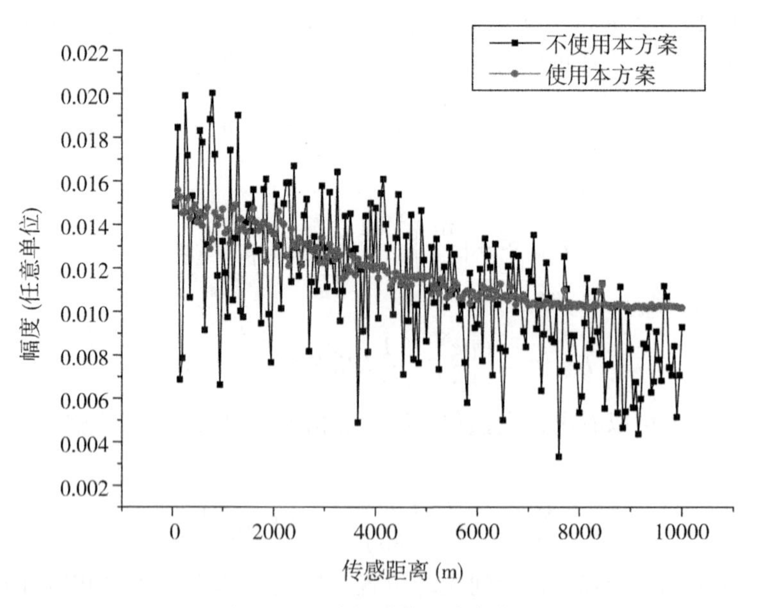

图 4.23　光纤沿线幅度变化

为了验证本方案的实验效果，我们进行了温度实验。将位于 1.75km 至 2.05km 之间的 300m 光纤放置于恒温水浴中，当温度从室温(30℃)上升至 60℃时，BOTDR 的温度传

感效果如图 4.24 所示。从图 4.24 中可以明显看出，采用本方案可实现温度传感精度。

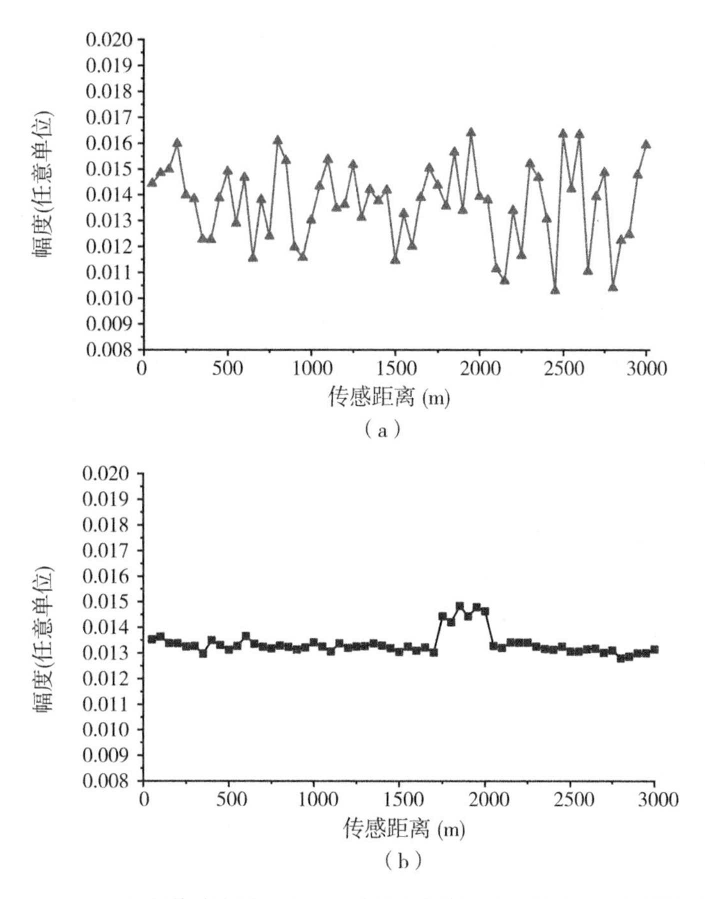

图 4.24　BOTDR 温度传感实验：(a)不采用本方案；(b)采用 PBS 和预放大技术

4.6　温度和应变多参量同时传感实验

温度和应变的交叉敏感是光纤传感器在应用中不可回避的一个重要问题，同样对于 BOTDR 分布式光纤传感器，也需要区分温度和应变。根据第 3 章中的理论分析，BOTDR 能够进行温度和应变的同时传感。本节主要分析在利用 BOTDR 系统的两种方案中实现温度和应变的同时传感。

4.6.1　利用强度和频移进行温度/应变同时传感

1. 频移/幅度和温度/应变之间的系数

根据理论分析，传感光纤中自发布里渊散射光的频移和强度均受到温度和应变的影响，那么我们可以根据检测到的频移和幅度的变化反演出传感位置温度和应变的变化。首先需要测得传感光纤的频率-温度、频率-应变、幅度-温度和幅度-应变系数。

1) 测量频率-温度/应变系数

(1) 首先测量布里渊散射频移和温度之间的系数。

测量 5km 传感光纤，空间分辨率为 20m，平均 100 次，实验中将约 100m 长的光纤放置在恒温水浴中，其他光纤处于室温状态下。当恒温水浴加热到不同温度时，可以对应得到该传感光纤不同的频移。具体的恒温水浴温度和频移变化值参考图 4.25 中的“ • ”，而直线表征这些测量数据的拟合值，由图 4.25 可以看出，测量结果具有很好的线性，拟合曲线的斜率为 1.009，对应于频移-温度系数为 1.009MHz/℃。

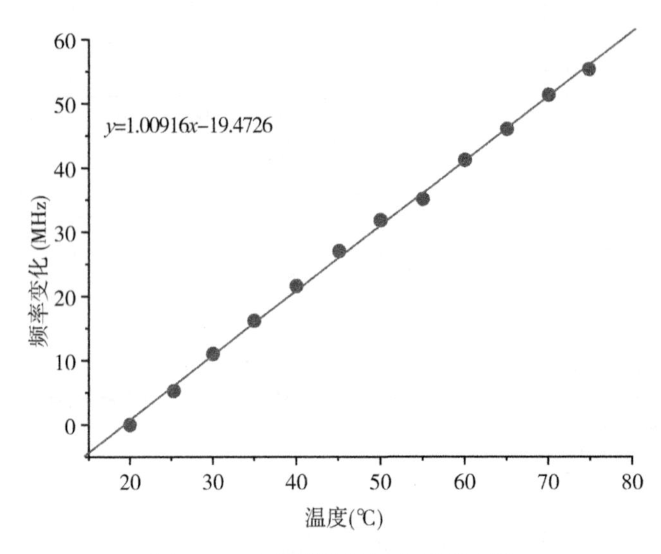

图 4.25　布里渊散射频移-温度系数

(2) 再次测量布里渊散射频率和应变之间的系数。

我们将长约 23m 的光纤一端固定，另外一端加砝码。加上不同质量的砝码，对应光纤有不同的拉伸长度。BOTDR 测量光纤沿线的频率变化，可以得到对应的频率变化。由于固定光纤时施加的拉力未知，我们首先将光纤有一定的拉伸，测量此时的布里渊频移；之后添加一定质量的砝码，测量此时的光纤拉伸长度，再次测量频移；依次添加砝码，得到不同拉伸长度及布里渊散射频率。假设初始时拉伸量是 x，此时对应的频率是 450MHz。不同质量砝码拉伸下所对应的数据如表 4.1 所示。

表 4.1　**不同拉伸量下对应的布里渊频移**

测量次数	拉伸量	布里渊散射频移(MHz)
<1>	x	450
<2>	<1>+2mm	455
<3>	<2>+2mm	457.5

续表

测量次数	拉伸量	布里渊散射频移(MHz)
<4>	<3>+4mm	466
<5>	<4>+4mm	471
<6>	<5>+4mm	481.5
<7>	<6>+4mm	492
<8>	<7>+4mm	500

将不同测量次数时的数据依次相减，可以消除光纤初始状态的影响。应变量的计算是和光纤本身的长度有关的，实验中的长度为23m，不同测量次数之间的拉伸量相减可以得到应变的变化。根据所得的应变变化和频率变化，可以得到对应的频移-应变系数，如图4.26所示。对实验测得的数据进行拟合，可得到曲线的斜率为0.049，对应于频移-应变系数为0.049MHz/με。

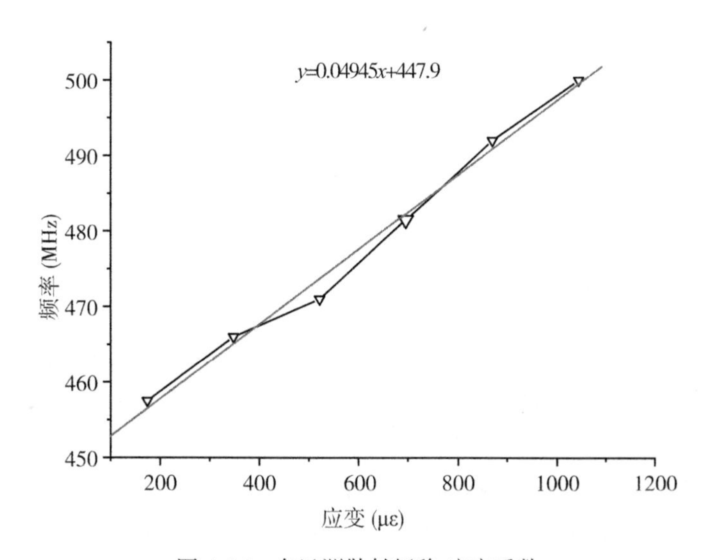

图4.26　布里渊散射频移-应变系数

2)测量幅度-温度/应变系数

(1)首先测量布里渊散射幅度和温度之间的系数。

测量的光纤长度为3km，将2km长度后约200m的部分光纤放置在恒温水浴中，将恒温水浴升温，得到不同温度下光纤的幅度分布。我们采用扰偏器和多次平均的方案，实现布里渊散射幅度的测量。实验中取1000次平均，得到散射信号的幅度随着温度的升高而增加。具体的幅度分布信息如图4.27所示。

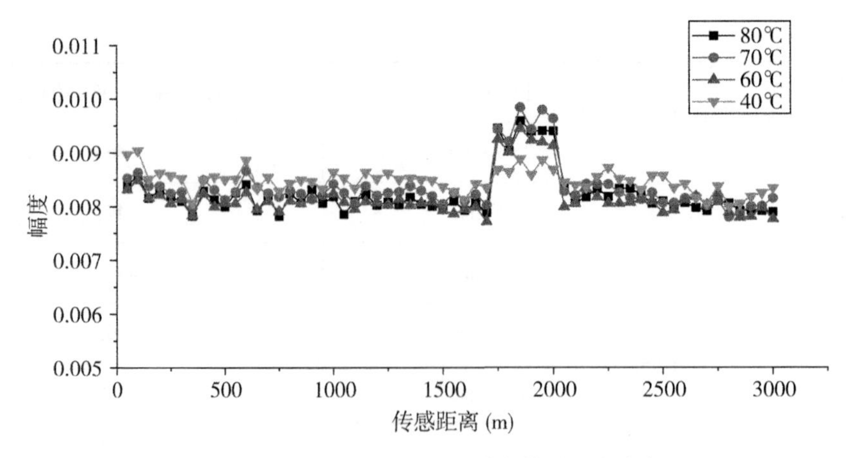

图 4.27　不同温度下布里渊散射信号幅度分布

将光纤 1750—2000m 段的 6 处的数据进行分析，一共计算得到 22 个系数，分布如图 4.28 所示。将这些计算结果取平均，得到幅度随着温度的相对变化为 0.28%/K，和理论计算结果一致(此时的均方差为 1.784×10^{-6})。

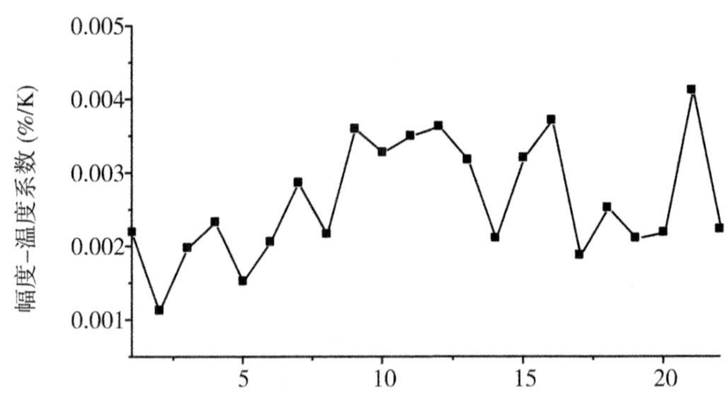

图 4.28　布里渊散射幅度-温度系数

(2)再次测量了布里渊散射频移和应变之间的系数。

同前面测量布里渊散射频移和应变之间的系数一样，采用同样的装置。BOTDR 装置中也增加了扰偏器和进行了多次平均。由于我们已经准确地测得光纤的频移-应变系数，也就是说，可以根据频移准确地得到传感光纤所承受的应变，所以在实验中只需测量光纤中布里渊散射的幅度分布及频率分布，如图 4.29 所示。

根据图 4.29 中的频率变化得到对应的应变量，再将幅度的变化量除以应变量，可以得到布里渊散射幅度和应变之间的系数，如图 4.30 所示。将这些数据进行平均，可以得到最后的幅度-应变系数，这 13 个计算结果的平均值为-0.01745%/με(均方差为 9.678×10^{-5})，该数据和文献[10]中报道的实验数据差距较大。

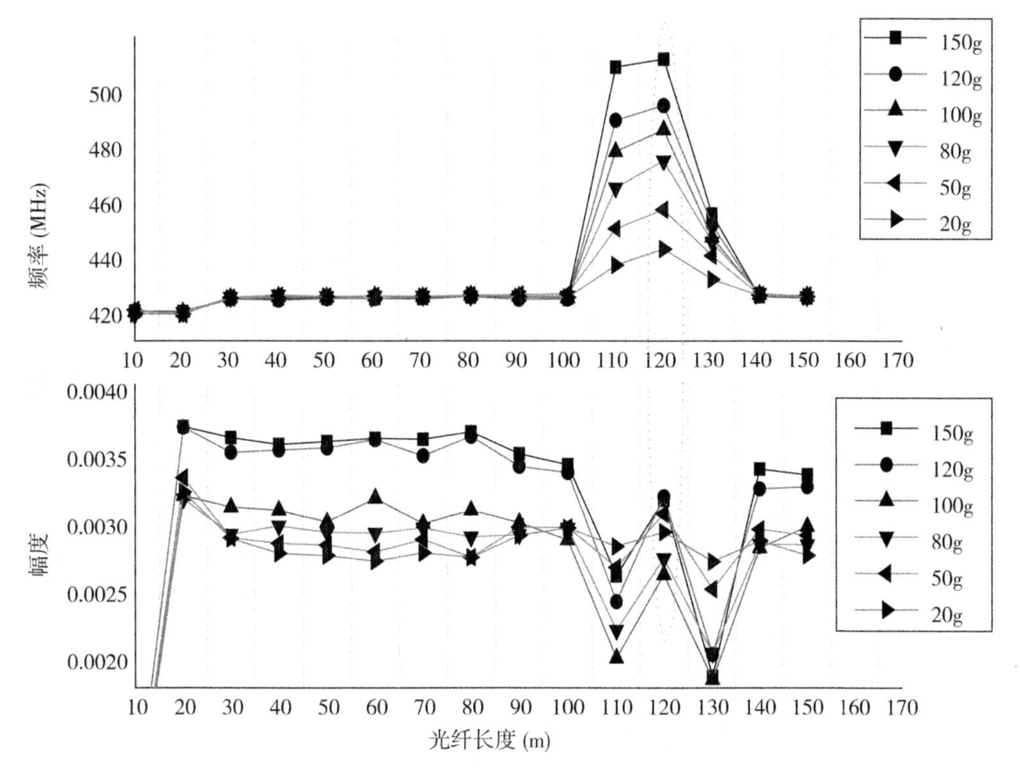

图 4.29 传感光纤的频率和幅度分布

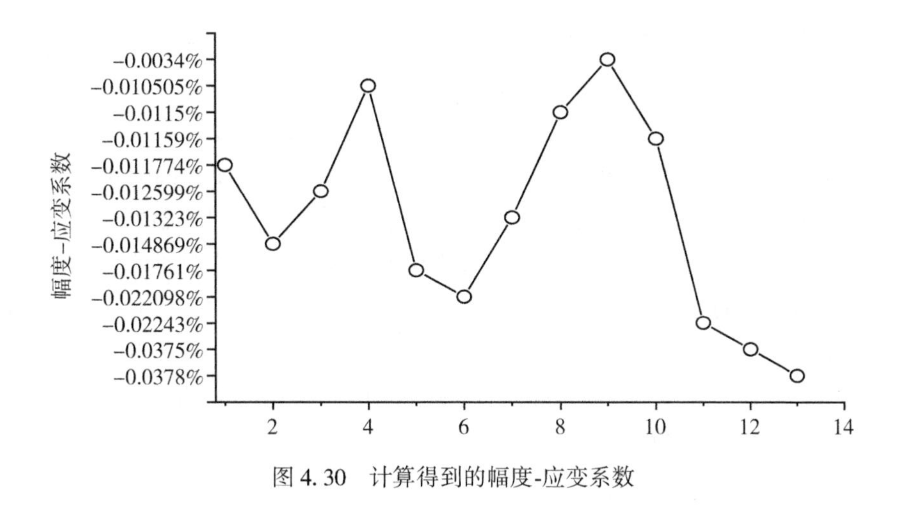

图 4.30 计算得到的幅度-应变系数

3) 和文献中的参数进行比较

将我们实验得到的光纤 4 个系数和理论计算的结果、文献[10]中报道的实验结果进行了比对，如表4.2 所示。由表4.2 可以看出，频率-温度/应变、幅度-温度这三个系数和 T. P. Newson 等所得的结果一致[10]；但是 T. P. Newson 等是利用 BOTDA 方案测得幅度-温度/应变系数[10]，受激布里渊散射信号较大，所以测量结果相对更准确。

表 4.2　**本书测量结果和理论、文献中的系数比较**

系数	理论计算结果	T. P. Newson[10]	本书实验结果
频率-温度	1.18MHz/K	1.06MHz/K	1.01MHz/K
频率-应变	0.048MHz/με	0.048MHz/με	0.049MHz/με
幅度-温度	0.32%/K	0.33%/K	0.28%/K
幅度-应变	-10^{-3}%/με	-8.07×10^{-4}%/με	-17.45×10^{-3}%/με

2. 利用频率和幅度进行温度应变同时传感

根据理论分析，BOTDR 中后向布里渊散射信号的幅度/频率和温度/应变呈线性关系。实验中，我们利用扰偏器消除系统中偏振带来的影响；整个传感光纤的长度为 250m，空间分辨率为 10m，平均 2000 次。将约 40m 长的光纤放在恒温水浴中，对另外长约 20m 的光纤施加拉力。需要说明的是，我们没有实验条件实现一段光纤同时受到温度和应变的影响，实验中所用的方式只是一种变通的方式，但是不影响温度和应变的同时解调。

对恒温水浴设置不同的温度，同时对光纤施加不同的拉力，针对不同的情况测量传感光纤沿线的幅度分布和频率分布，根据幅度和频率的变化，解调出对应的温度和应变的分布。所测得的幅度和频移的变化如图 4.31 所示，其中(a)表示幅度的变化，(b)表示频移的变化。

根据实验中观察到的数据拟合过程，第 60m、100m 处和第 190m、210m 处均没有拟合准确，原因是空间分辨率范围内一部分没有受到外界的变化影响而另一部分受到了加温或拉力。在后继的解调过程中将会把这 4 个点剔除。利用我们测量得到的频率/幅度和温度/应变之间的系数进行解调，可得到光纤沿线的温度和应力分布，如图 4.32 所示。

从解调结果可以看出，利用我们测量的 4 个系数所计算得到的温度变化分布基本正确，但是整体有约 10℃ 的下移，这与测量过程中非受温度应变影响的部分也发生了幅度变化有关。根据应变的分布曲线，可以看出整体有 200με 的上移，且加砝码的部分的微应变只有 800με，但是根据光纤的频移变化可知实际上所施加的应变约为 1200με，所以我们可认为测量得到的应变是不准确的。产生误差的原因是幅度测量的误差较大，且幅度-应变系数和理论上的系数相差很大。

4.6.2　双光纤多参量解调方案

由于利用布里渊散射频移和幅度的变化解调温度和应力的方案中得到的结果有较大的误差，根本原因是布里渊散射信号的幅度难以测量准确。在实验中我们发现，频移变化的测量是比较准确的，但是利用光纤的频移只能测量一个分量，不能够避免温度和应变的交叉敏感问题。

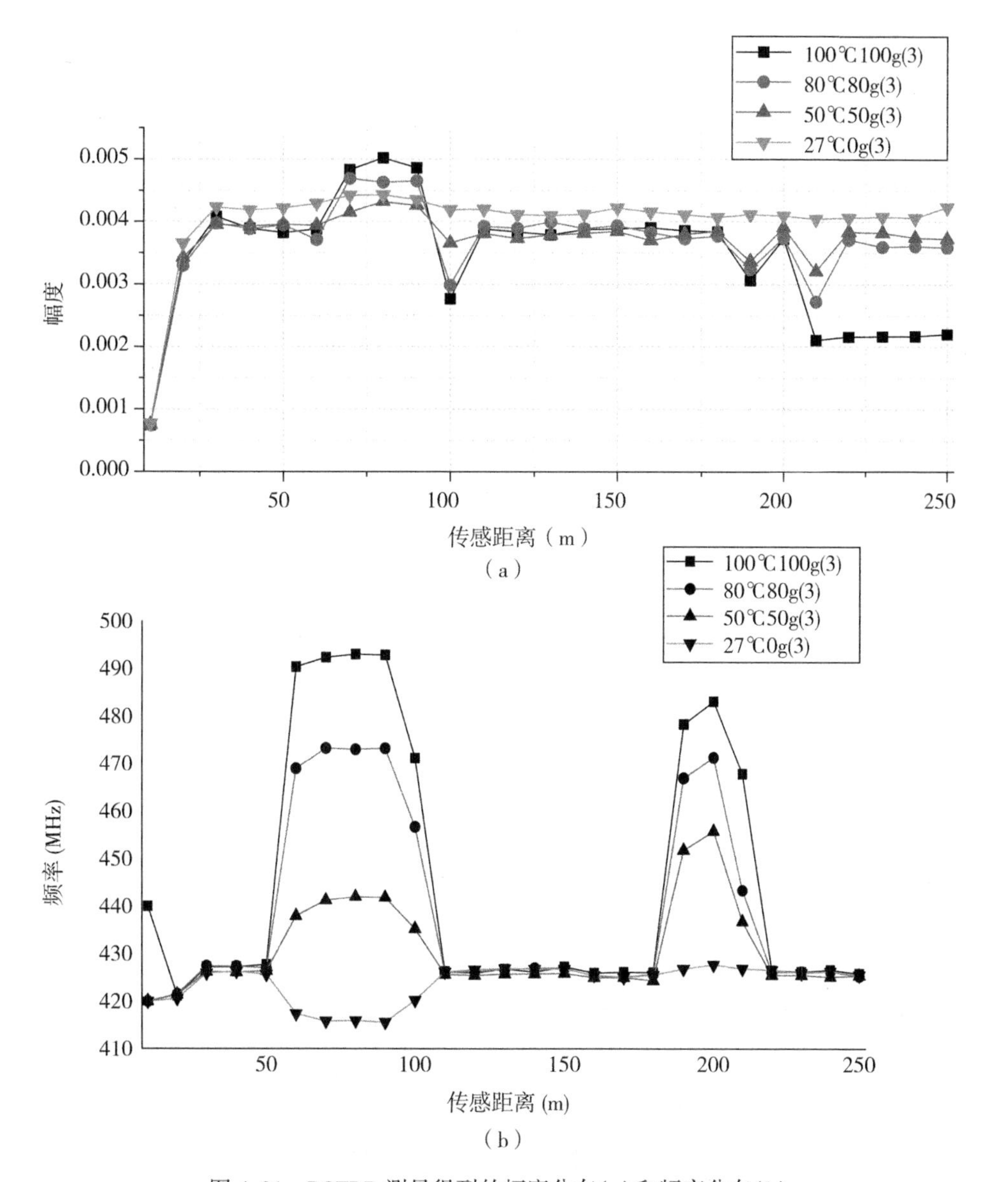

图 4.31　BOTDR 测量得到的幅度分布(a)和频率分布(b)

因而我们提出了双光纤传感的方案，利用光开关，将两根光纤平行铺设在所关心的区域，其中两根光纤受到温度和应变的影响是不同的，那么通过解调两根光纤所产生的频移变化，即可得到光纤沿线的温度和应变分布。具体原理如下：

$$\begin{cases} \Delta f_1 = C_{T1} \cdot \Delta T + C_{\varepsilon 1} \cdot \Delta \varepsilon \\ \Delta f_2 = C_{T2} \cdot \Delta T + C_{\varepsilon 2} \cdot \Delta \varepsilon \end{cases} \tag{4.15}$$

式中，C_{T1}、$C_{\varepsilon 1}$和C_{T2}、$C_{\varepsilon 2}$分别表示两种光纤的频率-温度、频率-应变系数。

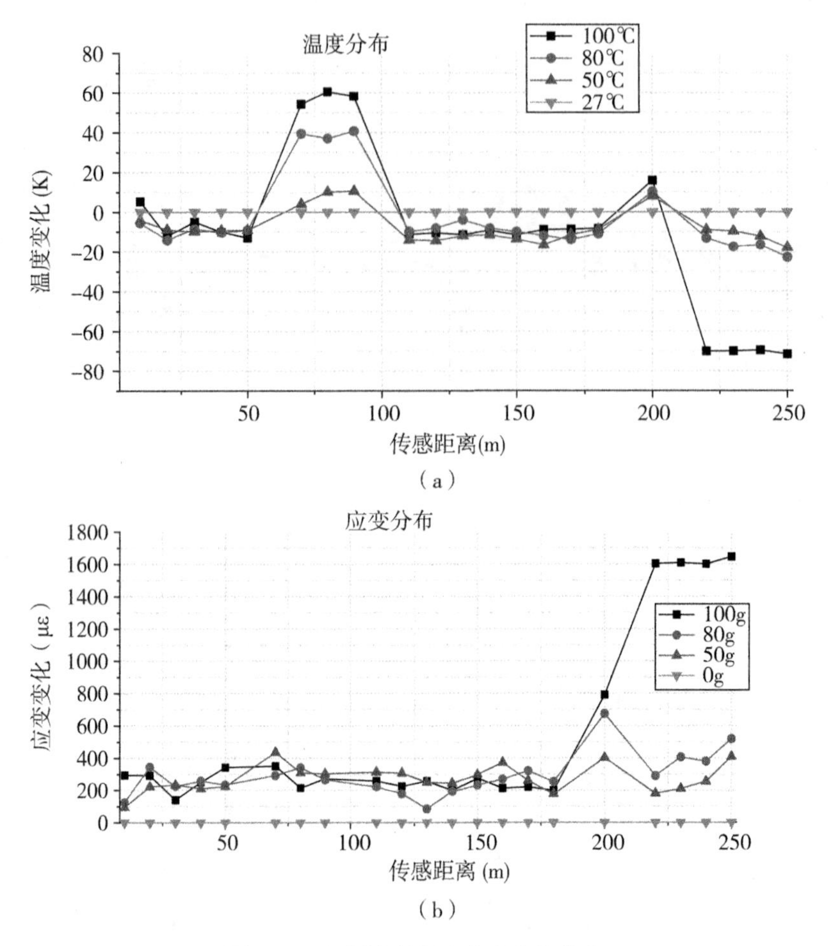

图 4.32　解调出的温度和应变的分布

求解该方程组，可得外界温度和应变的变化：

$$\begin{cases} |\Delta T| = \left|\dfrac{\Delta f_1 \cdot C_{\varepsilon 2} - \Delta f_2 \cdot C_{\varepsilon 1}}{C_{\varepsilon 1} \cdot C_{T2} - C_{\varepsilon 2} \cdot C_{T1}}\right| \\ |\Delta \varepsilon| = \left|\dfrac{\Delta f_1 \cdot C_{T2} - \Delta f_2 \cdot C_{T1}}{C_{\varepsilon 1} \cdot C_{T2} - C_{\varepsilon 2} \cdot C_{T1}}\right| \end{cases} \tag{4.16}$$

其中，$C_{\varepsilon 1} \neq C_{\varepsilon 2}$，$C_{T1} \neq C_{T2}$。

实验中所采用的硬件结构如图 4.33 所示，将两根光纤和光开关输出相连，通过控制光开关的工作状态，可实现两根光纤的自发布里渊散射信息的同时采集。

我们所设计的光缆结构为复合光缆，其中一种是应变非敏感光缆，另一种是应变光缆。对应地，我们在软件结构上也进行了改进，改进后的软件界面如图 4.34 所示。当点击“温度”按键时，光开关连接至应变不敏感光纤，该光纤不会受到外界应变的影响；当点击“应变”按键时，光开关连接至应变光缆，但是该光缆同时受到温度和应变的影响；当点击“温度+应变”时，可实现同时测量两根光纤的传感信息。

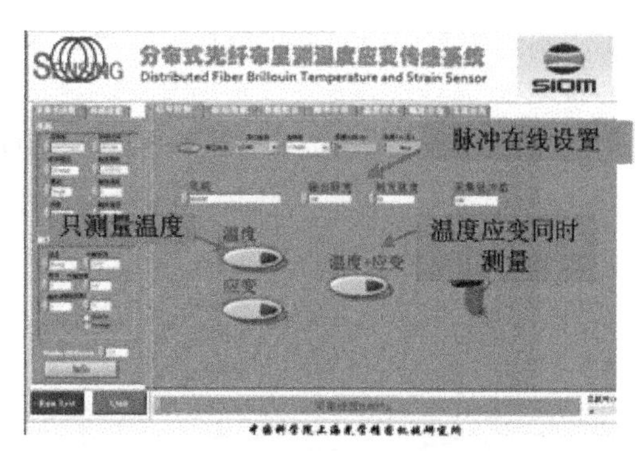

图 4.33　双光纤方案的硬件结构　　　　图 4.34　双光纤方案软件界面

由于实验室没有对上述复合光缆施加拉力的仪器，所以我们用两根裸光纤实现同时传感，这只是表示该方案能够实现温度和应变的同时传感，实际应用时还是需要利用该复合光缆。利用裸纤得到的频率结果如图 4.35 所示，解调后得到的温度和应变分布如图 4.36

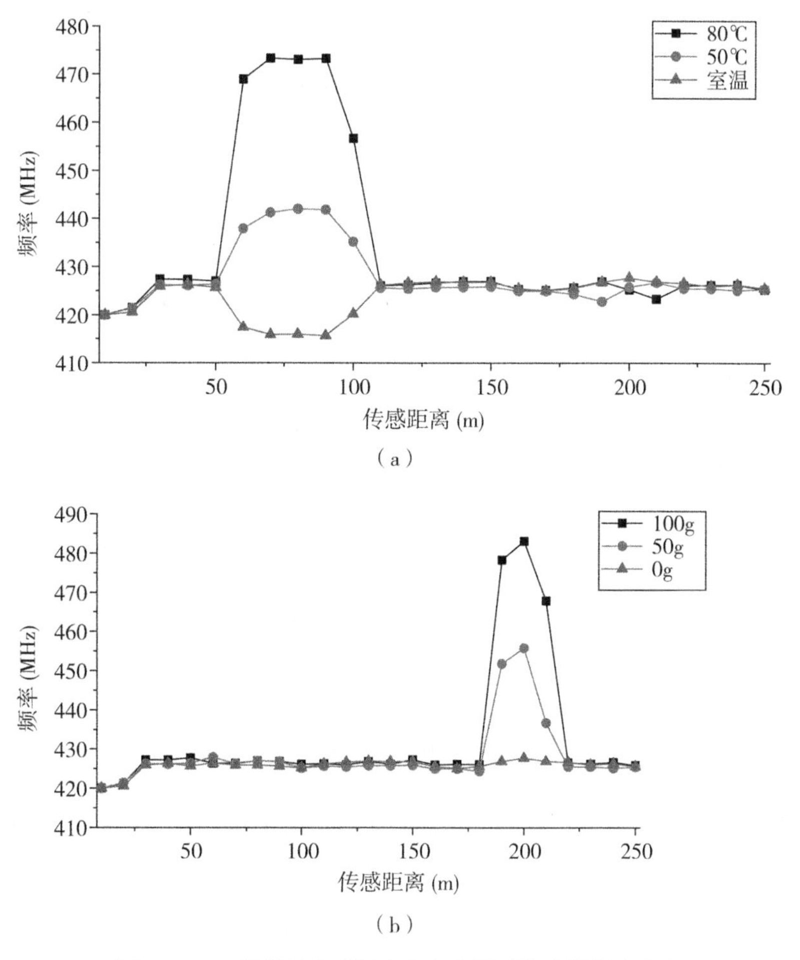

图 4.35　双根裸纤实现温度和应变同时传感的频率分布

所示。图中频率大小的不同是和传感光纤本身材料相关的，这并不影响后继温度和应变信号的解调。

从解调出的温度分布(图 4.36)来看，BOTDR 测量所得温度变化和恒温水浴中光纤的温度变化相同，误差小于 2℃；分析 BOTDR 测量应变的结果，由于光纤初始时所受到的应变未知，所以无法进行准确的对比，从应变未变化部分来看，测量精度远远好于用幅度和频移解调出的应变结果，误差小于 20με。

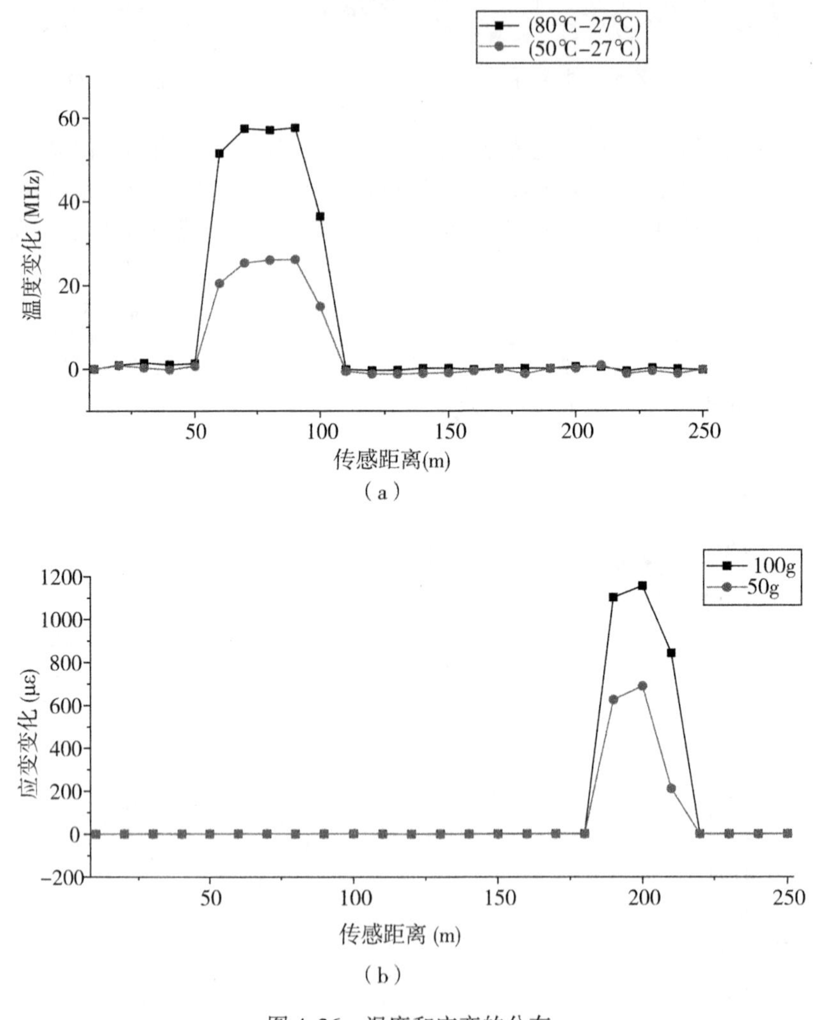

图 4.36　温度和应变的分布

对比两种解调方案的结果，显然利用两根光纤实现温度和应变的测量，其结果更加准确。在实际应用中，选择合适的光缆进行传感是非常关键的。

4.7　拟合准确性分析

长距离传感光纤中自发布里渊散射信号十分微弱，且和入射光之间的频移约为10.8GHz。提取并准确表征传感光纤上的自发布里渊散射谱是实现BOTDR分布式事件传感的关键之一。目前，BOTDR系统结构一般采用相干检测技术，将自发布里渊散射信号从光纤端面反射、瑞利散射和布里渊散射信号中区分出来。但是在后继的布里渊散射谱数据处理中，研究人员提出了不同的算法进行高准确度特征提取。肖尚辉等分析了10ns脉宽的后向布里渊散射信号的拟合模型，比较了洛伦兹、高斯和洛伦兹-高斯权重优化组合的Pseudo-Voigt模型[11]；张旭苹研究小组利用区间划分和基于最小二乘的非线性回归方法对采集到的布里渊散射谱进行分析，能够拟合散射谱中的多峰，准确分析光纤的传感参量[12]。张有迪等采用小波去噪结合莱文伯-马奈特(LM)算法调节权值后向传输(BP)神经网络对布里渊光纤传感系统的测得数据进行拟合，该算法优于传统的BP算法[13]。毕卫红研究小组报道了基于径向神经网络的数据拟合方法[14]。其他的自发布里渊散射谱分析方法还包括模式识别[15]、多项式拟合[16]等。上述各种拟合算法均能实现传感光纤沿线的温度和应变变化，但对微弱自发布里渊散射信号拟合的准确性未见详细分析。

本节基于10m空间分辨率的BOTDR传感系统，对1000m范围内的自发布里渊散射信号进行离散傅里叶变换，利用典型的洛伦兹曲线进行数据拟合。研究了不同信噪比条件下的拟合准确性，从方差、残差、均方根差三个方面进行分析，并研究了对应的传感光纤频率分布的波动情况。该研究成果可为基于布里渊散射的分布式光纤传感器的算法研究及高精度特征提取提供参考。

硅基光纤中声子的衰减特性决定了布里渊增益谱的形状[17]，理论上，后向布里渊散射谱为洛伦兹曲线，如图4.37所示。

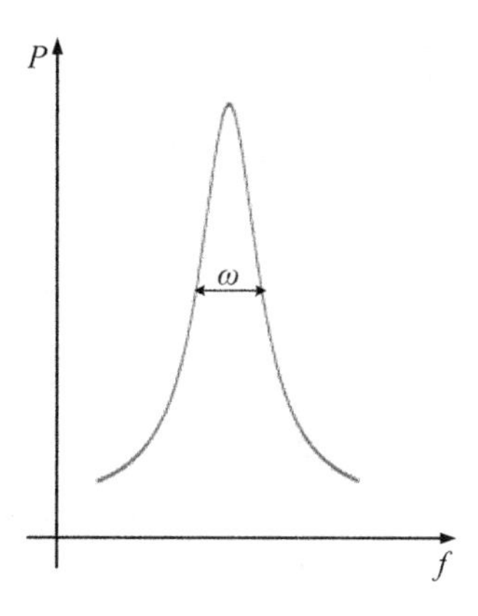

图4.37　标准洛伦兹曲线

布里渊散射光功率的洛伦兹函数数学表达式为

$$P(\nu)=\frac{h\left(\frac{\omega}{2}\right)^2}{(\nu-\nu_0)^2+\left(\frac{\omega}{2}\right)^2} \tag{4.17}$$

式中，ν 表示频率；ν_0 为中心频率；ω 为半高宽(典型值 35MHz)。

BOTDR 分布式光纤传感系统的基本结构如图 4.39 所示。窄线宽光纤激光器的输出光一部分用于传感支路，另一部分用于本地参考光支路。对于传感支路的连续光，利用声光调制器(AOM)将其调制为脉冲光，以对传感位置进行精确定位；脉冲光经由环形器 1 端口注入和环形器 2 端口相连的长距离传感光纤中；传感光纤中后向输出光包括瑞利散射、布里渊散射、拉曼散射以及光纤端面反射等，通过环形器 3 端口输出；其中自发布里渊光包含传感光纤沿线的温度和应变信息。由于布里渊散射和入射光之间的频移较小，难以利用直接探测技术提取自发布里渊散射信号，所以采用光学相干检测技术[18]。采用布里渊光纤激光器作为本地光，该激光输出与主激光器之间的频移和传感光纤中自发布里渊散射的频移接近，因此该光纤激光器可作为宽带移频单元，降低后继探测信号的带宽。布里渊激光器和传感光纤中的后向输出进行光学拍频，获得带宽约为 400MHz 的探测信号[19]。利用带宽为 700MHz 的平衡探测器探测光信号，滤除了瑞利散射、拉曼散射和端面反射光，同时将布里渊散射拍频信号转换为电信号。通过数据采集卡采集时域信息，经过分段傅里叶变换(FFT)数据处理，提取每个空间分辨率范围内的中心频率，可获得传感光纤沿线的布里渊频移分布。

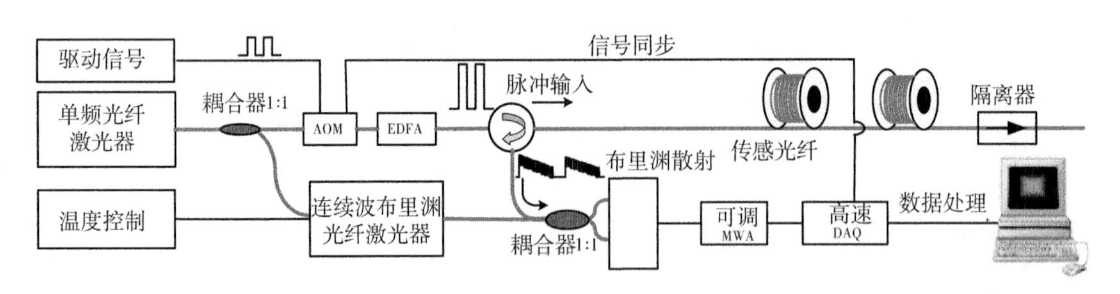

图 4.38　BOTDR 传感系统原理框图

简单起见，我们对 1km 传感距离、50m 空间分辨率的 BOTDR 传感系统进行研究。在脉冲平均次数分别为 5、10、50、100 和 500 时，光纤中后向自发布里渊散射信号的频域分析信噪比差别较大，如图 4.39 所示，该频域信号可综合表征分段 FFT 时每个空间分辨率范围内自发布里渊散射信号的信噪比对比情况。由图 4.39 可以看出，平均 5 次和 500 次时，后者的信噪比前者高出约 10dB。

基于布里渊散射信号本质上具有洛伦兹线型，我们对分段 FFT 之后的频域信号进行洛伦兹曲线拟合。主要分析了洛伦兹拟合时的准确性，从拟合残差、方差和均方根差三个

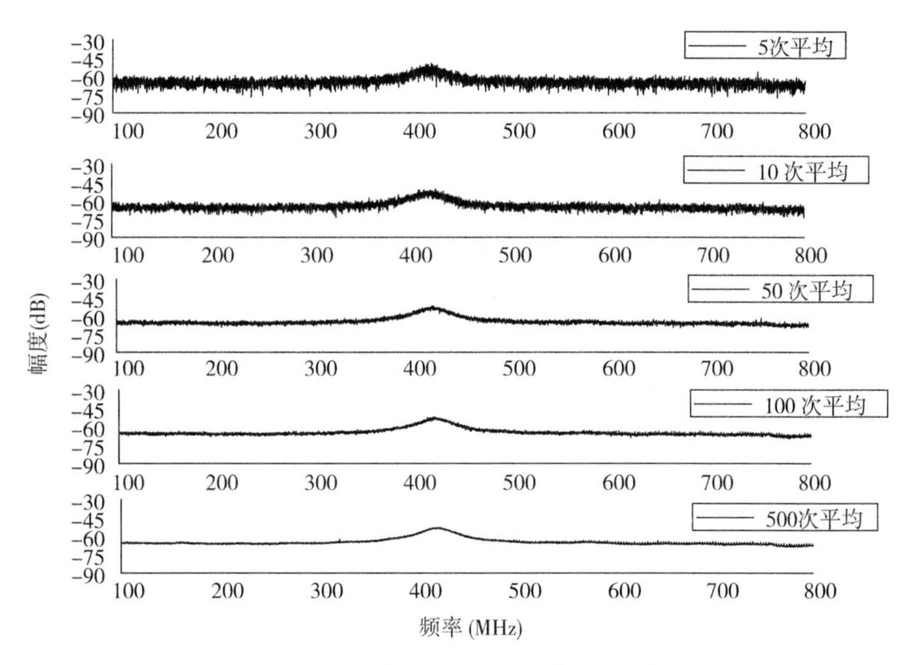

图 4.39 不同信噪比时布里渊散射频域信号

角度进行了研究。残差表示观测值与拟合值之间的差；方差表示待拟合数据与平均数之差的平方的平均数；均方根差是方差的算术平方根。不同信噪比情况下的拟合残差分布如图 4.40(a)所示，拟合方差分布如图 4.40(b)所示，拟合均方根差分布如图 4.40(c)所示。从图 4.40 中可以看出，平均 500 次时的拟合残差和方差均比平均 5 次时的数据小一个数量级，均方根差有相同的数量级。也就是说，当光纤中自发布里渊散射信号的信噪比较高时，利用洛伦兹曲线拟合时的准确性较高，拟合曲线和实际数值之间具有较小的残差、方差和均方根差。

利用洛伦兹曲线进行拟合之后的中心频率分布如图 4.41 所示，信噪比由小到大变化时，传感光纤的频率波动分别为 9.05MHz、4.1MHz、1.95MHz、1.874MHz 和 1.69MHz。由此可以看出，当传感光纤中布里渊散射信号的信噪比较大时，光纤沿线自身的频率波动较小，对应 BOTDR 分布式光纤传感系统的频率分辨率较高。

我们以 BOTDR 分布式光纤传感系统为研究对象，研究了洛伦兹曲线拟合布里渊散射分段 FFT 后每个空间分辨率范围内频域信号的准确性。当 BOTDR 传感系统进行 500 次平均时，自发布里渊散射信号的信噪比较大，其拟合残差和方差均比平均 5 次时小一个数量级，拟合均方根差处于同一个数量级，传感光纤的频率波动小 7.36MHz。该研究结论可为 BOTDR 分布式光纤传感系统的布里渊散射信号算法设计及高精度特征提取提供参考。

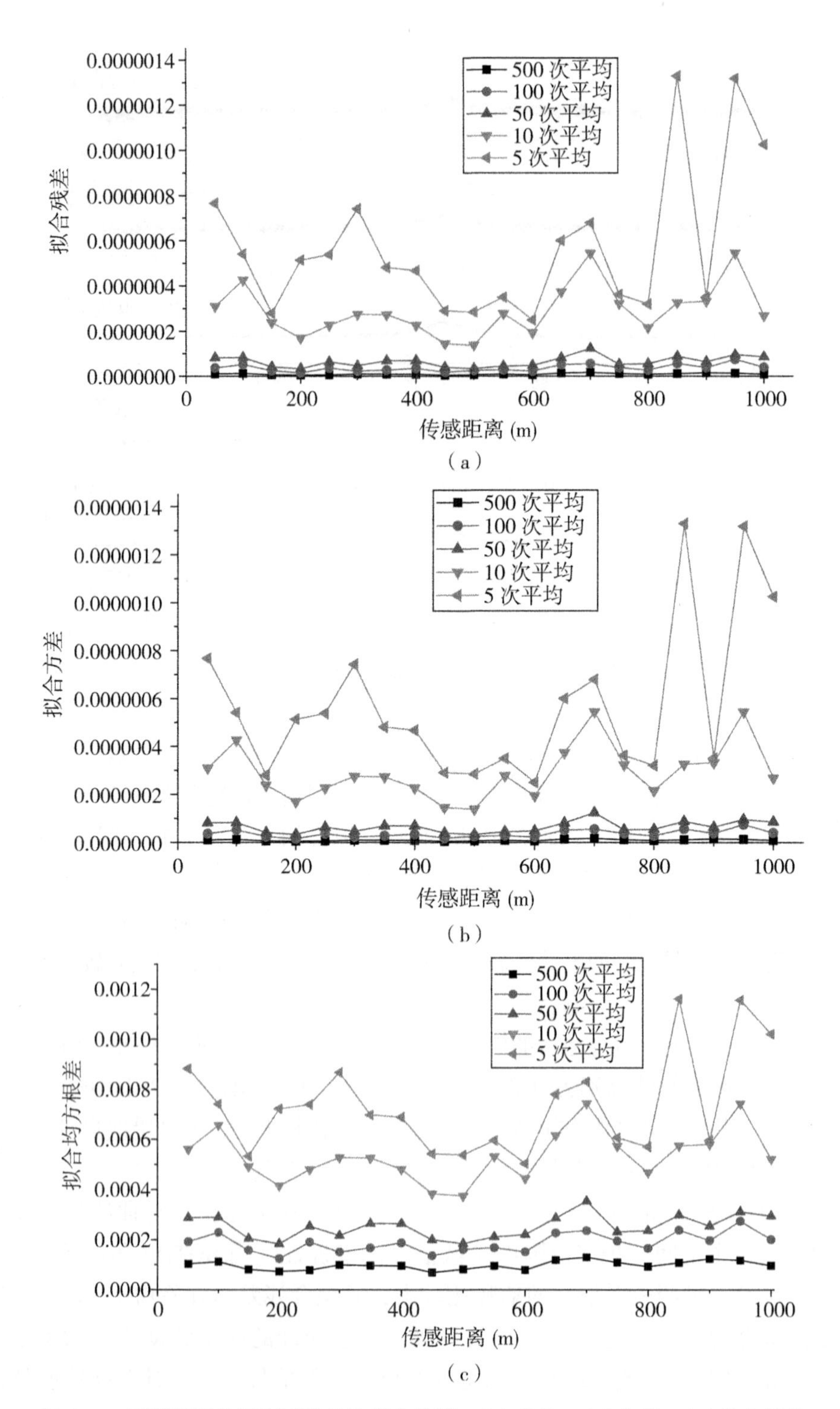

图 4.40　不同信噪比情况下洛伦兹拟合分析：(a)残差；(b)方差；(c)均方根差

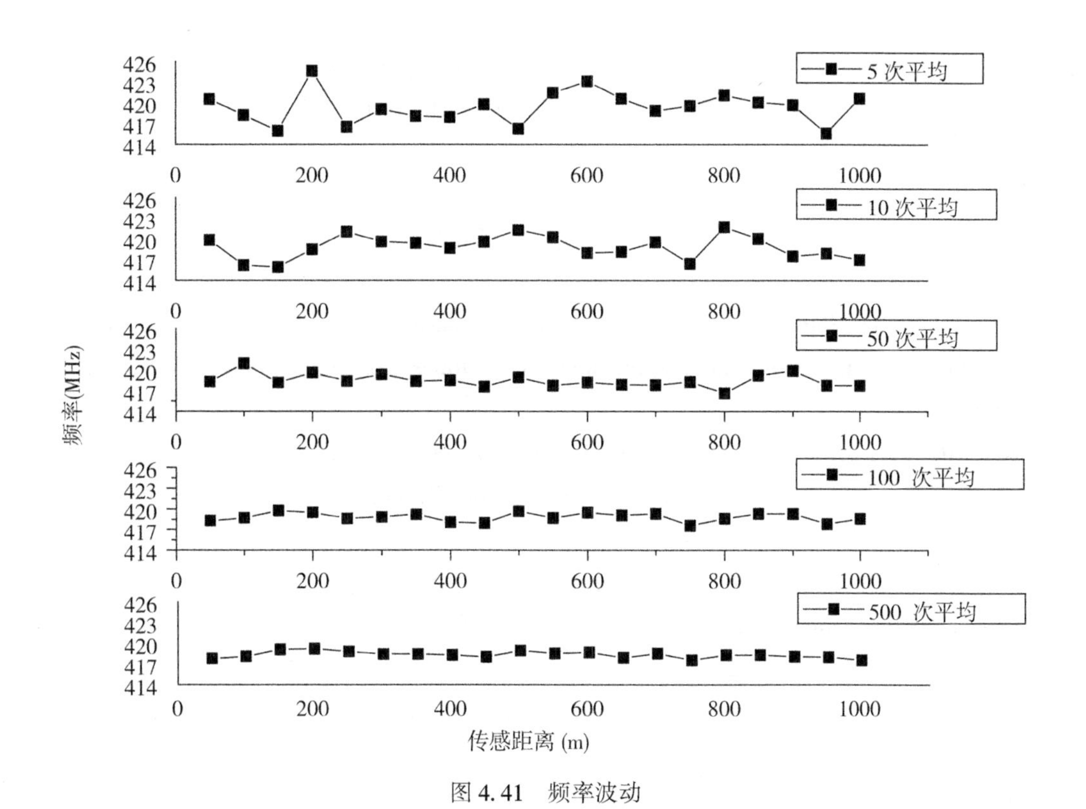

图 4.41 频率波动

4.8 本章小结

本章提出一种基于宽带光学移频方案和数字相干检测技术相结合的新型 BOTDR 分布式光纤传感系统方案，实现了光纤传感链路微弱自发布里渊散射信号温度、应变和位置信息多参量传感，研制出 BOTDR 传感系统样机；设计了基于紧致结构布里渊激光器的宽带移频单元(下频移约 10.8GHz)；研究了该移频激光器在不同工作状态(自激振荡、单纵模运转)对 BOTDR 分布式光纤传感技术的影响。实验结果表明，通过与传感布里渊散射信号的相干探测，可实现探测信号带宽由 11GHz 降至 420MHz 左右，降低系统在电子学上对元器件带宽的要求。在信号处理方面，利用数字相干检测技术，通过时域散射信号的数字化信息分析，进行分段 FFT 数据处理，并对空间分辨率范围内的频域信号进行洛伦兹曲线拟合，提取了传感光纤的频移和强度分布，实现了温度和应变的同时传感。

此外，本章深入研究了激光器线宽对传感光纤中自发布里渊散射谱的影响，为系统光源优化设计提供指导。理论分析和实验结果表明，1MHz 的窄线宽激光器是 BOTDR 系统光源的最优选择。另外，采用了偏振分束器和预放大技术实现了传感幅度振荡的抑制，提高了系统的传感精度；利用两种方案实现了温度和应变的同时传感，包括解调布里渊散射谱的频移和强度，以及测量双光纤的频移；测量了传感光纤的频移/强度和温度/应变之间的系数，实现了温度和应变的同时解调，实验结果表明第二种方案的测量结果比较精确；最后分析了布里渊频域信号拟合的准确性，从拟合残差、方差和拟合均方根差三个角度进行详细分析，为 BOTDR 分布式光纤传感系统的布里渊散射信号算法设计及高精度特征提取提供参考。

本章参考文献

[1]Yang F, Ye Q, Pan Z Q, et al. 100mW linear polarization single-frequency all-fiber seed laser for coherent Doppler lidar application[J]. Optics Communications, 2012, 285(2): 149-152.

[2]Song Muping, Zhao Bin, Zhang Xianmin. Optical coherent detection Brillouin distributed optical fiber sensor based on orthogonal polarization diversity reception[J]. Chinese Optics Letters, 2005, 3(5): 271-274.

[3]Geng Jihong, Staines S, Blake M, et al. Distributed fiber temperature and strain sensor using coherent radio-frequency detection of spontaneous Brillouin scattering[J]. Applied Optics, 2007, 46(23): 5928-5932.

[4]Deventer M, Boot A. Polarization properties of stimulated Brillouin scattering in single-mode fibers[J]. IEEE Journal of Lightwave Technology, 1994, 12: 585-590.

[5]Lecoeuche V, Hathaway M W, Webb D J. 20km distributed temperature sensor based on spontaneous Brillouin scattering[J]. IEEE Photonics Technology Letters, 2000, 12(10): 1367-1369.

[6]Lalam Nageswara, Ng Waipang, Dai Xuewu, et al. Performance analysis of Brillouin optical time domain reflectometry (BOTDR) employing wavelength diversity and passive depolarizer techniques[J]. Measurement Science and Technology, 2018, 29(2): 0251011-0251019.

[7]Wang Feng, Li Cunlei, Zhao Xiaodong, et al. Using a Mach-Zehnder-interference-based passive configuration to eliminate the polarization noise in Brillouin optical time domain reflectometry[J]. Applied Optics, 2012, 51(2): 176-180.

[8]Diaz S, Mafang S F, Lopez-Amo M, et al. High performance Brillouin distributed fibre sensor [C]//The Third European Workshop on Optical Fibre Sensors, SPIE, 6619: 6619381-6619384.

[9]Kazuo Hotate, Koji Abe, Kwang Yong Song. Suppression of signal fluctuation in Brillouin optical correlation domain analysis system using polarization diversity scheme[J]. IEEE Photonics Technology Letters, 2006, 18(24): 2653-2655.

[10]Belal M, Newson T P. Experimental examination of the variation of the spontaneous Brillouin power and frequency coefficients under the combined influence of temperature and strain[J]. Journal of Lightwave Technology, 2012, 30(8): 1250-1255.

[11]肖尚辉，李立．一种新的光纤布里渊传感散射谱拟合方法[J]．光学技术，2009(6)：

897-900.

[12]梁浩，张旭苹，李新华，等．布里渊背向散射光谱数据拟合算法设计与实现[J]．光子学报，2009，38(4)：875-879.

[13]张有迪，李嘉琪，孟钏楠，等．布里渊散射谱拟合的混合优化算法[J]．强激光与粒子束，2015，27(9)：79-85.

[14]刘银，付广伟，张燕君，等．基于径向基函数神经网络的传感布里渊散射谱特征提取[J]．光学学报，2012，32(2)：62-68.

[15]Ding Y，Shi B，Zhang D. Data processing in BOTDR distributed strain measurement based on pattern recognition[J]. Optik—International Jonrnal for Light and Electron Optics，2010，121(24)：2234-2239.

[16]刘迪仁，宋牟平，章献民，等．应变梯度对布里渊光时域反射仪测量精度的影响[J]．光学学报，2005，25(4)：501-505.

[17]Heiman D，Hamilton D S，Hellwarth R W. Brillouin-scattering measurement on optical-glasses[J]. Physical Review B，1979，19(12)：6583-6592.

[18]Alahbabi M N，Lawrence N P，Cho Y T，et al. High spatial resolution microwave detection system for Brillouin-based distributed temperature and strain sensors[J]. Measurement Science & Technology，2004，15(8)：1539-1543.

[19]Hao Yunqi，Ye Qing，Pan Zhengqing，et al. Design of wide-band frequency shift technology by using compact Brillouin fiber laser for Brillouin optical time domain reflectometry sensing system[J]. IEEE Photonics Journal，2012，4：1686-1692.

第 5 章 脉冲调制格式对 BOTDR 系统的影响

BOTDR 传感系统的四个指标(传感距离、传感精度、空间分辨率和响应时间)中的前三个均和后向布里渊散射信号的信噪比有关。因此，提高系统的信噪比对于整个传感器的性能指标的提高是非常重要的。空间分辨率、传感距离和传感精度与信噪比之间的关系可表述为

$$传感距离 = \frac{1}{2}\left(P_{\mathrm{P}} + R_{\mathrm{B}} - L_{c} - P_{d} - \frac{\mathrm{SNIR}}{2} - \frac{\mathrm{SNRr}}{2}\right)$$

分辨精度即频率分辨率 $\delta f_{\mathrm{B}} = \dfrac{\Delta f_{\mathrm{B}}}{\sqrt{2}(\mathrm{SNR})^{\frac{1}{4}}}$，对应的应变分辨率和温度分辨率分别为 $\delta_{\varepsilon} = \dfrac{\delta f_{\mathrm{B}}}{C_{\varepsilon} f_{\mathrm{B}}(0)}$ 和 $\delta_{T} = \dfrac{\delta f_{\mathrm{B}}}{C_{T} f_{\mathrm{B}}(0)}$；对应于空间分辨率，若同样的空间分辨率范围内的信噪比较大，那么对应的相同的信噪比可由相对较小的空间分辨率产生，即可以提高系统的空间分辨率。所以，提高后向布里渊散射信号的信噪比可以提高系统的整体性能。

在 BOTDR 分布式传感系统中，一般将连续光调制成为矩形脉冲，但是由于受到信号发生器或者脉冲发生模块的限制，所产生的脉冲并不是理想的矩形，具有一定的上升/下降沿时间。理论上传感光纤中布里渊散射谱的物理本质为入射脉冲的功率谱和理想布里渊散射信号(半高宽为 40MHz 的标准洛伦兹形状)的乘积，因此，不同的脉冲时域信号会产生不同的布里渊散射谱。如果标准矩形脉冲的上升/下降沿时间不同，那么在传感光纤中产生的后向布里渊散射谱也不会相同。

本章主要研究了不同的脉冲调制格式对自发布里渊散射峰值功率的影响，理论分析和实验研究了以矩形脉冲为基准的矩形、梯形和三角形脉冲对 BOTDR 传感系统性能指标的影响；并进行了其他脉冲形状的理论分析和实验研究，包括洛伦兹、高斯等脉冲形状对后向布里渊散射信号的强度增加效果。

5.1 脉冲调制格式对布里渊散射谱的影响理论仿真

5.1.1 脉冲上升/下降沿时间对布里渊散射谱的影响

由于实际信号发生源以及脉冲调制器件的限制，所生成的光脉冲不能为标准的矩形脉冲，都会有一定的上升/下降沿时间。本节以矩形脉冲为基准，分析在相同脉冲宽度的情况下不同上升/下降沿时间的脉冲对后向布里渊散射谱的峰值功率的影响，并分析了对 BOTDR 系统的传感距离以及空间分辨率的影响。

以矩形脉冲为基础，对不同上升/下降沿时间的脉冲进行数学建模。首先对脉冲作出以下定义。

(1)脉冲的宽度是半高宽，脉冲的上升/下降沿时间是从高度的10%~90%，脉冲的强度是归一化的。

(2)在时域上，脉冲是关于$t=0$对称分布的；在脉冲时间以外，强度为0。

(3)随着脉冲上升/下降沿时间的增加，脉冲形状依次是矩形、梯形和三角形。

(4)所用的脉冲只有幅度调制，而频率和相位均未受到调制。

基于上述4个假设，可以写出脉冲的数学表达式：

$$P(t)=\begin{cases}0, & t<-T_2\\ \dfrac{1}{T_2-T_1}(t+T_2), & -T_2<t<-T_1\\ 1, & -T_1<t<T_1\\ -\dfrac{1}{T_2-T_1}(t-T_2), & T_1<t<T_2\\ 0 & t>T_2\end{cases} \tag{5.1}$$

对应地，脉冲上升/下降沿时间定义为$\Delta\tau=T_2-T_1$；脉冲宽度为τ，所以$T_1=\dfrac{\tau-\Delta\tau}{2}$，$T_2=\dfrac{\tau+\Delta\tau}{2}$。以脉宽200ns的脉冲为例，在上升/下降沿时间分别为0ns、100ns、200ns时，对应如图5.1所示的标准矩形、梯形和三角形的脉冲。

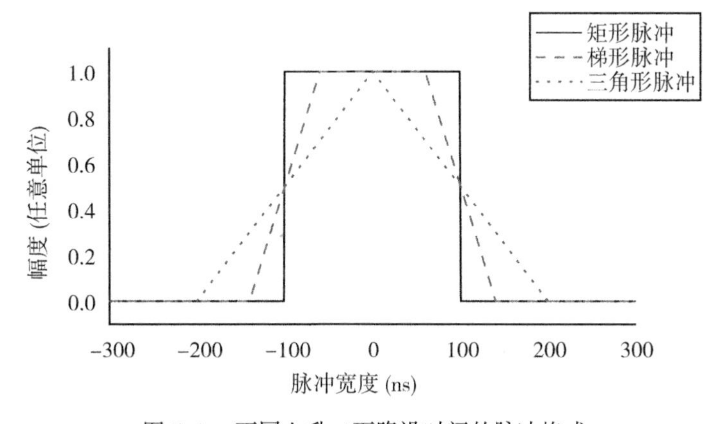

图5.1　不同上升/下降沿时间的脉冲格式

对于长距离传感光纤中的自发布里渊散射而言，从光纤的一端注入脉冲，从同一端口检测后向布里渊散射光。探测器所接收到的自发布里渊散射光功率的表达式为

$$P_B(z,\ \nu)=g(\nu,\ \nu_B)\frac{c}{2n}P\exp(-2\alpha z) \tag{5.2}$$

式中，$g(\nu,\ \nu_B)$是布里渊散射系数，$g(\nu,\ \nu_B)=\dfrac{h\ (\omega/2)^2}{(\nu-\nu_B)^2+(\omega/2)^2}$；$c$是真空中的光

速，n 是传感光纤纤芯折射率；P 是入射脉冲光功率；α 是光纤衰减系数；z 是传感光纤长度；$h=\dfrac{\pi n^7 p_{12}^{\ 2}}{c\lambda^2\rho v}\left(\dfrac{\omega}{2}\right)$，$p_{12}$ 是光纤弹光系数，λ 是入射脉冲光波长，ρ 是光纤密度，v 是光纤中的声速，ω 是理想布里渊散射谱的半高宽，$\omega=40\text{MHz}$。

布里渊散射功率谱即为时域上脉冲和布里渊散射光的卷积，即在频域上入射脉冲功率谱和布里渊散射谱的乘积。脉冲功率谱上的每一个微元 df 均产生洛伦兹形状的布里渊散射微元[1]，在整个脉冲功率谱上，每个微元所产生的布里渊谱相互叠加，产生了最终探测到的洛伦兹形状的布里渊散射谱。

假设没有泵浦损耗，假设各点散射的光之间没有相位之间的关系，那么和布里渊相关的频率因子可以写成：

$$H(\nu)=\int_{-\infty}^{\infty}P_{\mathrm{P}}(f)\frac{h\left(\dfrac{\omega}{2}\right)^2}{\{\nu-(f-S_{\mathrm{B}})\}^2+\left(\dfrac{\omega}{2}\right)^2}\mathrm{d}f \tag{5.3}$$

式中，S_{B} 是布里渊频移；$H(\nu)$ 是相对布里渊散射光功率谱。

根据上述理论分析，对不同脉宽条件的不同的上升/下降沿时间的布里渊散射谱进行数值仿真。在不同脉冲宽度条件下，不同的调制格式所得到的后向布里渊散射谱的峰值功率如图 5.2 所示。我们主要分析了两种极端情况，包括理想的矩形脉冲和三角形脉冲。从图 5.2 中可以看出，矩形脉冲的布里渊散射的峰值功率总是小于三角形脉冲的峰值功率；脉宽越小，差距越大。较大的峰值功率对应于较大的 SNR，那么在继续进行洛伦兹拟合时，拟合准确度较高。

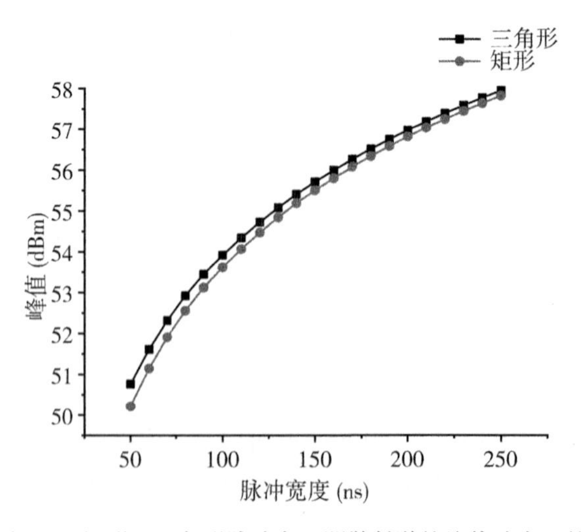

图 5.2　矩形和三角形脉冲布里渊散射谱的峰值功率比较

下面我们详细分析产生布里渊散射峰值功率差异的原因。以脉宽 200ns 的脉冲为例，其脉冲形状、脉冲功率谱以及布里渊散射谱形状如图 5.3 所示，其中(a)表示不同上升/下降沿时间的脉冲，其中它们对应的上升/下降沿时间分别为 0ns、80ns 和 200ns；(b)表示(a)中不同脉冲对应的脉冲功率谱，我们在计算过程中，认为入射光纤中的脉冲的能量是一样的，(c)表示从传感光纤中散射的自发布里渊散射谱的能量分布。从图 5.2 中分析可以看出，在同样的脉冲宽度条件下，后向散射的峰值功率随着脉冲上升/下降时间的增加而增加。这主要是和不同的脉冲形状的脉冲功率谱相关的。当脉冲在时域的形状趋于三角形的情况下，时域上相对比较展开，那么对应的再频域上会比较集中，也就是说，脉冲功率谱的旁瓣比较小，那么此时中心频率处的能量就会比较集中，相对峰值功率比较大。

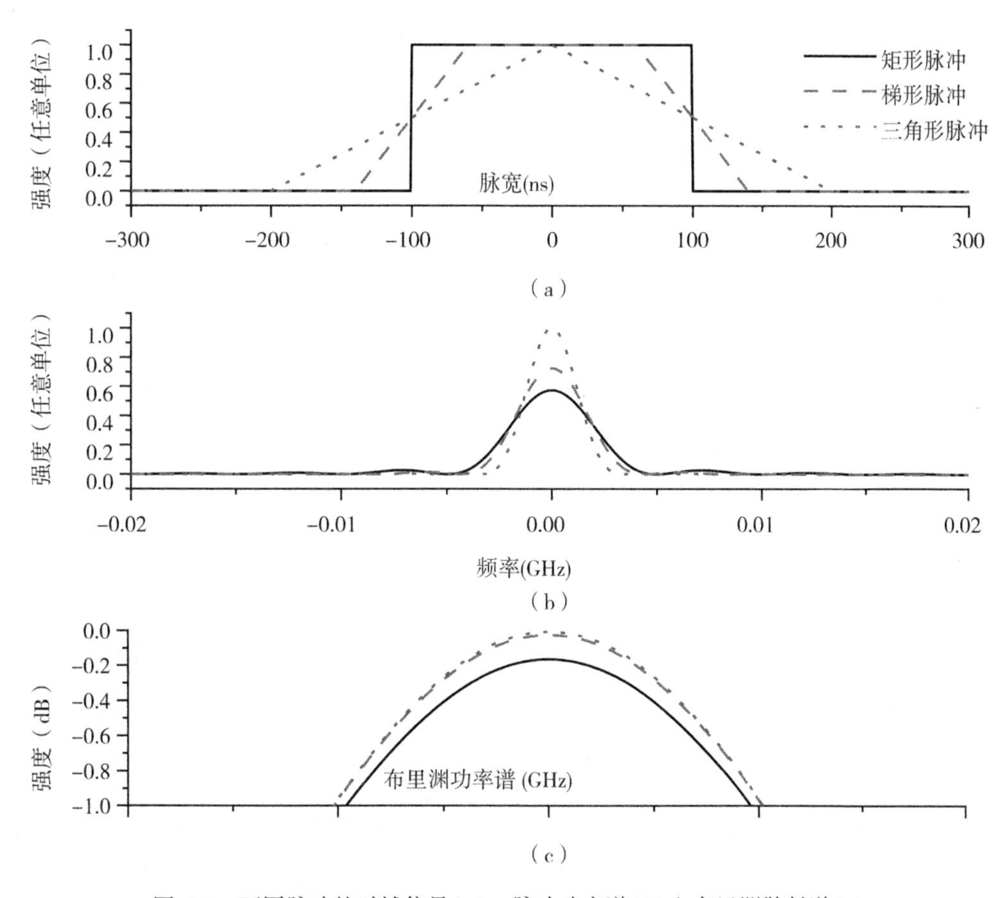

图 5.3 不同脉冲的时域信号(a)、脉冲功率谱(b)和布里渊散射谱(c)

5.1.2 脉冲上升/下降沿时间对空间分辨率的影响

下面分析脉冲上升/下降沿时间对空间分辨率的影响。BOTDR 为了能够进行准确的定位，要求在传感光纤中只存在一个脉冲，接收到的散射信号是单个脉冲的散射信号。而梯形和三角形脉冲有一定的上升/下降沿时间的倾斜，那么相邻的空间分辨率内的布里渊散射谱之间会有一定程度的重叠。下面分析该重叠部分对空间分辨率的影响程度。

以理想的矩形和三角形脉冲为例进行理论分析。假设脉冲宽度为 200ns，那么对应的脉冲形状如图 5.4(a)所示，两个相邻脉冲之间的布里渊散射谱的叠加情况如图 5.4(b)所示。

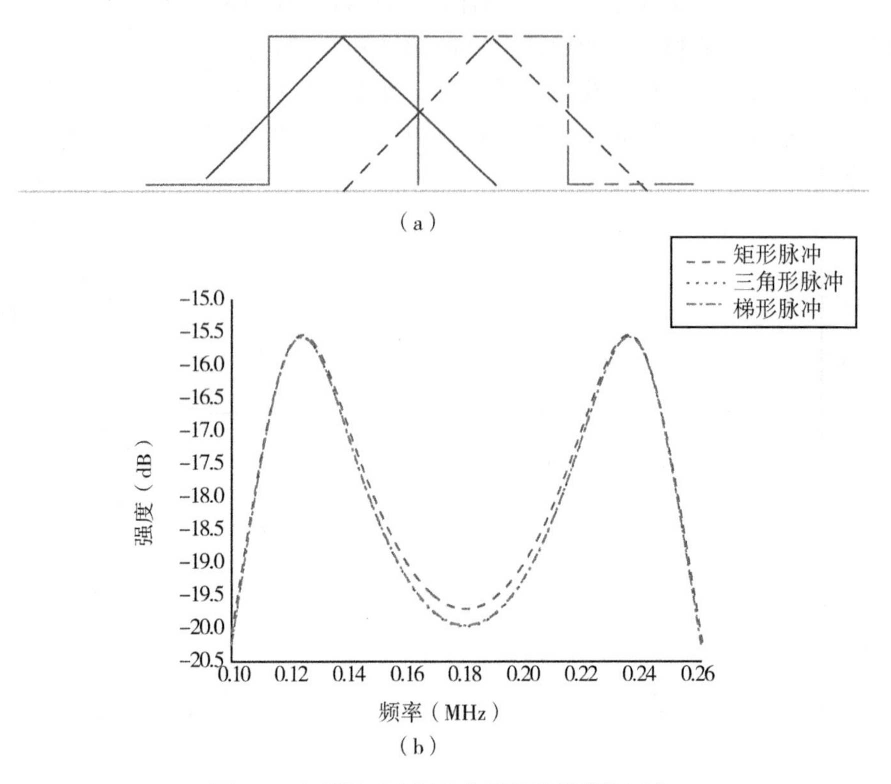

图 5.4　相邻脉冲之间的布里渊散射谱的区分

从图 5.3(b)中布里渊散射谱的叠加可以看出，两个三角形脉冲的布里渊谱的叠加部分比单个布里渊散射谱的峰值小约 4dB，即 20%左右，也就是说，并没有占有很大的比例，不会影响两个空间分辨率的完全分开。

5.1.3　高斯/洛伦兹形状的脉冲格式对布里渊散射谱的影响

根据对不同脉冲上升/下降沿时间的分析，我们可以看出脉冲形状微小的区别都会对后向布里渊散射谱产生很大的影响。基于上述理论基础，我们分析了其他的脉冲形状，包括洛伦兹函数、高斯函数、双曲正割函数、超高斯函数和三角形脉冲、矩形脉冲。从理论上分析了这几种脉冲的布里渊散射谱的峰值功率的差别，以期在相同的空间分辨率范围内产生较高的布里渊散射功率。

为了和实际的情况更加符合，我们采用脉冲强度模型(Pulse Intensity Shape Model)，注入光纤中的脉冲的时域波形的数学表达式为

$$
P(t)=\begin{cases}
\dfrac{2}{\pi\cdot T_f}\times\dfrac{1}{1+\left(\dfrac{2t}{T_f}\right)^2}, & \text{洛伦兹函数}\\
\dfrac{2\sqrt{\ln 2}}{\sqrt{\pi}\cdot T_f}\times\exp\left\{-\left(2\sqrt{\ln 2}\,\dfrac{t}{T_f}\right)^2\right\}, & \text{高斯函数}\\
\dfrac{\ln(\sqrt{2}+1)}{T_f}\times \mathrm{sech}^2\left(2\sqrt{\ln 2}\,\dfrac{t}{T_f}\right), & \text{双曲正割函数}\\
\dfrac{2m\sqrt[2m]{\ln 2}}{\Gamma(1/2m)\cdot T_f}\times\exp\left\{-\left(2^{2m}\sqrt{\ln 2}\,\dfrac{t}{T_f}\right)^2\right\}, & \text{超高斯函数}\\
\mathrm{trim}f\left(\dfrac{-T_f}{2},\ 0,\ \dfrac{T_f}{2}\right), & \text{三角形脉冲}\\
\begin{cases}0, & t<\dfrac{-T_f}{2}\\ 1, & \dfrac{-T_f}{2}<t<\dfrac{-T_f}{2}\\ 0, & t>\dfrac{T_f}{2}\end{cases} & \text{矩形脉冲}
\end{cases}
\tag{5.4}
$$

式中，T_f 表示脉冲的半极大值全宽；$\Gamma(\ )$ 表示 gamma 函数。假设注入光纤的脉冲的能量归一化为 1，即 $P=1$。

以脉宽 100ns 的脉冲为例，5 种脉冲形状如图 5.5 所示。脉冲宽度定义为脉冲最大强度的 1/2 宽度。从图 5.5 中可以得到，高阶的超高斯脉冲比较近似于矩形。虽然在图中我们只显示了从−100ns 到 100ns 之间的数据，但是在实际 Matlab 仿真过程中是进行了整个时域范围内的信号分析的。

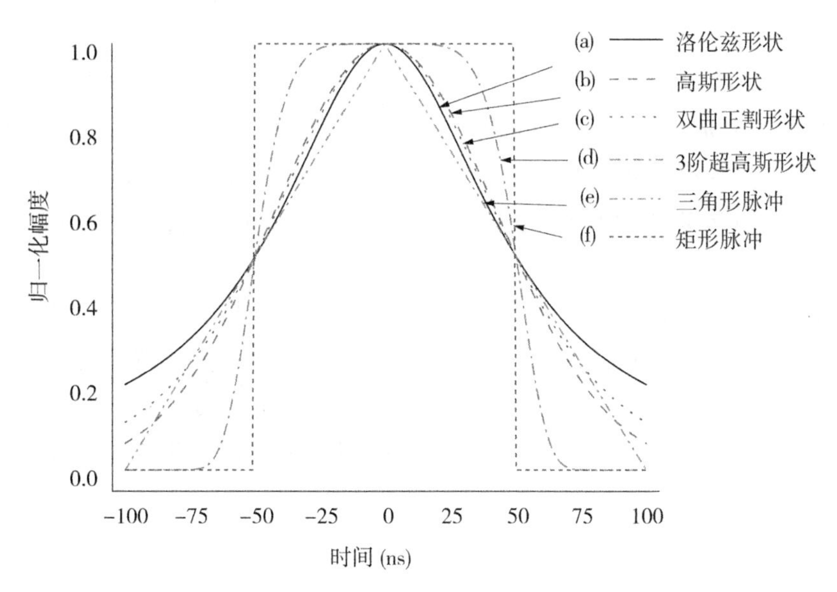

图 5.5 不同形状的脉冲(以脉宽 100ns 为例，超高斯脉冲的阶数 $m=3$)

对于这些不同的脉冲调制格式，布里渊散射谱的峰值功率如图 5.6 所示。由图可以看出，对于相同的脉冲宽度，洛伦兹形状的脉冲具有最大的后向布里渊散射峰值功率，而矩形脉冲的峰值功率最小。在图 5.6 中，对于常用的洛伦兹函数和高斯函数，它们的峰值功率是远大于矩形脉冲峰值功率的。所以我们认为洛伦兹形状的脉冲入射传感光纤中能够产生最高的 SNR，这和布里渊散射的物理本质是一致的，布里渊散射是脉冲时域函数和标准洛伦兹函数相卷积，相同函数之间的卷积效果最好。

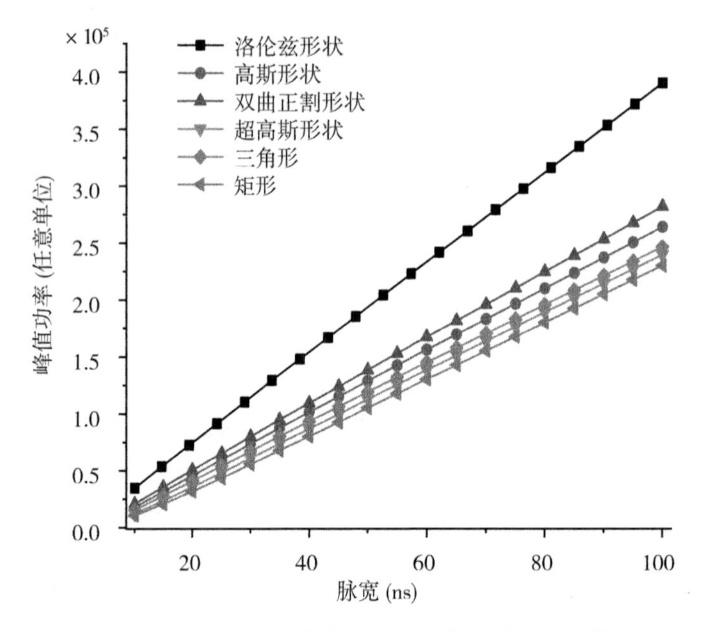

图 5.6　几种脉冲形状的布里渊谱峰值功率的比较(其中超高斯脉冲 $m=3$)

对于不同阶数的超高斯脉冲，也就是说光强从 0 到 1 或从 1 到 0，它们具有不同的上升/下降速度，其中 $m=1$ 时为高斯脉冲。对于不同阶数的超高斯脉冲，它们的峰值功率变化曲线如图 5.7 所示。由图中可以看出，对于不同的脉冲宽度，100ns 脉冲宽度的时候，阶数 $m\geqslant40$ 时布里渊峰值功率趋于稳定；而对于 10ns 的脉宽，$m\geqslant9$ 时布里渊峰值功率趋于稳定。

对于以上仿真结果的产生机理，我们分析了这几种脉冲的功率谱。时域脉冲的脉冲功率谱是和脉冲形状密切相关的，它们对应的脉冲功率谱如图 5.8 所示。由图可以看出，洛伦兹脉冲的峰值远大于矩形脉冲的峰值，能量更集中于 0 频部分，且 3dB 带宽也明显较窄，这会对后继的 BOTDR 传感系统的实验结果产生影响，主要是拟合的准确性。

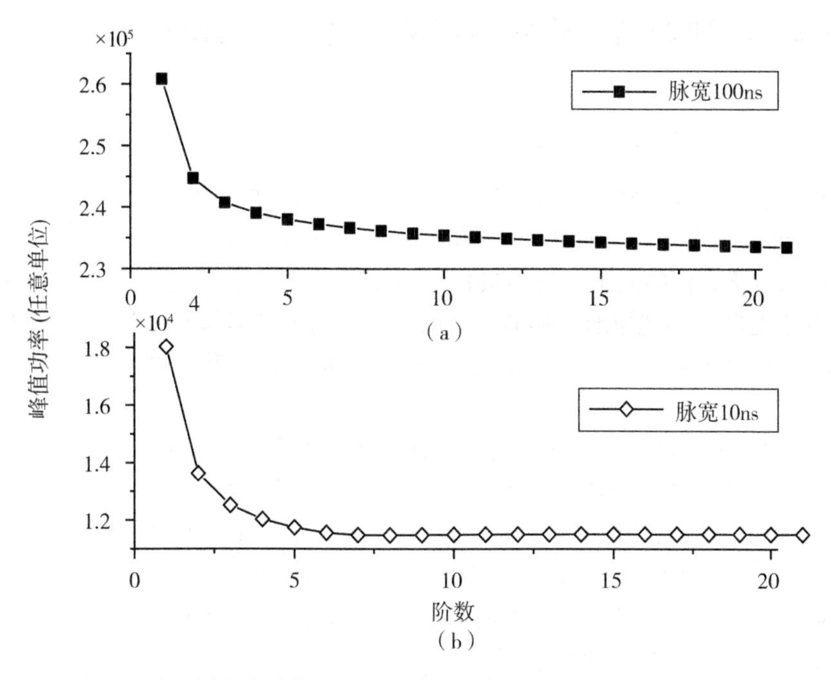

图 5.7 超高斯脉冲不同阶数时布里渊功率谱的峰值功率：(a)脉宽 100ns；(b)脉宽 10ns

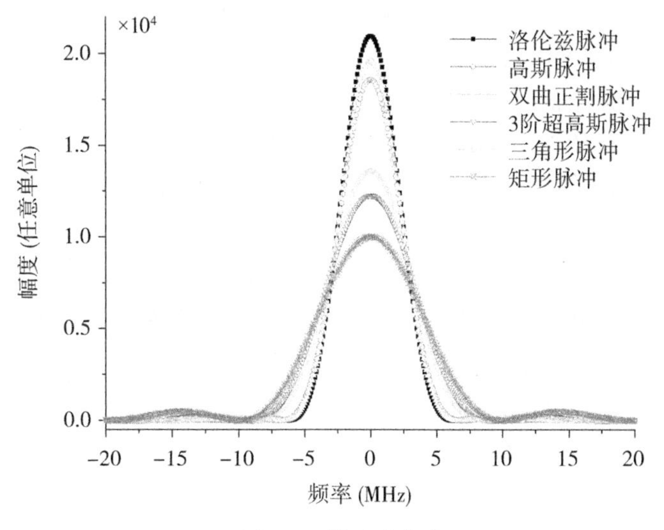

图 5.8 脉冲功率谱

5.2　脉冲调制格式对布里渊散射谱的影响的实验研究

5.2.1　不同脉冲调制格式的产生

利用实验室现有的信号发生器(安捷伦 33220A，带宽 20MHz)，通过设置脉冲的上升/下降沿时间来实现矩形、梯形和三角形形状的脉冲，脉冲的设置中有一项是“edge time”，通过调节该数值的大小，当“width”脉冲宽度设置一定的时候，可以任意调节脉冲的上升/下降沿时间，实现矩形、梯形和三角形脉冲的电信号输出。该信号发生器最小的上升/下降沿时间为 5ns，虽然不是标准的矩形，但是不影响我们在实验过程中对三者的比较。

但是对于复杂的脉冲形状，比如洛伦兹状和高斯状的调制脉冲，信号发生器中本身没有带有此种类型的脉冲发生函数，因此我们需要对这些脉冲的产生方法进行编程。安捷伦公司的信号发生器均带有任意波形编辑软件“Waveform Editor”，我们能够通过对该软件编程实现任意形状脉冲的产生。在该软件中，在整个界面内横坐标是 8000 个点，脉冲时域信号由这 8000 个点产生，纵坐标最大值为 1。由于每两个点之间代表脉冲时域上的时间精度，所以该方法产生的脉冲形状并不是十分精确。

复杂脉冲信号实现的方法如图 5.9 所示：首先利用 Matlab 程序产生一定宽度的脉冲，对应 8000 个点，将这些数据存在 Excel 文件中。在任意波形编辑软件中读取该文件，利用“文件”中的“打开”，将数据导入波形编辑软件中。在该软件界面内生成了对应的脉冲形状。同时利用数据线将计算机的 USB 口和信号发生器的 GPIB 接口连接，选择界面内“通信”中的“连接”，此时可以找到安捷伦信号发生器，点击该仪器的名称作为“标识仪器”，之后点击下方的“连接”，此时已完全将波前编辑软件和信号发生器连接起来了，可通过编辑软件控制信号发生器的输出。按下信号发生器上的“Arb”键，此时信号发生器完全受波形编辑软件中的脉冲设置控制。点击软件中的“连接”，之后点击“传送波形”，在此可以设置脉冲的重复频率和输出电压，再点击“传送”，即可以实现任意波形的输出。

此时就能产生具有一定脉冲重复频率的不同形状的脉冲。但是由于我们的信号发生器的带宽只有 20MHz，利用该方法所产生的脉冲和 Matlab 中欲实现的信号有一定的畸变，我们认为是软件中的数据点太少造成的，信号发生器本身的带宽有限，但又是不能改变的。所以，我们采用了带宽相对较高、型号为 33250A 的安捷伦信号发生器，带宽为 80MHz，基本能够实现没有畸变的脉冲信号。

5.2.2　脉冲不同上升/下降沿时间对 BOTDR 系统性能的提高

将不同上升/下降沿时间的脉冲注入 BOTDR 系统中，系统结构和 3.2 节中一样，区别是声光调制器的驱动源由 Agilent 33220A 产生，调节脉冲的“edge time”设置产生不同上升/下降沿时间的脉冲信号。

实验中分析了脉宽 200ns，上升/下降沿时间分别为 5ns、80ns、100ns 这三种情况下

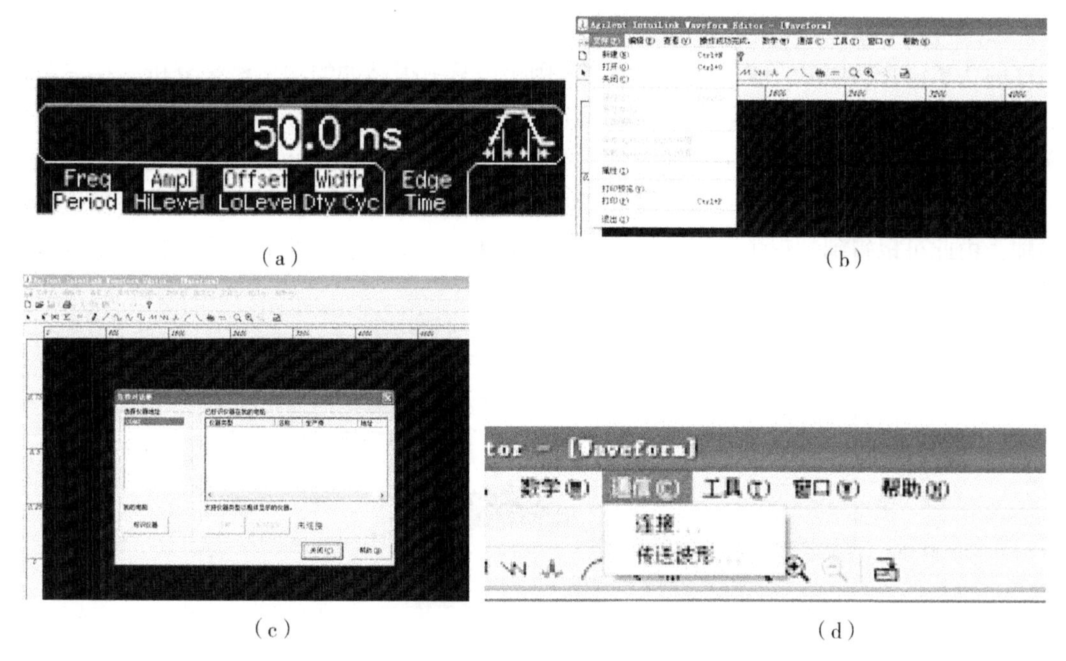

(a)　(b)　(c)　(d)

图 5.9　(a)脉冲上升/下降沿时间的设置；(b)任意波形编辑软件；
(c)将数据导入波形编辑软件；(d)实现波前编辑软件和信号发生器的连接；(e)传送波形

的拍频信号，驱动脉冲形状如图 5.10 所示，我们对其峰值功率进行了归一化处理，实际信号 $V_{PP}=5$V，对应的 offset=2.5V。值得说明的是，由于声光调制器的响应有一定的时间(约 15ns)，所以 5ns 的脉冲上升/下降沿时间可以近似认为是矩形脉冲。也就是说，实验中分析了矩形、梯形和三角形三种情况下的拍频信号。

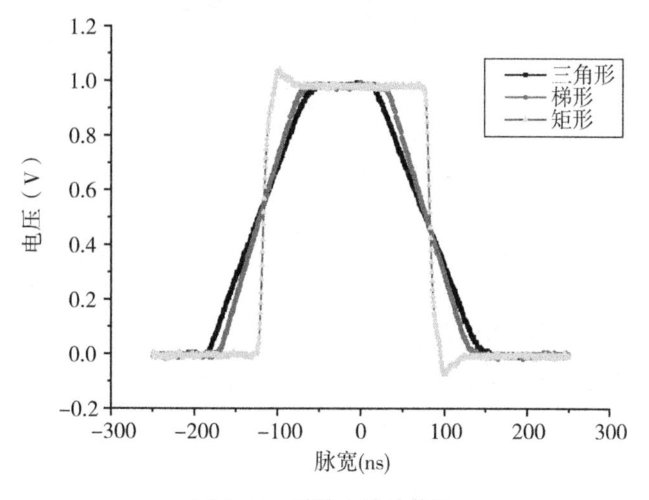

图 5.10　时域电脉冲信号

将三种脉冲光情况下的频率信号采集下来，并对它们进行洛伦兹拟合，如图5.11所示。由图可以看出，在相同的脉冲宽度情况下，三角形脉冲信号的强度约是矩形脉冲信号强度的2.5倍，即4dB。信号强度增加的原因可以从入射脉冲的功率谱来分析，在三角形的情况下，脉冲功率谱的能量集中于0频附近，主峰的强度最大，两边的旁瓣强度最小，所以在和布里渊散射谱进行乘积的时候，在布里渊频移处的强度也会是最大的。随着脉冲上升/下降沿时间的增加，频域的能量更加集中于0频附近，拍频信号的FFT的峰值也会增加，由此可以得到，三角形形状的入射脉冲效果最好。实验结果是和前述的理论分析结果是一致的。

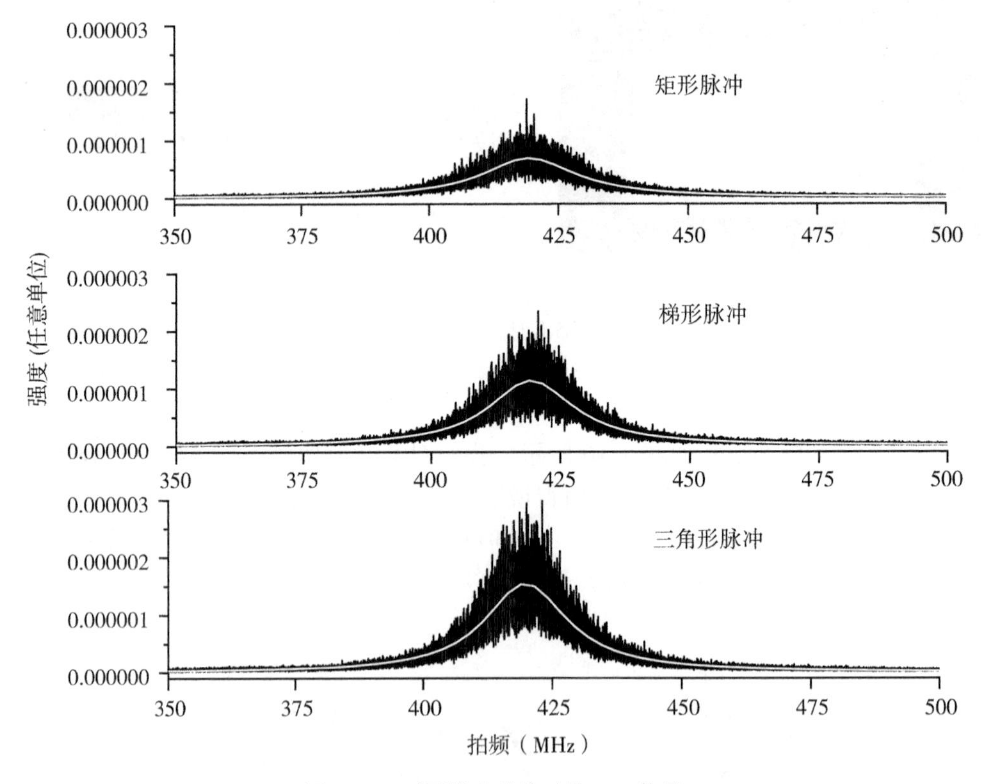

图5.11 不同脉冲形状时的FFT信号

减小本地光功率，由1.8mW降至3.746μW，使得在相同的脉冲宽度情况下，测量具有不同上升/下降沿时间的脉冲所对应的光纤传感范围。不同形状脉冲的传感范围如图5.12所示。如果频域信号的SNR太小，在进行洛伦兹曲线拟合时，将不能进行正确的拟合而导致此处的频率为系统设定的频率，即图5.12中出现的450MHz。我们认为这些频率跳动是相干检测时偏振的影响造成的，将实验中第一个出现450MHz的点之前的光纤长度认为是系统的传感长度。根据前面的信噪比分析，增加脉冲的上升/下降沿时间，SNR不断增加，对应地，BOTDR系统的传感长度也持续增加。对于200ns的脉冲宽度、不同的脉冲形状时，系统的传感长度分别为3.7km、5.8km和9.5km，也就是说，三角形脉冲的

传感范围为矩形脉冲传感范围的 2.5 倍。

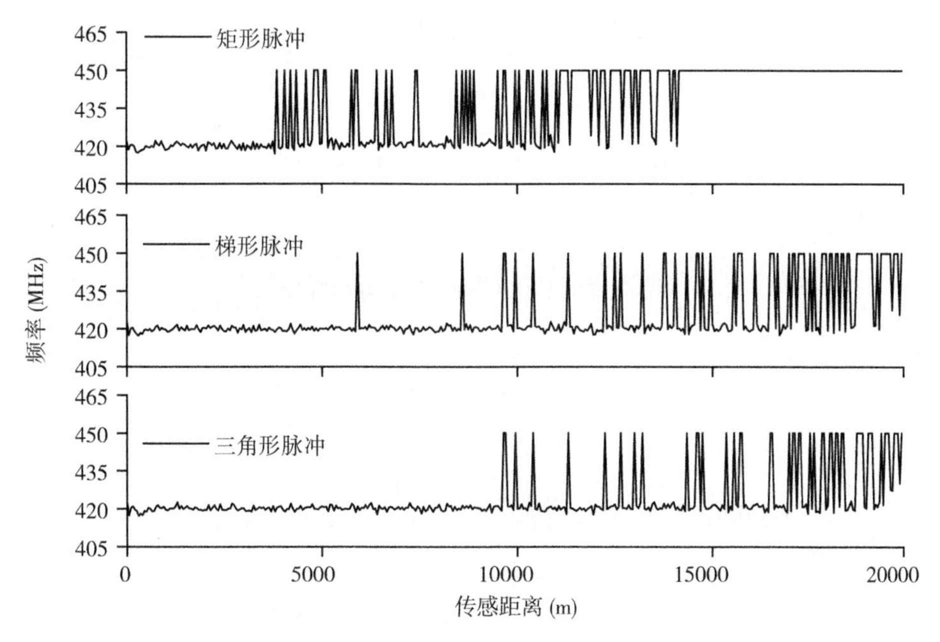

图 5.12　BOTDR 传感范围的比较

本章分析了在这三种形状的脉冲注入 20km 传感光纤的情况下，所得到的光纤沿线自发布里渊散射光/本地光频率，即光纤中布里渊频移的分布情况。从前面的分析中可以知道，对于三种脉冲，随着上升/下降沿时间的增加，矩形脉冲的强度最小、3dB 带宽最大，三角形脉冲的强度最大、3dB 带宽最小，在进行洛伦兹拟合的时候，后者准确度最高。也可以从峰值对应频率洛伦兹拟合时的误差公式 $\Delta\alpha=\dfrac{1}{K(\mathrm{SNR})^{\frac{1}{4}}}$ 来解释。三种脉冲中，三角形脉冲的信噪比最高，所以得到的拟合准确度最高。三种情况下光纤沿线拍频信号的频率波动如图 5.13 所示，主要分析了光纤尾端的情况。从图中可以看出，三种脉冲的频率波动幅度分别是 5.55MHz、4.69MHz、3.99MHz，即三角形脉冲的频率波动最小。

同样地，根据图 5.12 和图 5.13 中的分析，要实现相同的传感范围和频率分辨精度，可以用较窄的脉宽、三角形的形状来达到和较宽脉宽、矩形脉冲同样的效果。所以我们还分析了脉宽 100ns 的三角形脉冲的传感距离和脉宽为 200ns 的矩形脉冲的传感距离，实验结果如图 5.14 所示。从图中可以看出，三角形的 100ns 脉冲和近似矩形的 200ns 脉冲的传感范围几乎相同，但是 100ns 脉宽对应的空间分辨率更低。该实验的结果可以说明，在相同的传感范围要求下，可以使用更高空间分辨率条件下的三角形脉冲来实现系统指标的提高。

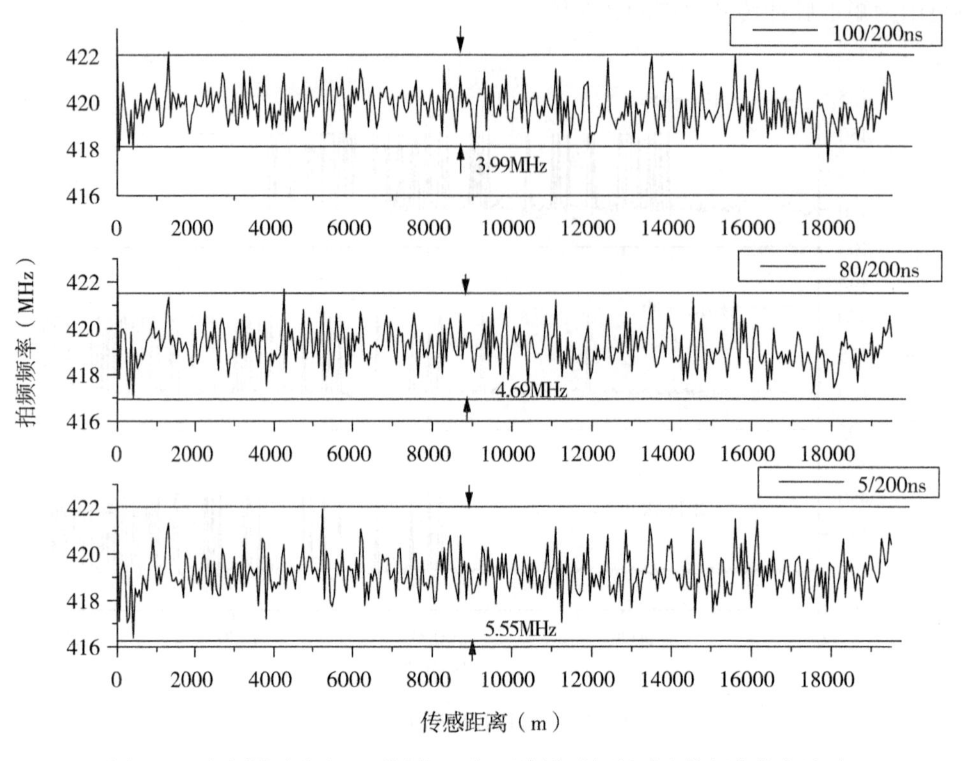

图 5.13　相同脉冲宽度，不同的上升/下降沿时间所对应的频率分布波动

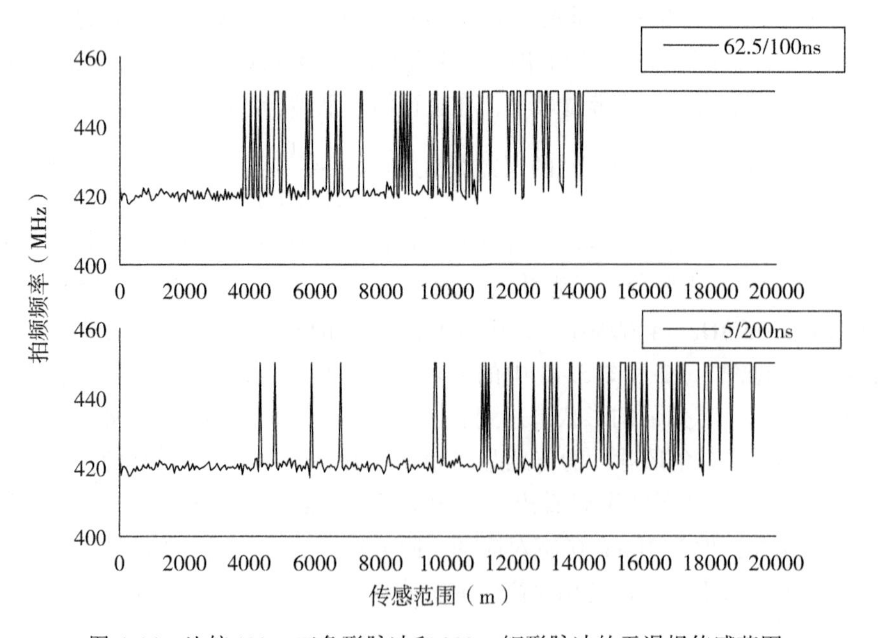

图 5.14　比较 100ns 三角形脉冲和 200ns 矩形脉冲的无误报传感范围

5.2.3 高斯/洛伦兹形状的脉冲格式对 BOTDR 系统性能的提高

根据 5.2.2 节中五种不同调制格式脉冲所产生的自发布里渊散射谱的分析，我们可知在理论上洛伦兹形状的脉冲具有最大的峰值功率，也就是说，SNR 最高。为了验证理论的正确性，本节进行了实验研究。根据前述的脉冲产生方法，我们产生了高斯脉冲、洛伦兹脉冲和矩形脉冲。由于信号发生器的带宽(80MHz)的限制，所产生的信号有一定的变形，但是并不影响实际的使用。

所用的 BOTDR 分布式光纤传感器的结构如图 4.1 所示。不同的是，声光调制器 AOM 的驱动信号是由任意波形编辑软件所产生的脉冲。脉冲的宽度为 80ns、重复频率为 20kHz，也就是说，系统的传感范围为 5km。另外，和 5.2 节中基于矩形脉冲的形状变化不同的是，由于受到波形编辑软件的限制，所产生的脉冲的最大电压为 3.75V，而信号发生器所产生的脉冲电压为 5V。但是 AOM 的输出光强和驱动电压是呈线性关系的，所以这并不影响各种脉冲调制格式的产生。

BOTDR 实验系统的数据处理流程如第 4 章中所述。虽然我们理论仿真计算了五种脉冲的效果，但是在实验中，为了简化实验过程，我们只对三种脉冲即洛伦兹、高斯和矩形的脉冲格式进行了分析。利用任意波形编辑软件所产生的驱动 AOM 的电信号如图 5.15 所示。可以看出，由于信号发生器带宽的限制，矩形脉冲有些许变形，趋近于三角形，采用带宽更高的信号发生器可以避免该问题的产生，但是我们的实验条件有限。三种脉冲的区别在于时间上的延展性。

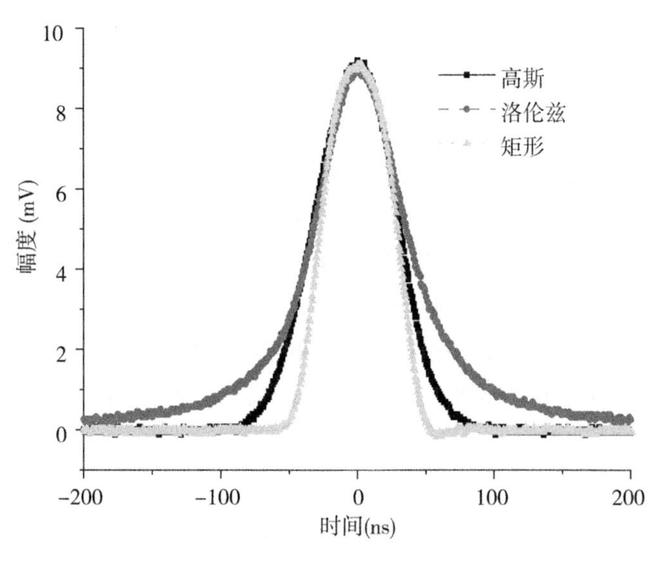

图 5.15 高斯、洛伦兹和矩形脉冲的电信号

实验中主要分析了分段 FFT 之后的频域信息，如图 5.16 所示。由图可以看出，洛伦兹脉冲的 FFT 的峰值要比矩形脉冲的 FFT 的峰值大约 5dB。那么在后续拟合时，前者拟合

的准确度就会比较高；实验结果和理论仿真结果一致。

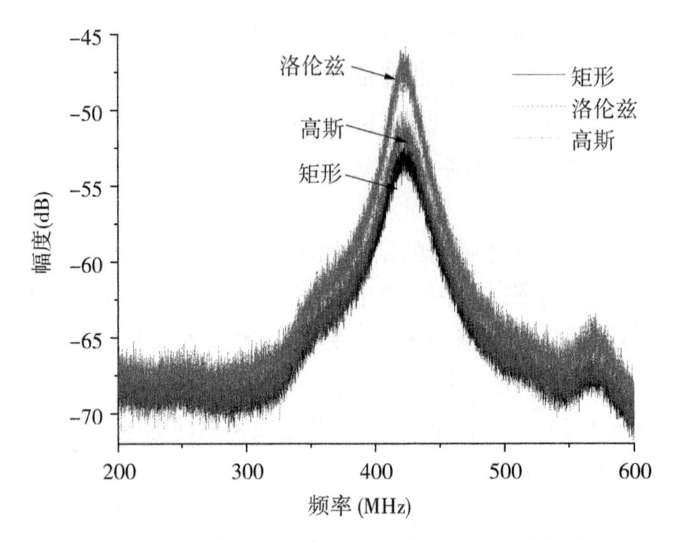

图 5.16　洛伦兹、高斯和矩形脉冲的频域信号

5.3　脉冲形状和激光线宽对 BOTDR 的共同影响

在过去近 30 年间，基于光纤中自发布里渊散射的分布式光纤传感器研究主要包括传感性能的提高及其在实际生产中的应用。其中，如何获得更高的空间分辨率和更远的传感距离是两个主要研究热点。对于空间分辨率，受到硅基光纤中声子寿命~10ns 的限制，空间分辨率最小为 1m，此时光纤中后向自发布里渊散射信号极其微弱。对于传感距离，在线拉曼放大技术和掺铒光纤放大技术应用于传感光纤中，获得了大于 100km 的传感范围。但是究其物理本质，BOTDR 的这两个传感指标均和光纤中自发布里渊散射的信噪比(SNR)有关[1-2]。因此，提高传感光纤中的 SNR 对于 BOTDR 的性能提升具有重要意义。

常用提高光纤中自发布里渊散射的信噪比的方法主要有多次平均技术和脉冲编码技术。多次平均技术需要提取光纤内多个泵浦脉冲所产生的自发布里渊信号，数据处理时间较长。脉冲编码技术包含相关码技术和线性码技术[3-4]：相关码技术在解码中需运用相关运算，所产生的旁瓣会影响传感事件的分辨率[4]；线性码技术在解码中运用“移位平均”算法，移位过程导致传感范围在一定程度上减小了[5]。

从物理本质上说，光纤中自发布里渊散射谱为入射泵浦脉冲和单模光纤的标准布里渊散射谱的卷积，即泵浦功率谱和标准布里渊散射谱的乘积。本节从泵浦功率谱的角度出发，分析不同的泵浦功率谱在传感光纤中所产生的布里渊散射谱及其对 BOTDR 传感性能的影响。

在 BOTDR 传感系统中，传感光纤中自发布里渊散射和频率相关的因子 $H(\nu)$ 可以表

述为

$$H(\nu)=\int_{-\infty}^{\infty} P_{\mathrm{P}}(f)\frac{h\left(\frac{\omega}{2}\right)^2}{[\nu-(f-S_{\mathrm{B}})]^2+\left(\frac{\omega}{2}\right)^2}\mathrm{d}f \tag{5.5}$$

式中，h 为和传感光纤材料相关的常数；S_{B} 为布里渊频移(和主激光器之间约 11GHz)，$P_{\mathrm{P}}(f)$ 为泵浦脉冲的功率谱；ω 为光纤中标准的布里渊散射谱的半高宽(35MHz)；ν 表示布里渊散射光功率谱的横坐标。

根据式(5.5)可以看出，泵浦脉冲功率谱 $P_{\mathrm{P}}(f)$ 对于布里渊散射谱 $H(\nu)$ 来说是关键的。影响脉冲光的功率谱的主要因素包括时域上脉冲的形状以及频域上入射脉冲的线宽。如图 5.17 所示，不同线宽的激光光源发出的光被电光调制器(EOM)或声光调制器(AOM)调制为具有一定脉宽的光脉冲，其中光脉冲的幅度和驱动 EOM/AOM 的驱动电压呈线性关系。

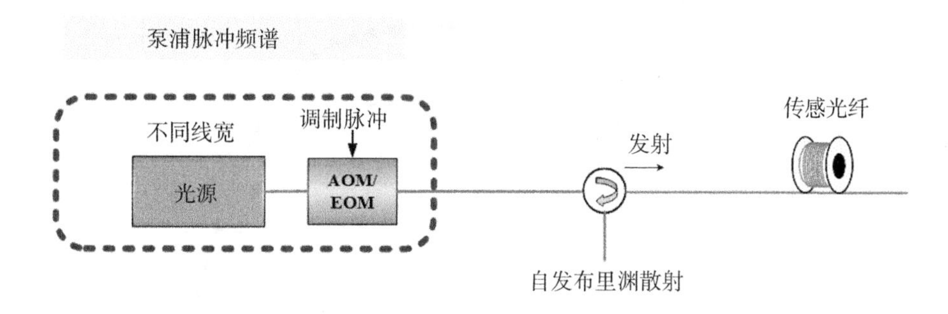

图 5.17　泵浦脉冲功率谱对布里渊散射的影响

根据这两个影响因素，通过数值仿真研究了它们对布里渊散射谱的峰值和线宽的影响。假设脉冲宽度为 100ns，三种脉冲形状分别为矩形、高斯形和洛伦兹形，激光器线宽范围 1kHz 至 100MHz。数值仿真结果如图 5.18 所示，其中(a)表示布里渊散射谱的线宽对比，(b)表示布里渊散射谱的峰值功率对比。从图 5.18 中可以看出，对于高斯形和洛伦兹形，二者具有几乎相同的布里渊谱线宽，且均小于矩形脉冲对应的线宽；洛伦兹形状的脉冲具有最大的幅度，即对应最大的 SNR；当入射光线宽大于 10MHz 时，布里渊散射谱的幅度和线宽接近相似，差别急剧减小。综合分析图 5.18(a)和(b)，可知当激光器线宽越窄、脉冲形状为洛伦兹形时，布里渊散射谱具有最高的信噪比和后继数据处理时最小的拟合误差。

同时，根据式(5.5)，在相同的激光器线宽(1kHz)条件下，不同脉冲宽度 10~200ns 所对应的布里渊散射光的线宽和峰值功率如图 5.19 所示，其中(a)表示布里渊散射谱的线宽，(b)表示布里渊散射谱的峰值功率。从图 5.19 中可以看出，当脉宽大于 50ns 时，高斯和洛伦兹脉冲具有相同的布里渊谱线宽，且小于矩形脉冲对应的线宽；在所有的脉冲宽度下，洛伦兹脉冲具有最高的峰值功率。即所有泵浦脉冲宽度下，洛伦兹脉冲具有最高

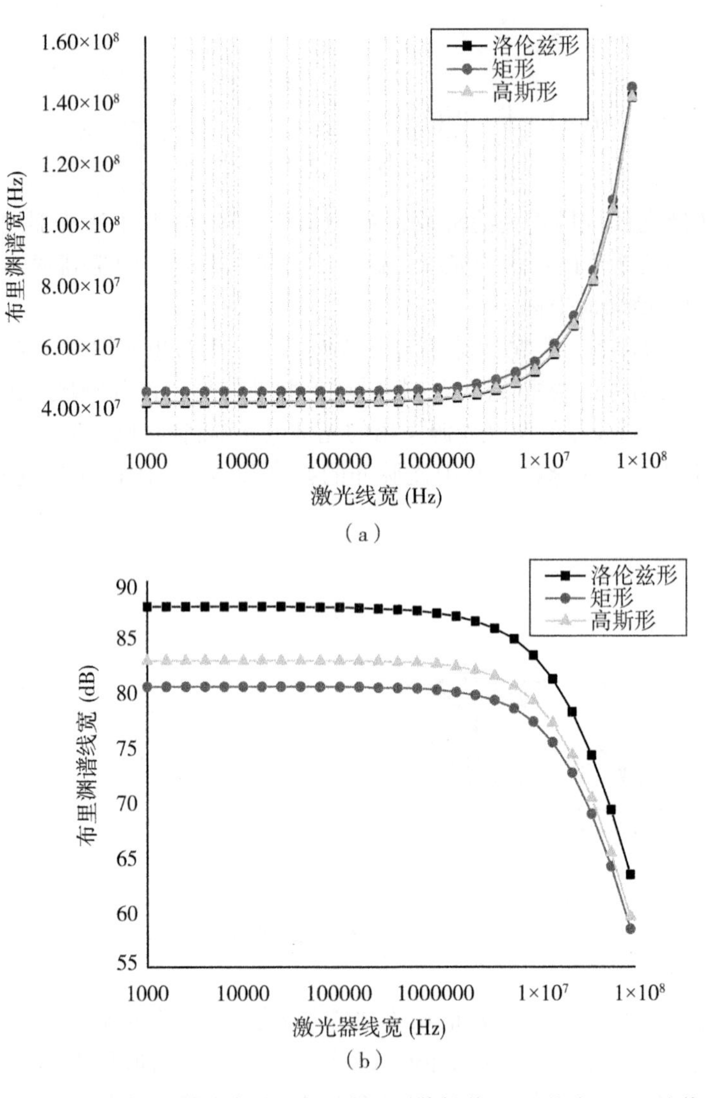

图 5.18　不同激光器线宽时的自发布里渊散射谱：(a)线宽；(b)峰值

的 SNR 和拟合准确度。

为了分析泵浦脉冲功率谱对布里渊散射和 BOTDR 传感性能的影响，我们构建了如图 5.20 所示的实验装置。线宽为 4kHz @ 3dB 的光纤激光器和 3MHz @ 3dB 的分布反馈半导体(DFB)激光器分别作为 BOTDR 传感系统的主光源。1 : 1 耦合器将激光器输出光分为传感光和本地光。电脉冲驱动的 AOM 将连续光调制为脉冲光，AOM 输出和驱动电压呈线性关系，所以可由矩形、高斯和洛伦兹形状的电脉冲获得不同形状的光脉冲。受到 AOM 上升/下降沿时间(15ns)的限制，所产生的矩形脉冲并非标准的矩形脉冲，具有 15ns 的上升/下降沿时间。多种形状的驱动脉冲产生的方法如下：首先由 Matlab 程序获得几种形状对应的数值，将其导入任意函数发生器所带有的波前编辑软件中，即可对应产生不同形状的电脉冲，如图 5.21 所示。光脉冲经由 EDFA 放大后通过环形器进入长距离传感光纤，

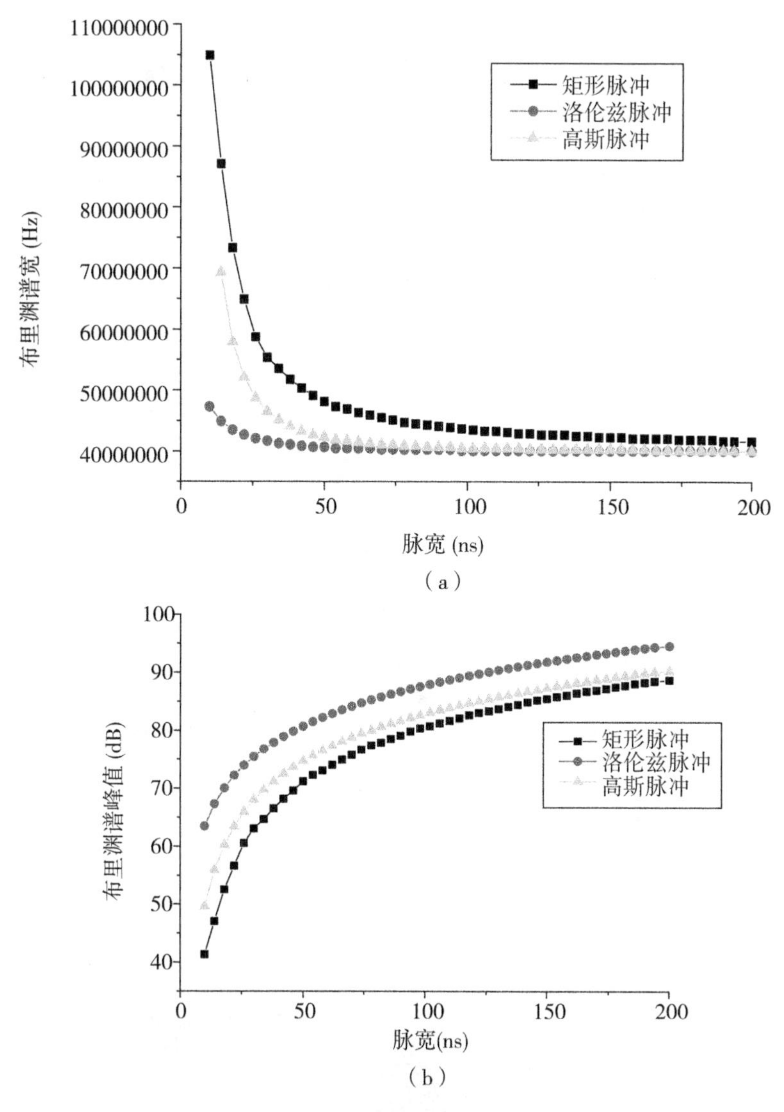

图 5.19　不同脉宽时的自发布里渊散射谱：(a)线宽；(b)峰值功率

泵浦产生传感光纤中的后向自发布里渊散射。散射光和本地光进行相干检测，高速数据采集卡采集相关信息并进行数据处理。

实验中比较了两种不同的泵浦脉冲功率谱，即 4kHz 激光器、洛伦兹脉冲调制和 3MHz 激光器、矩形脉冲调制的传感结果。单个空间分辨率范围内布里渊散射谱的快速傅里叶变换(FFT)的对比如图 5.22 所示，可以看出光纤激光器+洛伦兹脉冲比 DFB 激光器+矩形脉冲大约 4dB。在 6km 传感范围内，布里渊散射的幅度和线宽如图 5.23(a)和(b)所示。从图 5.23 中可以看出，幅度上洛伦兹脉冲、窄激光线宽对应比矩形脉冲、宽激光线宽大，其中 2.5km 处幅度的阶跃变化是由两种具有不同 h 常数的传感光纤造成的；前者比后者所对应的布里渊散射的线小 4MHz。实验结果和数值仿真一致。

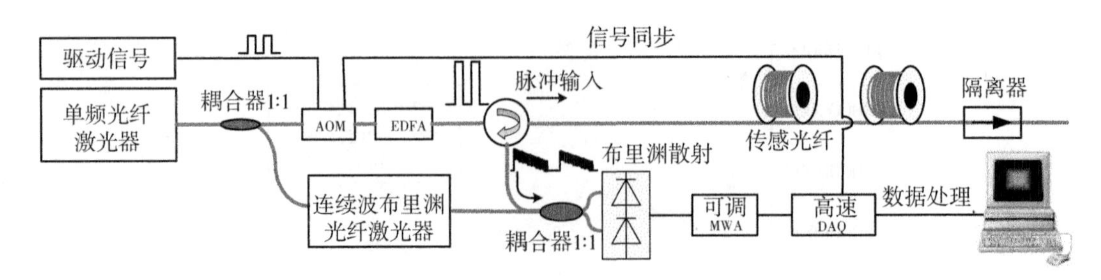

图 5.20　BOTDR 传感系统结构示意图

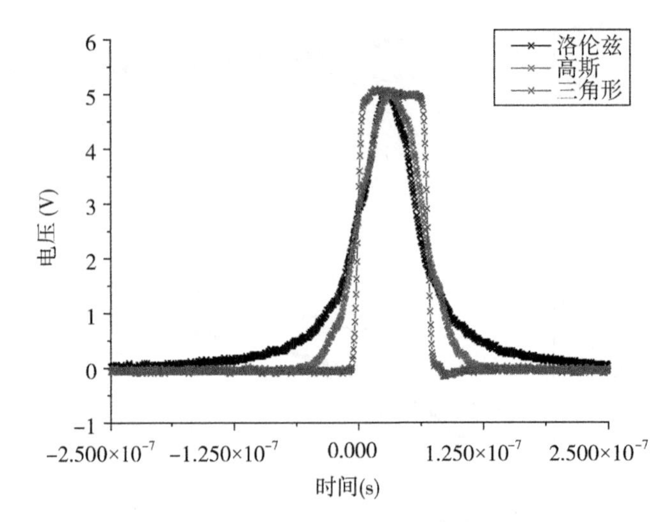

图 5.21　AOM 驱动电脉冲

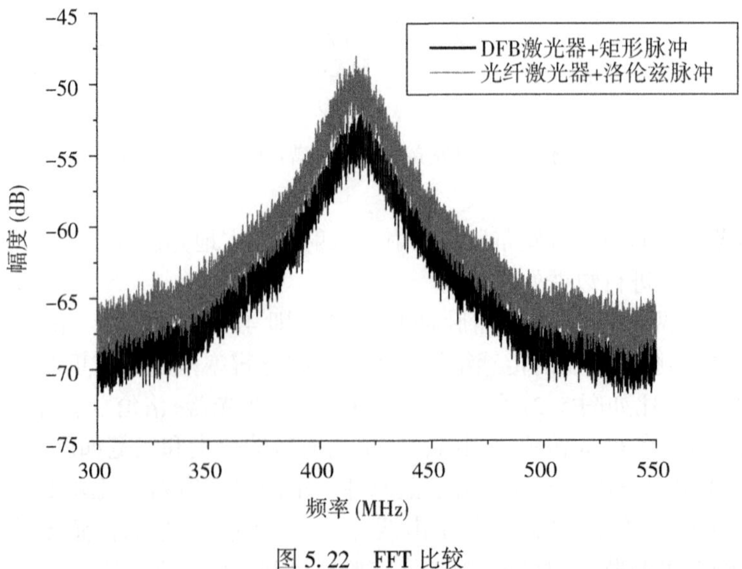

图 5.22　FFT 比较

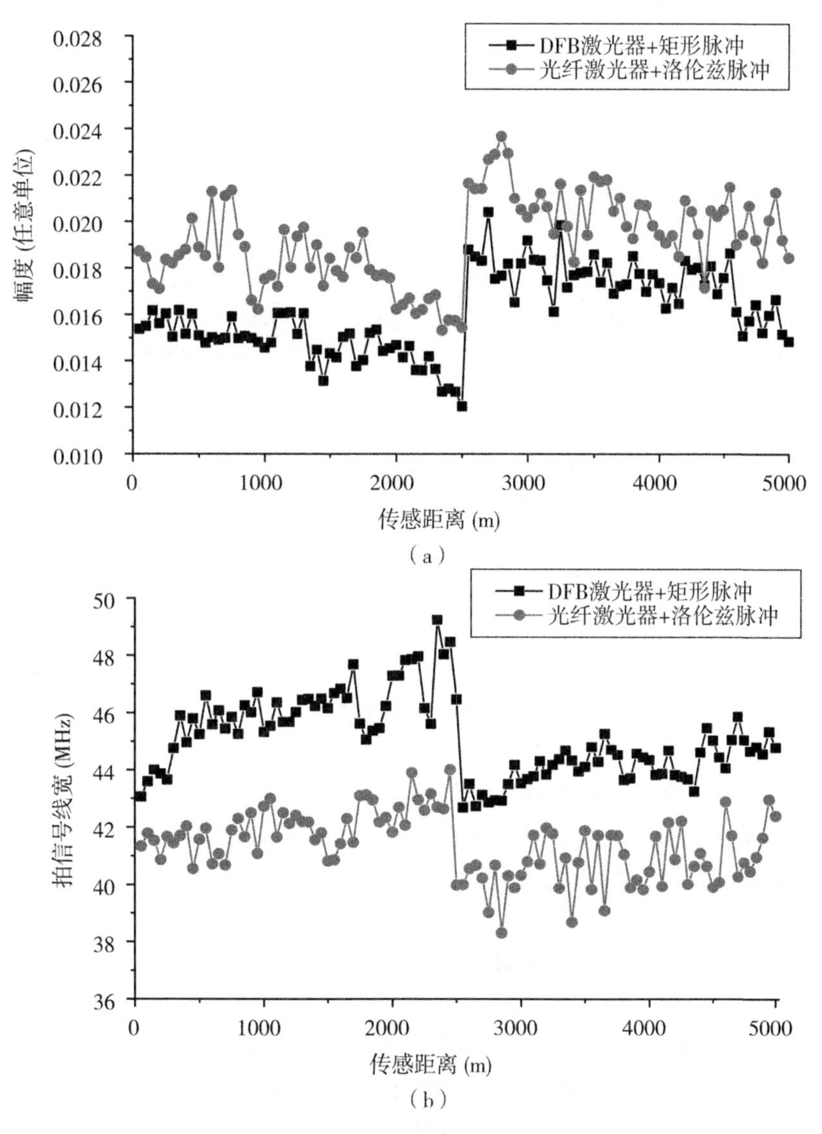

图 5.23 幅度(a)和线宽(b)分布比较

最后比较了两种脉冲功率谱对 BOTDR 传感系统的频率分辨率的影响，如图 5.24 所示。对于 4kHz 光纤激光器和洛伦兹脉冲，所对应的传感光纤范围内的频率波动为 ±1MHz。对于 3MHz DFB 激光器和矩形脉冲，所对应的传感光纤范围内的频率波动为 ±2MHz。也就是说，前者比后者的频率波动减少 2MHz，即对应提高 2℃/40$\mu\varepsilon$ 的温度/应变分辨率。该实验结果证明了脉冲功率谱对于提高 BOTDR 传感性能的作用。

我们利用不同的泵浦脉冲功率谱实现了传感光纤中自发布里渊散射谱的信噪比增加和 BOTDR 系统传感性能的提升。针对线宽分别为 4kHz 和 3MHz 的激光器、矩形/高斯/洛伦兹形状的脉冲对布里渊散射谱和 BOTDR 的影响进行了数值仿真和实验研究。相同脉冲宽

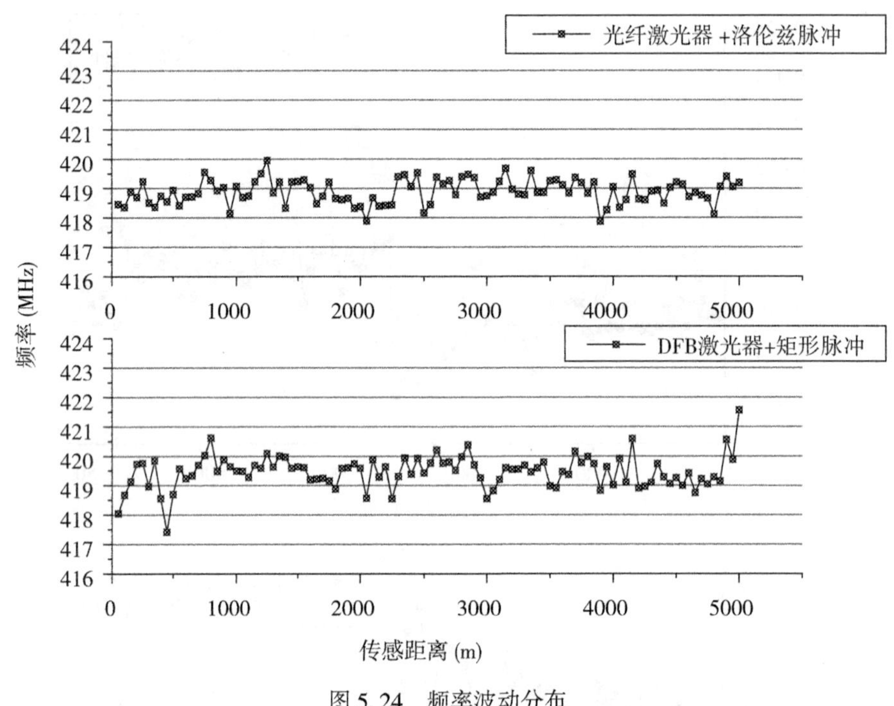

图 5.24　频率波动分布

度条件下，4kHz 激光器、洛伦兹脉冲的信噪比比 3MHz 激光器、矩形脉冲的信噪比提高 4dB，6km 传感范围内频率波动减少 2MHz。实验结果和数值仿真结果一致。该研究结果可为提高 BOTDR 传感性能提供参考。

5.4　本章小结

本章从理论和实验上系统研究了不同的脉冲调制格式(类矩形、三角形、洛伦兹、高斯和超高斯等脉冲格式)对 BOTDR 分布式光纤传感技术中信噪比的影响。对于类矩形脉冲，仿真研究结果表明：当采用相同脉冲宽度和不同脉冲调制格式时，上升/下降沿时间越长，布里渊散射谱的峰值功率越大。在实验中，通过构建不同传感脉冲调制格式，发现三角形脉冲比矩形脉冲的信噪比高 4dB，实现 2.5 倍的传感长度，和理论分析结果具有很好的一致性。此外，本章还数值分析了相邻脉冲之间的重叠部分对空间分辨率的影响，研究结果显示这些因素对传感参量的空间分辨性能的影响较小。

另外，我们分析了高斯、洛伦兹、超高斯等脉冲调制格式对 BOTDR 系统中布里渊散射信噪比的影响。仿真结果表明，在相同的脉冲宽度下，洛伦兹形状的脉冲调制格式具有最高的信噪比。实验结果和数值仿真结果一致。

最后，结合不同的脉冲格式和不同的主激光器线宽，我们研究了不同泵浦脉冲功率谱对布里渊散射信号信噪比的影响，结果表明，窄线宽激光器和洛伦兹线形脉冲共同作用会产生较高的信噪比。在不改变系统空间分辨率的情况下，实现了的后向布里渊散射信号信噪比(SNR)的增加，提高了系统的频率分辨率精度和实现了更远距离的传感范围。

本章参考文献

[1] Naruse H, Tateda M. Trade-off between the spatial and the frequency resolutions in measuring the power spectrum of the Brillouin backscattered light in an optical fiber[J]. Applied Optics, 1999, 38(31): 6516-6521.

[2] Horiguchi T, Shimizu K, Kurashima T, et al. Development of a distributed sensing technique using Brillouin scattering[J]. Journal of Lightwave Technology, 1995, 13(7): 1296-1302.

[3] Wang Feng, Zhu Chenghao, Cao Chunqi, et al. Enhancing the performance of BOTDR based on the combination of FFT technique and complementary coding[J]. Optics Express, 2017, 25(4): 3504-3513.

[4] Hao Yunqi, Ye Qing, Pan Zhengqing, et al. Digital coherent detection research on Brillouin optical time domain reflectometry with simplex pulse codes[J]. Chinese Physics B, 2014, 23(11): 1107031-1107034.

第 6 章　基于脉冲编码技术的 BOTDR 系统

根据前述第 5 章中的分析，可知 BOTDR 的性能指标受限于后向散射信号的信噪比。如果增加脉冲宽度来提高信噪比，则会降低系统的空间分辨精度；如果提高激光器的输出功率，则会产生受激布里渊散射，限制系统的传感长度。对于固定输出光强的激光器，一般采用相干检测或者多次平均来提高后向散射信号的信噪比。为了进一步提高 BOTDR 系统中信号的信噪比，研究人员引入了脉冲编码技术。

编码技术在通信系统中已经得到广泛的应用，1989 年首次应用于光纤传感技术中，所用的编码方式是相关补码[1]，增加了 OTDR 系统的传感距离。编码方式包括线性码和相关码。与相关码技术相比，线性编码技术具有两个优点：一是线性编码技术只需要进行移位寄存即可组成；二是在线性编码技术中，如果每个码元的幅度不同，依然可以将单个脉冲对应的散射信号解调出来。常用的线性码主要有 Simplex 编码技术和双正交码编码技术。Miacheal D. Jones 首次将 Simplex 编码技术应用于 OTDR[2]，并分析了该种编码提高信噪比的理论依据，以及和 Golay 相关码技术的比较。和 Golay 相关补码相比，相同码长的 Simplex 编码的码增益系数较大。日本研究人员 Duckey Lee 等首次将双正交码应用于 OTDR 系统[3]，其和 Simplex 编码类似，并分析了该编码技术对 OTDR 系统信噪比的提高。

本章主要数值仿真分析了线性编码技术，包括 Simplex 编码技术和双正交码编码技术对于 BOTDR 分布式光纤传感系统 SNR 的影响；利用数字相干检测方案的解码方案，实验研究了 Simplex 脉冲编码技术的效果。

6.1　脉冲编码技术

6.1.1　脉冲编码方式

1. 编码方式简介

编码方式包括线性码和相关码。线性码的编码和解码相对比较简单，按照一定的规则进行简单的线性的编码和解码；而相关码技术需要对检测到的信号和编码信号进行相关运算。几种编码的方式包括：伪随机码、格雷(Golay)码、Hadmard 码和 Simplex 码(S 码)等，其中前两种是相关码，后两种是线性码。

(1)伪随机序列码相对于白噪声，易于产生/复制和控制，并基本保留了白噪声功率谱在很宽频带内均匀、自相关函数为 δ 函数、互相关函数为 0 的优点，有着较强的抗干扰能力。由于伪随机序列码的解码是将发射的信号和散射回来的信号进行相关运算，所以在主峰的两侧会产生不规则的旁瓣，对布里渊 OTDR 的测量精度产生影响。

(2) Golay 补码具有理想的互相关和自相关特性，可由程序方便地产生，非常适合作为分布式传感光纤的探测信号。Golay 互补序列定义为一对长度相等的两种元素构成的序列。在光纤中只能传输正的光脉冲，因此不能像在电域或声域中使用双极性的互补序列，但是能通过偏置的方法传输正脉冲达到相同的效果。Golay 互补序列的自相关性非常好，没有旁瓣，易于产生复制，可由程序控制产生。

(3) Hadamard 矩阵最早是作为正交矩阵，由英国数学家詹姆斯·约瑟夫·希尔维斯特在 1867 年开始研究的，广泛应用于工程和通信领域中。在数学上，Hadamard 是一个方阵，每个元素都是 1 或者-1，且每行都是相互正交的。Hadamard 的结束必须是 1、2 或者是 4 的倍数。n 阶 Hadamard 矩阵 $\boldsymbol{H}$ 满足 $\boldsymbol{H} \cdot \boldsymbol{H}^{\mathrm{T}} = n\boldsymbol{I}_n$，$\boldsymbol{I}_n$是一个 $n \times n$ 的单位矩阵。

Hadamard 矩阵最初构造的例子是由希尔韦斯特给出的。假设 $\boldsymbol{H}$ 是一个 n 阶的矩阵，则矩阵 $\begin{pmatrix} \boldsymbol{H} & \boldsymbol{H} \\ \boldsymbol{H} & -\boldsymbol{H} \end{pmatrix}$ 便是一个 $2n$ 阶的 Hadamard 矩阵。一系列的 $\boldsymbol{H}$ 矩阵 $\boldsymbol{H}_1 = 1$，$\boldsymbol{H}_2 = \begin{pmatrix} 1 & 1 \\ 1 & -1 \end{pmatrix}$，$\boldsymbol{H}_4 = \begin{pmatrix} 1 & 1 & 1 & 1 \\ 1 & -1 & 1 & -1 \\ 1 & 1 & -1 & -1 \\ 1 & -1 & -1 & 1 \end{pmatrix}$，同理，可以得到 8 阶、16 阶、32 阶等 2^n 阶(n 是大于 0 的整数)的 $\boldsymbol{H}$ 矩阵。

$\boldsymbol{H}$ 矩阵是一个双极性矩阵，L 阶 $\boldsymbol{H}$ 矩阵的逆矩阵就是它本身的 $1/L$。当进行编码后，噪声大为削减，系统信噪比得到显著提升。但是在光学系统中，光功率只具有单极性，即光功率非负，难以在光学系统中直接使用 $\boldsymbol{H}$ 矩阵。因此考虑将 $\boldsymbol{H}$ 矩阵转化后应用于光学系统。

去除 $\boldsymbol{H}$ 矩阵的第一行和第一列，并将矩阵中的元素 1 改成 0，将-1 改成 1，得到的矩阵就是 $\boldsymbol{S}$ 矩阵。$\boldsymbol{S}$ 矩阵的每一行即是一个 Simplex 编码。

和 S 码类似，双正交码也来源于 Hadamard 矩阵，是一个 $2n \times n$ 矩阵，即包含 $2n$ 个码字。$\boldsymbol{H}_1 = \begin{pmatrix} 0 & 0 \\ 0 & 1 \end{pmatrix}$，$\boldsymbol{H}_m = \begin{pmatrix} \boldsymbol{H}_{m-1} & \boldsymbol{H}_{m-1} \\ \boldsymbol{H}_{m-1} & \bar{\boldsymbol{H}}_{m-1} \end{pmatrix}$，高阶双正交码 $\boldsymbol{B}_m = \begin{pmatrix} \boldsymbol{H}_m \\ \bar{\boldsymbol{H}}_m \end{pmatrix}$，其中 $\bar{\boldsymbol{H}}_m$ 表示 $\boldsymbol{H}_m$ 的补码。

2. 编码增益比较

码增益的定义为：编码探测脉冲得到解码后的等效单脉冲的信噪比和单脉冲的信噪比之间的比值。以上几种编码的码增益分别为：

$$G_{\mathrm{cod(Golay)}} = \frac{\sqrt{L}}{2}; \qquad G_{\mathrm{cod\,(Simplex)}} = \frac{L+1}{2\sqrt{L}}$$
$$G_{\mathrm{cod(Biorthogonal)}} = \sqrt{\frac{L^3 (L+1)^2}{4(L-1)(L^3+L^2+6)}}; \qquad G_{\mathrm{cod(CCPONS)}} = \sqrt{\frac{L}{2}} \tag{6.1}$$

式中，L 表示编码时码的长度；Biorthogonal 表示双正交码，CCPONS 表示一种相关码。几种编码方式的码增益大小比较如图 6.1 所示。

它们之间的大小关系为：CCPONS 大于双正交码和 S 码，S 码大于 Golay 补码。双正

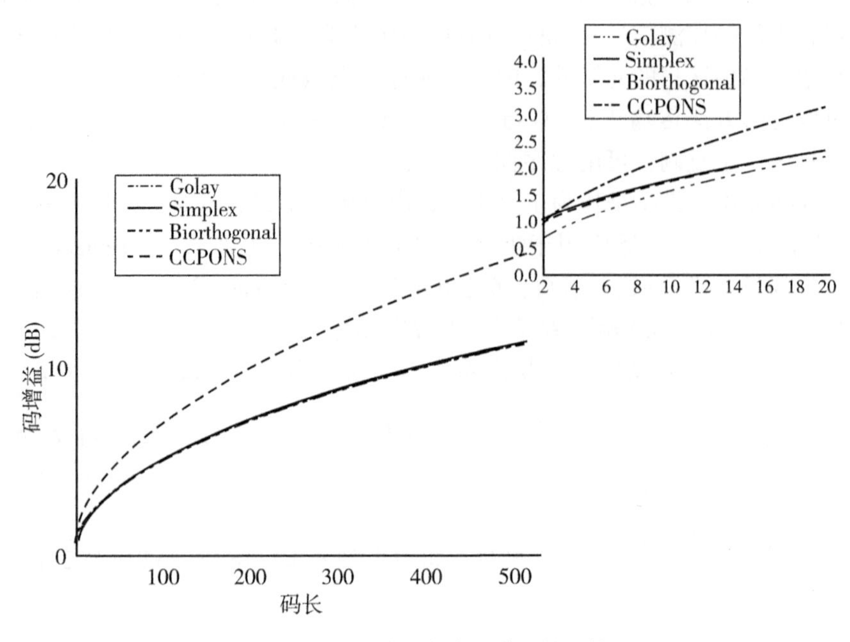

图 6.1　几种编码方式码增益的比较

交码和 S 码二者相差很小，不到 0.1dB。码长 $L<5$ 时，双正交码小于 S 码；码长 $L>5$ 时，双正交码大于 S 码。

6.1.2　脉冲编码技术对信噪比的提高分析

假设 $\omega_1(t)$ 为单脉冲 $P_1(t)$ 经 OTDR 系统得到的理想的不包含噪声的信号轨迹，同时定义经过一定的时间延迟 τ 后输出新的脉冲 $P_2(t)=P_1(t-\tau)$，$P_3(t)=P_1(t-2\tau)$，…，其中 τ 为单脉冲光 $P_1(t)$ 的宽度，那么得到对应的理想的轨迹为 $\omega_2(t)=\omega_1(t-\tau)$，$\omega_3(t)=\omega_1(t-2\tau)$，…。

1. Simplex 脉冲编码技术

如果将 Simplex 码引入 OTDR 系统中，则在光纤入射端输出的实际后向散射光信号轨迹定义为 $\eta_1(t)$，$\eta_2(t)$，$\eta_3(t)$，…，此时信号中各自包含的噪声设为 $e_1(t)$，$e_2(t)$，$e_3(t)$，…。

以 3 阶 Simplex 码为例，$\begin{pmatrix}\eta_1(t)\\ \eta_2(t)\\ \eta_3(t)\end{pmatrix}=\boldsymbol{S}\cdot\begin{pmatrix}\omega_1(t)\\ \omega_2(t)\\ \omega_3(t)\end{pmatrix}+\begin{pmatrix}e_1(t)\\ e_2(t)\\ e_3(t)\end{pmatrix}$，其中 $\boldsymbol{S}_3=\begin{pmatrix}1&0&1\\0&1&1\\1&1&0\end{pmatrix}$。对于系统采集到的 $\eta_1(t)$，$\eta_2(t)$，$\eta_3(t)$，需要进行解码操作，即将所得到的信号阵列乘以 Simplex 矩阵的逆矩阵，并将得到的各元素值在时域上对齐，之后求取平均数作为最终的单个脉冲波形信号。

$$\begin{pmatrix}\omega'_1(t)\\ \omega'_2(t)\\ \omega'_3(t)\end{pmatrix}=\boldsymbol{S}^{-1}\cdot\begin{pmatrix}\eta_1(t)\\ \eta_2(t)\\ \eta_3(t)\end{pmatrix}=\frac{1}{2}\begin{pmatrix}1 & -1 & 1\\ -1 & 1 & 1\\ 1 & 1 & -1\end{pmatrix}\begin{pmatrix}\eta_1(t)\\ \eta_2(t)\\ \eta_3(t)\end{pmatrix} \tag{6.2}$$

如果已知 $\eta_1(t)$，$\eta_2(t)$ 和 $\eta_3(t)$，那么每个脉冲真实的信号响应曲线 $\omega'_1(t)$、$\omega'_2(t)$、$\omega'_3(t)$ 可表示为

$$\begin{aligned}\omega'_1(t)&=\frac{1}{2}[\eta_1(t)-\eta_2(t)+\eta_3(t)]\\ \omega'_2(t)&=\frac{1}{2}[-\eta_1(t)+\eta_2(t)+\eta_3(t)]\\ \omega'_3(t)&=\frac{1}{2}[\eta_1(t)+\eta_2(t)-\eta_3(t)]\end{aligned} \tag{6.3}$$

对这 3 个实际的轨迹，先进行时移对齐，平均后就能得到实际单个脉冲的波形信号：

$$\overline{\omega(t)}=\frac{\omega'_1(t)+\omega'_2(t+\tau)+\omega'_3(t+2\tau)}{3} \tag{6.4}$$

假设系统只采用单脉冲收发时的系统均方差为 σ^2，则采用 Simplex 编码后的系统均方差则可以通过下面的计算得到：

$$\begin{aligned}\omega'_1(t)&=\frac{1}{2}[\eta_1(t)-\eta_2(t)+\eta_3(t)]=\omega_1(t)+\frac{e_1(t)-e_2(t)+e_3(t)}{3}\\ \omega'_2(t)&=\frac{1}{2}[-\eta_1(t)+\eta_2(t)+\eta_3(t)]=\omega_2(t)+\frac{-e_1(t)+e_2(t)+e_3(t)}{3}\\ \omega'_3(t)&=\frac{1}{2}[\eta_1(t)+\eta_2(t)-\eta_3(t)]=\omega_2(t)+\frac{e_1(t)+e_2(t)-e_3(t)}{3}\end{aligned} \tag{6.5}$$

那么

$$\begin{aligned}\overline{\omega(t)}&=\frac{\omega'_1(t)+\omega'_2(t+\tau)+\omega'_3(t+2\tau)}{3}\\ &=\omega_1(t)+\frac{e_1(t)-e_2(t)+e_3(t)-e_1(t)+e_2(t)+e_3(t)+e_1(t)+e_2(t)-e_3(t)}{6}\end{aligned} \tag{6.6}$$

此时，由于 $E\{\omega_i(t)\}=0$，$E\{\omega_i(t)\cdot\omega_j(t)\}=0$，$E\{\omega_i^2(t)\}=0$，$i$，$j=1$，2，3，$i\neq j$，所以

$$\begin{aligned}\sigma'^2&=E\{[\omega'(t)-\omega(t)]^2\}\\ &=E\left\{\left[\frac{e_1(t)-e_2(t)+e_3(t)-e_1(t)+e_2(t)+e_3(t)+e_1(t)+e_2(t)-e_3(t)}{6}\right]^2\right\}\\ &=\frac{9}{36}\sigma^2\end{aligned} \tag{6.7}$$

而三个脉冲相叠加的系统均方差为$\frac{\sigma^2}{3}$，所以，编码之后的系统的信噪比提高了$\sqrt{\frac{\frac{\sigma^2}{3}}{\frac{\sigma^2}{4}}}=\frac{2}{\sqrt{3}}$。

同理，为了得到一般情况下 Simplex 编码信噪比提高效果，可以对 L 阶 Simplex 编码进行类似的推导。编码后得到的系统均方差为

$$
\begin{aligned}
&E\left\{\left[\frac{1}{L}\sum_{n=1}^{L}\varphi'_n(t+(L-1)\tau)-\varphi_i(t)\right]^2\right\}\\
&=\frac{4}{L^2(L+1)^2}E\left\{\left[\sum_{j=1}^{L}\sum_{k=1}^{L}T_{j,k}e_k(t+(k-1)\tau)\right]^2\right\}=\frac{4}{(L+1)^2}
\end{aligned}
\tag{6.8}
$$

而 L 次叠加处理之后得到的噪声均方差为$\frac{\sigma^2}{L}$；因此，经过 Simplex 编码之后，系统的信噪比提高了$\sqrt{\frac{\frac{\sigma^2}{L}}{\frac{4\sigma^2}{(L+1)^2}}}=\frac{L+1}{2\sqrt{L}}$。

由于系统中解码后的光脉冲的宽度并没有改变，所以 Simplex 编码能在不影响系统空间分辨率的情况下提高系统的信噪比。

2. 双正交脉冲编码技术

和 Simplex 编码技术的码增益推导过程类似，我们可以采用同样的思路进行双正交脉冲编码技术分析。不同的是，双正交矩阵并不是典型的方阵，而是$2n\times n$矩阵，那么在解调过程中，不能够直接利用该矩阵的逆矩阵和实际每个脉冲包含的噪声的散射信号相乘，需要用双正交矩阵的广义逆矩阵，即$\boldsymbol{B}^{+}=(\boldsymbol{B}^{\mathrm{T}}\boldsymbol{B})^{-1}\boldsymbol{B}^{\mathrm{T}}$，其中“T”代表转置，“-1”代表逆矩阵。

对于码长为 n 的矩阵，可以看出第一行都是0，而第 $n+1$ 行都是 1。最终得到的码增益为

$$
\frac{\sqrt{\frac{\sigma^2}{2n-2}}}{\sqrt{\frac{2n^3+2n^2+12}{n^2(n+1)^2}\sigma^2}}=\sqrt{\frac{n^3(n+1)^2}{4(n-1)(n^3+n^2+6)}}
\tag{6.9}
$$

式中，单脉冲噪声均方差$(2n-2)$项对应省去了双正交码的第 1 行和第 $n+1$ 行。

6.2　线性脉冲编码数值仿真

6.2.1　Simplex 码用于 BOTDR 系统的数值仿真

利用 Simplex 编码技术的 BOTDR 系统进行数值仿真，在理论上验证线性编码技术提

高信噪比的效果。数值仿真的基本思想如下：

将一段光纤 n 等分(例如2000段)，每一段相当于一个微元，该微元长度和单个脉冲宽度对应的光纤长度一致，若光脉冲的宽度是100ns，那么此脉冲对应的微元宽度是10m，也就是说，整段光纤长度是20km。

该微元对于入射光有相应的散射(布里渊散射系数 g_B，在探测端该系数受到光纤路径上噪声的影响)和有衰减的透射(衰减系数 $\alpha = 0.2\text{dB/km}$，透射系数 T_0)，那么第 n 段光纤微元在整个光纤入射端对应的光强表达式为 $I = g_B T^2 \exp(-2\alpha n)$，此处的透射系数 T 和光纤在该段光纤以及之前的 $(n-1)$ 段光纤的散射系数 $1-g_B$ 相关，即 $T = (1-g_B)^n T_0{}^n$；每段光纤对应的衰减系数，可以在探测端处整体考虑。假设在第100—105段微元处由于外界温度或应力的变化使得散射系数增加为原来的 $(1+x)$ 倍，其中 x 表示外界温度和应带来的幅度的变化，那么光纤入射端的该段微元的散射光强表达式就和外界的影响因素有关。另外，在检测端口，需要加上探测器噪声。

本节为了表达SNR增加的效果，假设幅度的变化为50%，且在第100—105段光纤微元之间产生，那么对应的系统仿真结果如图6.2所示，图中主要对比了 L 阶编码矩阵和 L 次平均后的效果。

从图6.2所示的数值仿真结果可以看出，编码的效果是比较明显的，也就是说，对于BOTDR传感系统，编码能够有效地提高信号的信噪比。

6.2.2 Simplex码对受激布里渊散射阈值的影响

对于单脉冲系统，受激布里渊散射的阈值为

$$P_{cr} = G\frac{K_P A_{\text{eff}}}{g_0 L_{\text{eff}}}\left(1 + \frac{\Delta\nu_P}{\Delta\nu_B}\right) \tag{6.10}$$

式中，G 表示受激布里渊散射阈值增益因子，一般为19；g_0 表示布里渊增益因子；K_P 是偏振因子，一般 $1 \leqslant K_P \leqslant 2$，具体值取决于入射脉冲光的偏振状态；$A_{\text{eff}}$ 为传感光纤纤芯的有效横截面积；$\Delta\nu_P$ 和 $\Delta\nu_B$ 分别为入射脉冲光和布里渊散射光的线宽；L_{eff} 为有效作用长度，可表示为 $L_{\text{eff}} = \dfrac{1-\exp(-\alpha L)}{\alpha}$，其中 L 为传感光纤长度，α 表示传感光纤的衰减系数，一般情况下可写作 $L_{\text{eff}} \approx \dfrac{c\tau}{2n} = \dfrac{L_P}{2}$，其中 L_P 表示单个脉冲在光纤中对应的长度。

对于脉冲编码系统，式(6.10)中的 L_{eff} 不能够再用 $L_P/2$ 表示。文献[4]中重点分析了编码时受激布里渊散射阈值的变化。此时 $L_{\text{eff}} = \dfrac{1-\exp[-\alpha L_P(L_C+1)]}{\alpha}$，其中 L_C 表示编码脉冲的长度。那么，在脉冲编码情况下受激布里渊散射的阈值可写为

$$P_{cr} = G\frac{K_P A_{\text{eff}}}{g_0 \dfrac{1}{\alpha}\left[1-\exp\left(-\dfrac{\alpha L_P(L_C+1)}{4}\right]\right\}}\left(1+\frac{\Delta\nu_P}{\Delta\nu_B}\right) \tag{6.11}$$

对比单脉冲和编码脉冲时的受激布里渊散射的阈值，我们进行了数值仿真。

(1)受激布里渊散射阈值和脉冲编码长度之间的关系，如图6.3所示。假设脉冲宽度

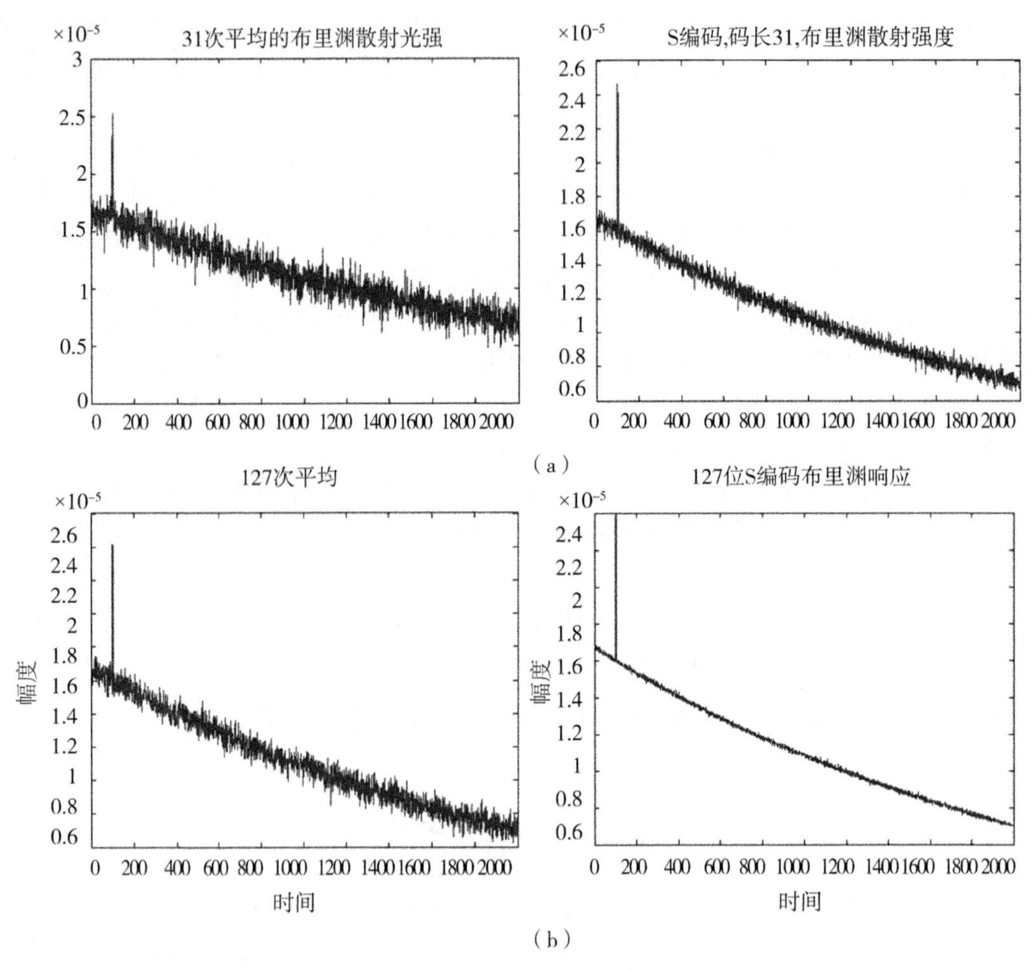

图 6.2　Simplex 编码时的 SNR 提高：(a)码长 31，对比于 31 次平均；(b)码长 127，对比于 127 次平均

是 100ns，激光器线宽是 1kHz。

(2)在一定编码长度下，受激布里渊散射阈值和脉冲宽度之间的关系，如图 6.4 所示。假设激光器线宽是 1kHz，脉冲编码的长度是 127 位。

6.2.3　双正交码用于 BOTDR 系统的数值仿真

应用和 6.2.1 节中 Simplex 脉冲编码仿真类似的思想和假设，我们也对双正交脉冲编码技术在 BOTDR 系统中的应用进行了数值仿真，此处我们没有省略第 1 行和第 $n+1$ 行的相关信号。由于编码增益比较的是相同脉冲轨迹，所以我们对比分析了 32 位编码和 64 位单脉冲平均、64 位编码和 128 次单脉冲平均。数值仿真结果分别如图 6.5 和图 6.6 所示。由图可以看出，双正交编码技术具有提高信噪比的效果。

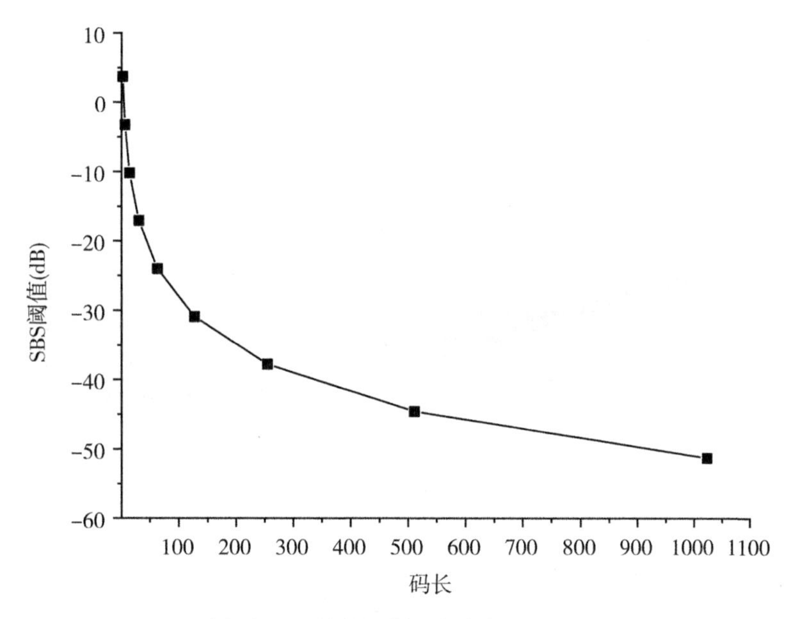

图 6.3　受激布里渊散射阈值和脉冲编码长度之间的关系

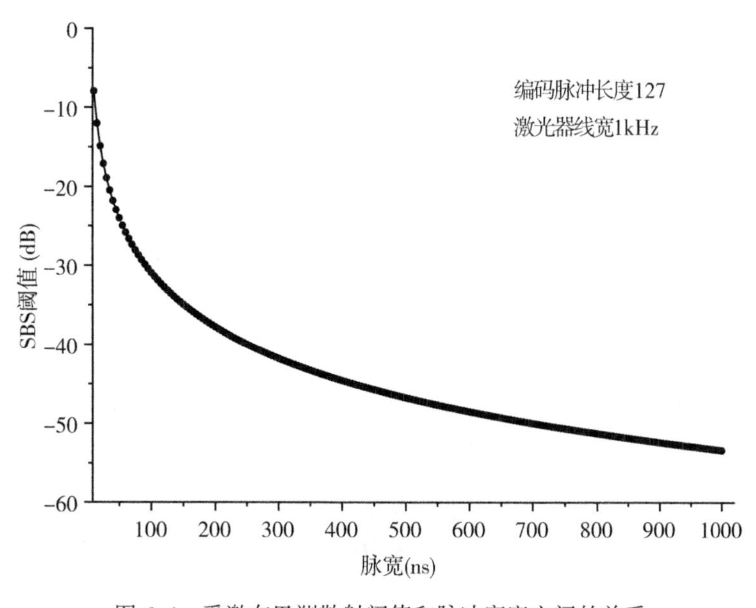

图 6.4　受激布里渊散射阈值和脉冲宽度之间的关系

6.2.4　双正交码对受激布里渊散射阈值的影响

在双正交码的编码情况下，受激布里渊散射的阈值受到第 $n+1$ 行多个连续 1 的限制。第 $n+1$ 行相当于一个长脉冲，该脉冲的宽度为单个脉冲宽度乘以脉冲编码长度。

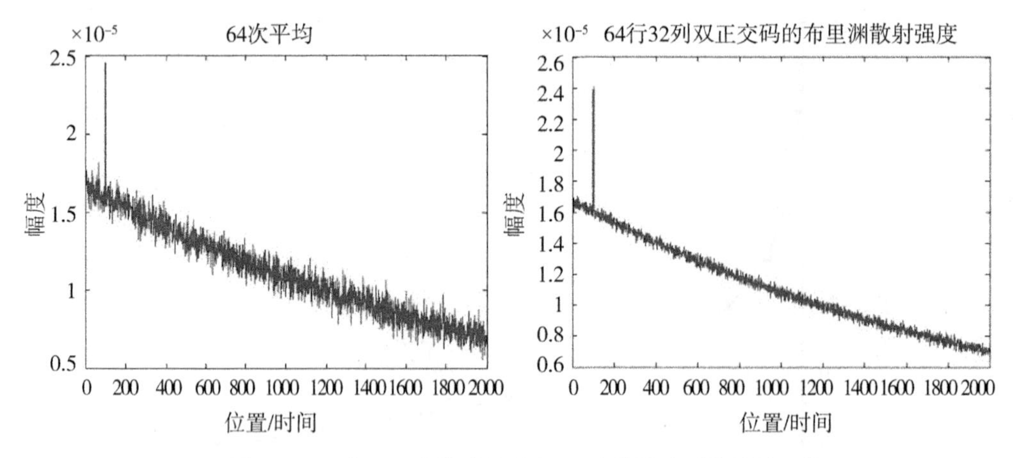

图 6.5　32 位双正交脉冲编码和 64 次单脉冲平均结果比较

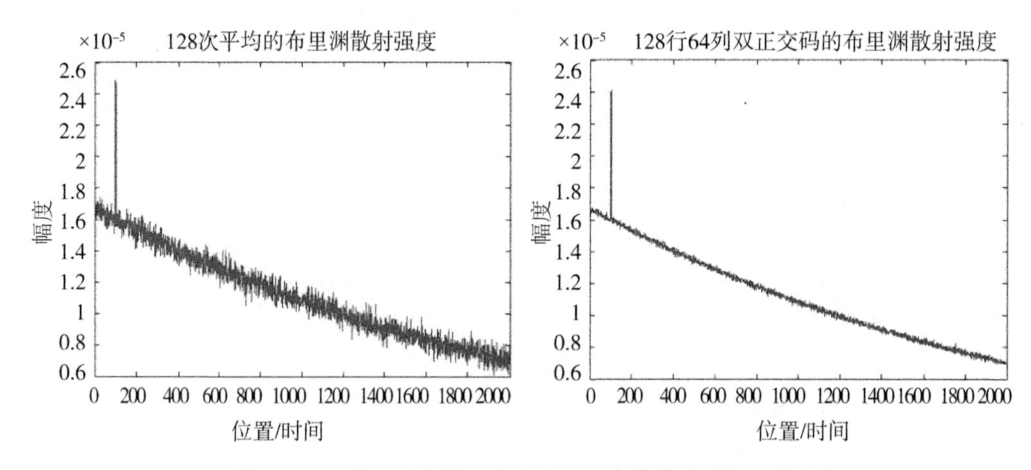

图 6.6　64 位双正交脉冲编码和 128 次单脉冲平均结果比较

如果脉冲宽度为 τ，编码长度为 L，那么该行对应的脉冲长度为 $\tau' = L\tau$。将该式代入受激布里渊散射阈值的表达式[式(6.10)]中，可得到：

$$P_{cr} = G\frac{K_{\mathrm{P}}A_{\mathrm{eff}}}{g_0}\frac{2n}{c\tau'}\left(1+\frac{\Delta\nu_{\mathrm{P}}}{\Delta\nu_{\mathrm{B}}}\right) = 19\times\frac{1\times 76\times 10^{-12}}{5\times 10^{-11}}\times\frac{2\times 1.44}{3\times 10^{8}\times L\tau}\times\left(1+\frac{\Delta\nu_{\mathrm{P}}}{40\times 10^{6}}\right) \tag{6.12}$$

根据式(6.12)，假设激光器的线宽 1kHz，可以得到受激布里渊散射的阈值和 L、τ 之间的关系，如图 6.7 所示。由图可以看出，布里渊散射阈值随着编码长度的增加而迅速减小；随着脉冲宽度的增加，布里渊散射减小得相对较慢。

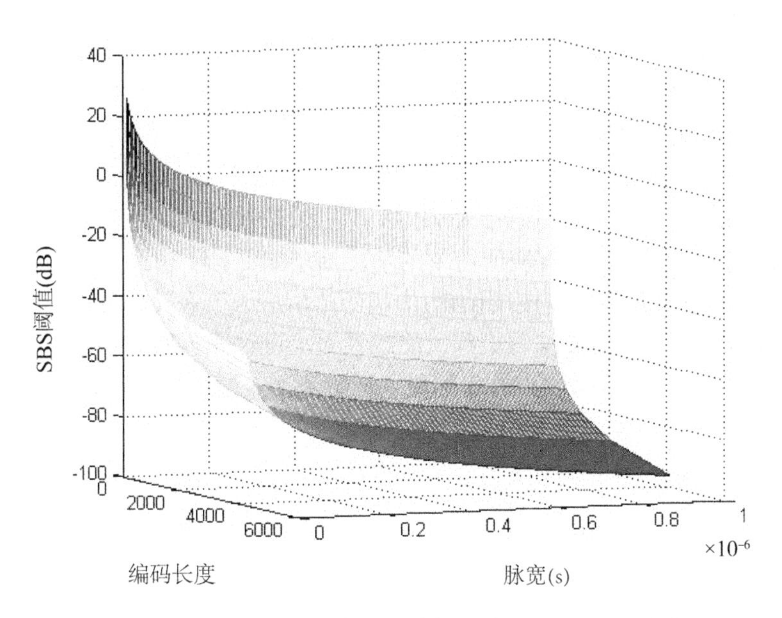

图 6.7 双正交脉冲编码时受激布里渊散射阈值和编码长度、脉宽之间的关系

6.3 基于 Simplex 脉冲编码技术的 BOTDR 系统实验方案

编码技术应用于 BOTDR 传感系统中只需改变单脉冲实验系统中声光调制器的驱动，将单电脉冲驱动改变为编码脉冲串驱动，而其他的硬件结构包括激光器、移频元件、AOM、平衡探测器以及高速数据采集卡均不变，所以本节中的实验系统类似于图 4.1 所示的结构，具体系统示意如图 6.8 所示。

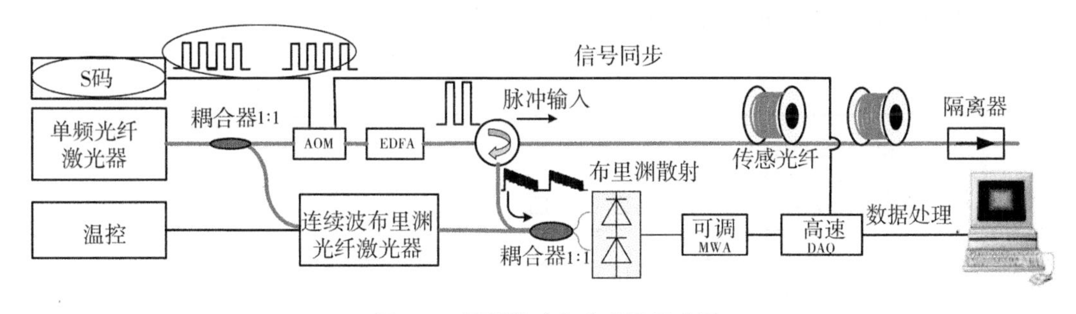

图 6.8 编码脉冲实验系统示意图

实验系统中的技术关键在于 Simplex 码的编码和解码，我们将在下面小节中详细介绍编码技术，而解码算法及流程将在 6.4 节中详细分析。

6.3.1　Simplex 编码信号的产生

为了验证编码对后向布里渊散射信号信噪比增加的效果，本节在单脉冲 BOTDR 实验系统的基础上进行实验研究。以 31 位编码为研究对象，首先需要产生 31 位电信号编码信息，用以调制声光调制器得到光学编码脉冲。

和单脉冲 BOTDR 系统中信号源的主要区别是，原来系统中所用的脉冲为信号发生器产生的单脉冲，而此处所用的驱动信号为 FPGA 产生的按照 Simplex 矩阵每一行的规则编码产生的脉冲序列。该信号发生模块所需要的功能描述如下：

(1)脉冲宽度和重复频率可以在线设置；

(2)用 Labview 生成 Simplex 编码矩阵，能在界面上设置编码的位数；

(3)编码矩阵的每行有不同位数的 0 和 1，但是触发信号均从每行开始处触发，如图 6.9 中 7 位编码示例；

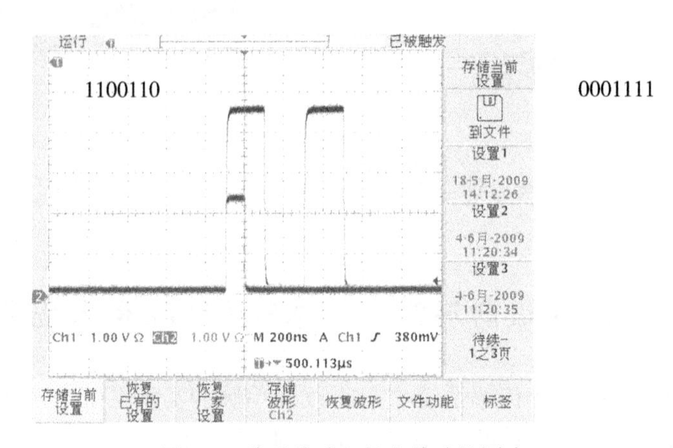

图 6.9　编码脉冲和触发脉冲的同步

(4)对每行信号的信息采集 10 次，采集结束之后开始发送下一行编码脉冲，单行编码脉冲信号和触发信号之间的时序示意如图 6.10 所示；

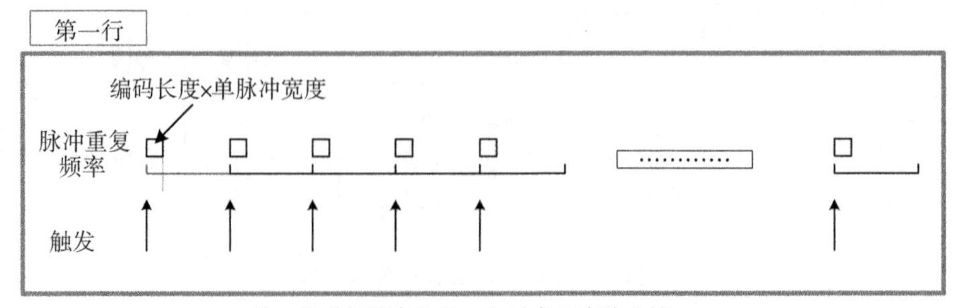

图 6.10　单行编码脉冲信号和触发信号的时序示意图

(5)接着对下一行进行采集，同样重复 10 次；

(6)采集编码矩阵的最后一行，直至采集结束。

实现编码电脉冲的软件流程如图 6.11 所示。

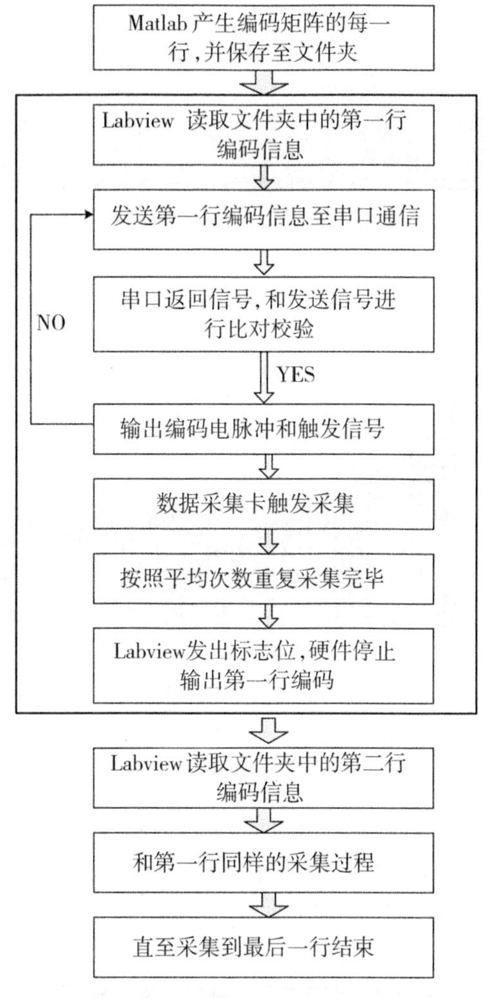

图 6.11　编码信号产生流程图

根据以上所述要求，能够实现编码信号输出的信号发生硬件模块如图 6.12 所示。

6.3.2　编码脉冲的光放大

实验方案中采用“AOM+EDFA”方案，对 AOM 产生的光脉冲信号进行 EDFA 放大。每个脉冲元的宽度是 40ns(以避免在较长连“1”时产生受激布里渊散射)，所以整个脉冲串的持续时间为 1.24μs。脉冲串的放大采用 EDFA 方式，文献[5]中报道了不同的脉冲放大方式对脉冲串的影响，特别分析了 EDFA 的放大效果，如图 6.13 所示。

由图 6.13 可以看出，每个编码脉冲元之间的放大有很大的差异，这会导致在后继信

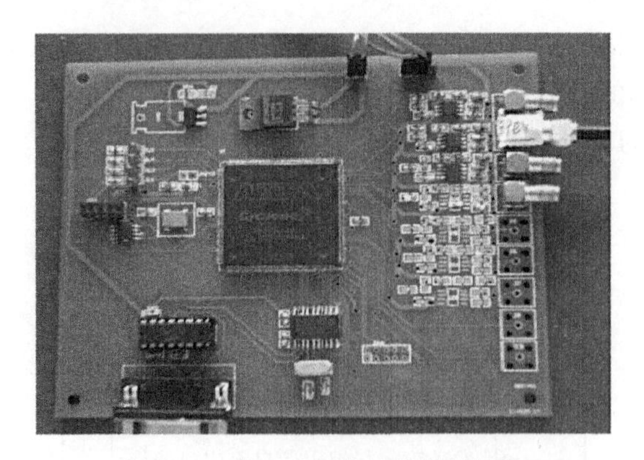

图 6.12　产生编码信号的硬件模块

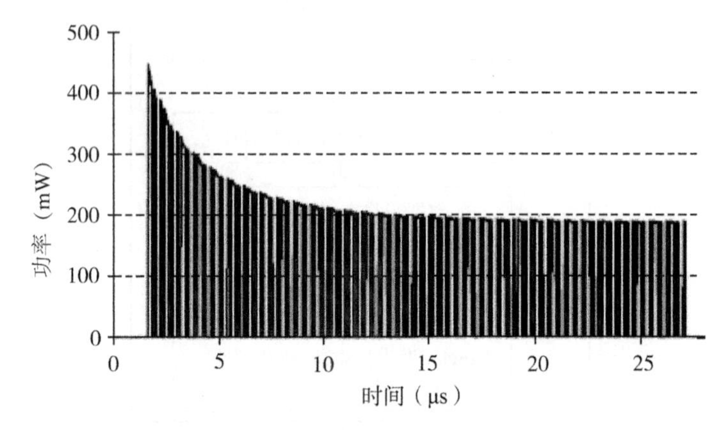

图 6.13　EDFA 对编码脉冲的放大效果[5]

号解调过程中不能完全、正确地解调出单个脉冲的信息，且没有达到编码提高信噪比的效果。我们对传感光纤尾部的脉冲光信号进行探测，可以得到编码矩阵不同行对应的光脉冲，以第 1 行和第 16 行为例，如图 6.14 所示。

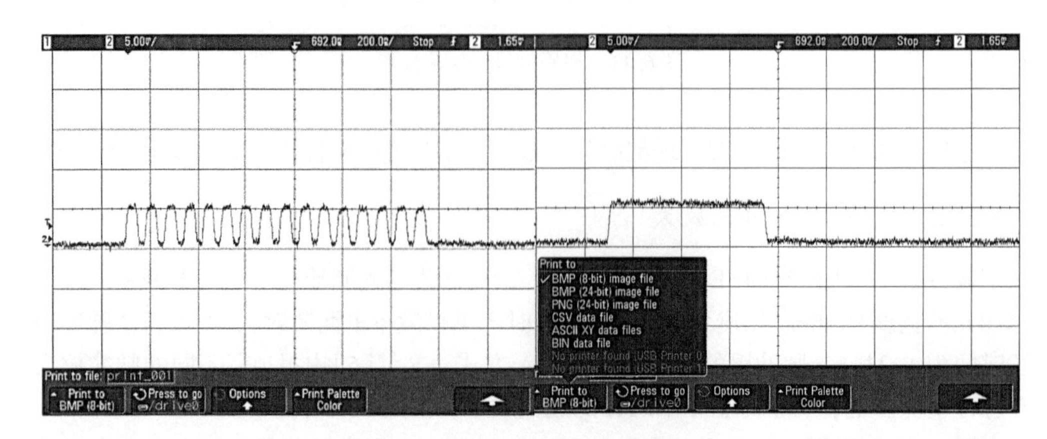

图 6.14　31 位编码的第 1 行和第 16 行

为了验证每个脉冲编码行中脉冲元放大后是否有增益不均衡的问题，我们对比测量了单个 40ns 脉冲对应的信号，如图 6.15 所示。

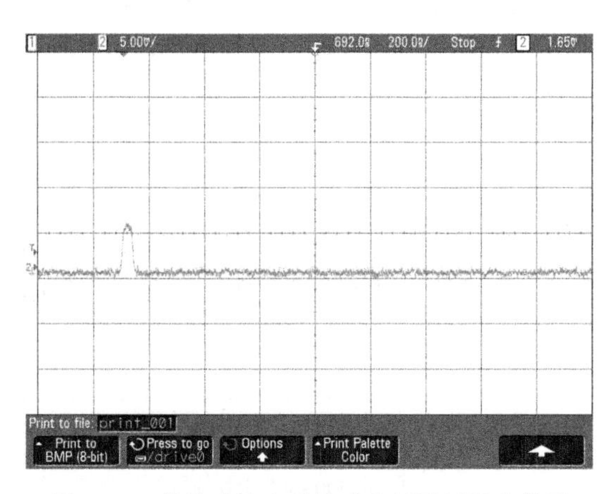

图 6.15 单脉冲输入时传感光纤尾部的光信号

从图 6.14 和图 6.15 的对比可以看出，由于我们的编码位数只有 31 位，而且每个脉冲串所占时间小于 2μs，所以实验过程中每个脉冲码元的放大系数是均衡的，在后继的数据处理过程中不予考虑理论上 EDFA 放大的畸变效应。

6.4 基于数字相干检测的 Simplex 脉冲解码技术

6.4.1 数据处理方法及流程

由于每行编码脉冲串中的单个脉冲散射回来的信号叠加在一起，所以欲解调得到单个脉冲的散射信号，需要对所有的编码脉冲串的散射信号进行解调。

在 Simplex 编码脉冲的相关文献中[6-7]，一般采用以下三种解调方案，均和系统的硬件结构有关。

(1)光学扫频：文献[6]中的 BOTDR 结构为相干检测，本地光为电光调制器的一阶边带，通过对电光调制器扫频，可以得到后向散射信号中每个干涉频率处传感光纤沿线的强度分布，将这些强度信息拼接，可以得到光纤沿线的布里渊频谱信息。

(2)电学扫频：和(1)中的光学扫频类似，只是本地光为固定频率的光信号，得到光学拍频信号；探测该信号，并和电学本振光拍频，通过对电学本振光扫频，得到三维的布里渊散射谱。

(3)利用频谱仪：利用宽带频谱仪，对于探测到的相干光信号，从频谱仪上记载强度信息。将频谱仪调整到零延展模式，设定不同的频率步进，可以得到不同频率处的强度信息。

由于 BOTDR 系统的硬件结构不能进行扫频，移频单元为宽带移频且移频量固定，所以我们采用数字相干检测软件处理方法，以验证 Simplex 脉冲编码技术的效果。

数字相干检测解调处理流程的基本思想为：采集每行编码脉冲的后向散射信号，做分段 FFT 运算；将每个空间分辨率范围内(时域上为每个脉冲元宽度)不同的频率信息提取出来；由于解码时时域上需要对齐，对应于频域上的运算为向前移动单个脉冲元对应的频率信息；将对齐后的频率信息进行叠加平均，得到三维散射谱分布；进行洛伦兹拟合，得到光纤沿线频率分布。具体的软件处理流程如图 6.16 所示。

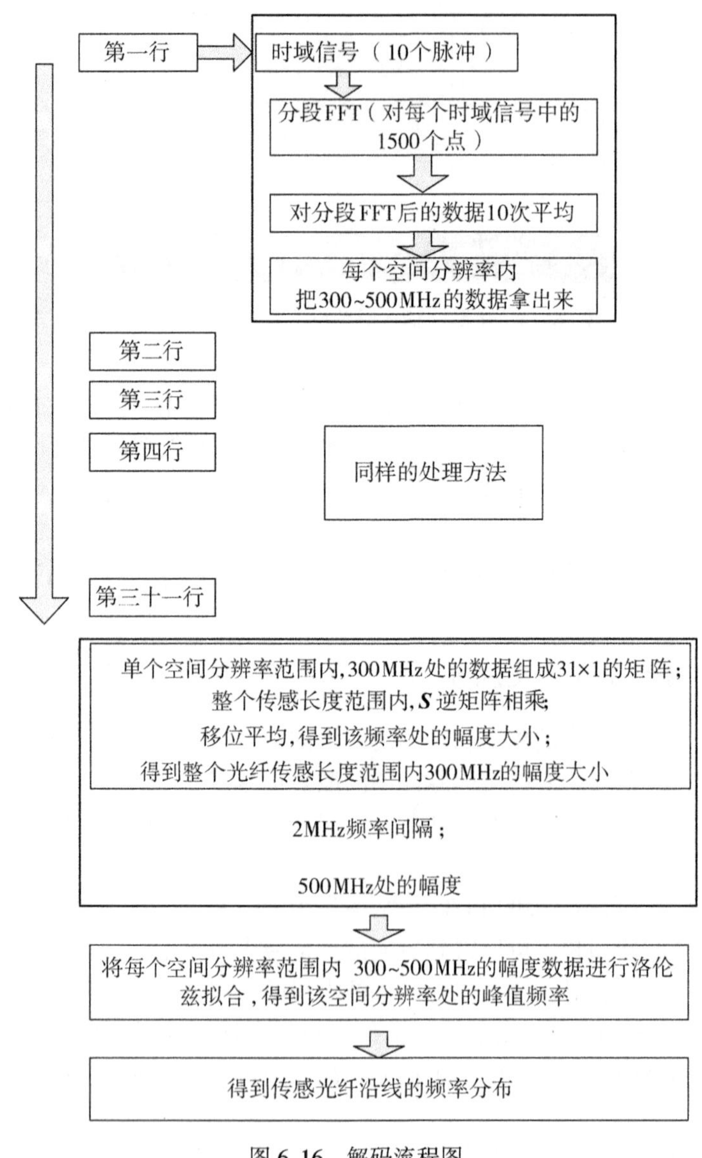

图 6.16　解码流程图

6.4.2　实验结果与分析

根据上述数据处理方法和流程，对采集到的单行编码脉冲时域信号进行处理。对于

31 位编码，我们在实验过程中平均了 10 次，得到的三维布里渊散射谱的分布如图 6.17 所示。整个传感光纤为 1000m，空间分辨率为 4m，所以一共可以分解为 250 段；我们从分段 FFT 中截取了 300MHz 至 500MHz 的信号，频率间隔为 2MHz，所以每个空间分辨率内有 101 个频率点。从图 6.17 中可以看出，散射信号的峰值出现起伏，这是由于在相干检测过程中偏振因素引起的，可以通过在本地光部分添加扰偏器解决。由于需要移位，在最后第 31 行，需要依次向前移动 30 个脉冲码元对应的频域信号，所以最终的传感长度为 220 个空间分辨率，即 880m。

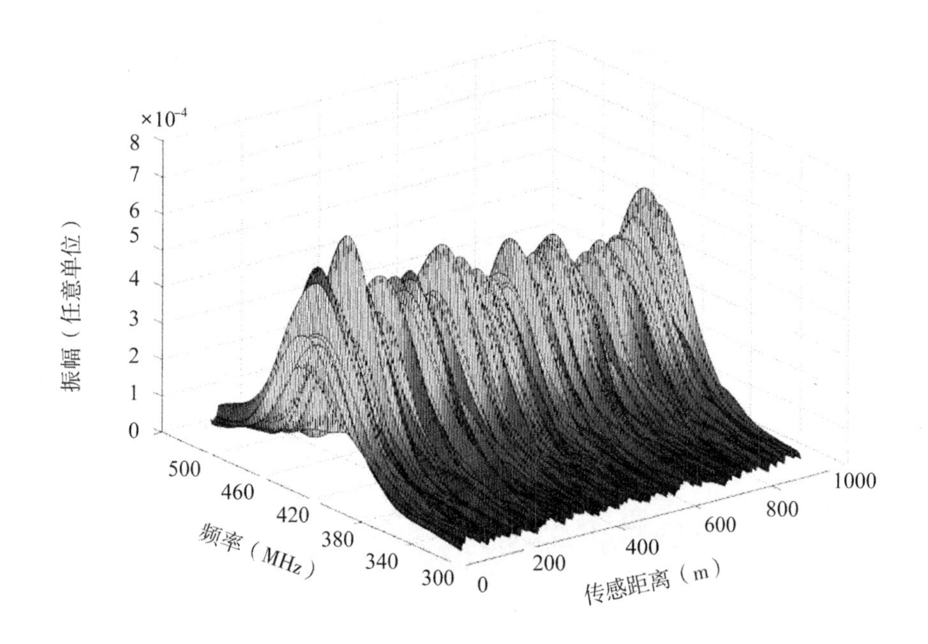

图 6.17　31 位编码 10 次平均时的布里渊散射谱分布

为了体现编码技术提高信噪比的效果，我们对应地采集了和上述编码具有相同轨迹数的单脉冲时域信号。对 40ns 宽度的单脉冲采集了 310 次，即进行了 310 次平均。对采集到的时域信号进行分段 FFT，同样我们截取了 300MHz 至 500MHz 的频率信息，得到了 250 个空间分辨率范围内的布里渊散射谱分布，如图 6.18 所示。

对比分析上述得到的编码散射谱和单脉冲散射谱，可以看出，310 次单脉冲平均的信号峰值较大，基底噪声也比较大；对应地，31 位编码得到的信号峰值相对较小，但是基底噪声信号也比较小。为了比较两者的实验效果，我们对两种情况下的信噪比进行了简单的分析，分析结果如图 6.19 所示。

从对比结果来看，编码技术的信噪比平均值比 310 次平均时的信噪比整体高 3.5dB 左右，即编码技术达到了增加信噪比的效果，这与理论上的分析结果是一致的。

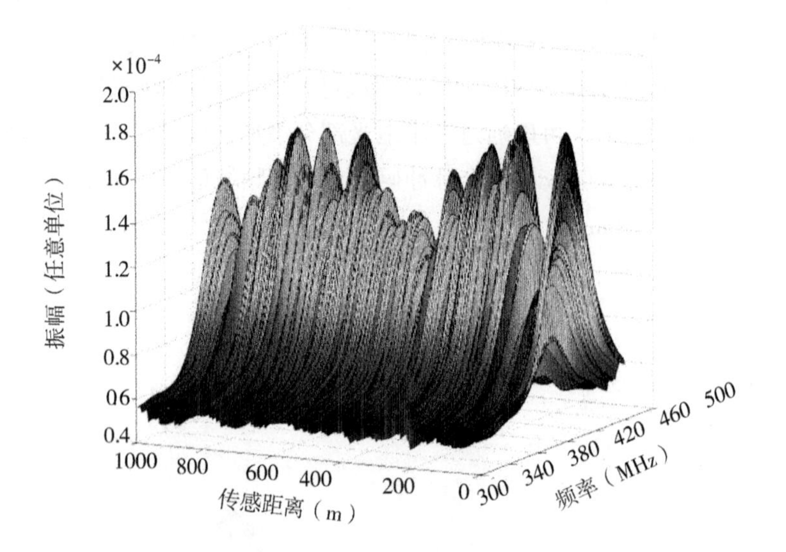

图 6.18　310 次单脉冲平均时的布里渊散射谱分布

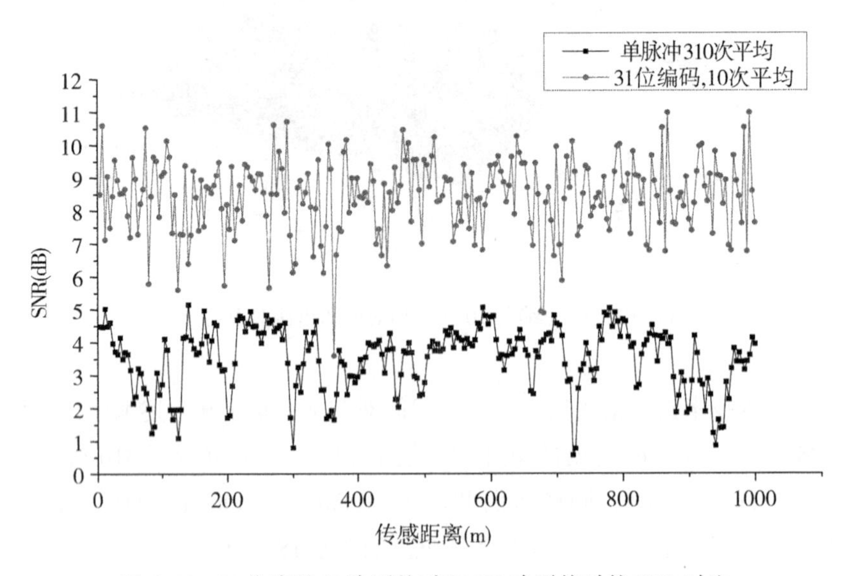

图 6.19　31 位编码 10 次平均时和 310 次平均时的 SNR 对比

1km 传感光纤沿线的频率波动如图 6.20 所示，310 次单脉冲平均时的频率波动范围是 23.179MHz，而 31 位 Simplex 编码、10 次平均时的频率波动范围是 9.706MHz，由此可知通过编码，频率波动降低了 13.473MHz。这对于提高 BOTDR 传感系统的整体温度/应变传感精度是有益的。

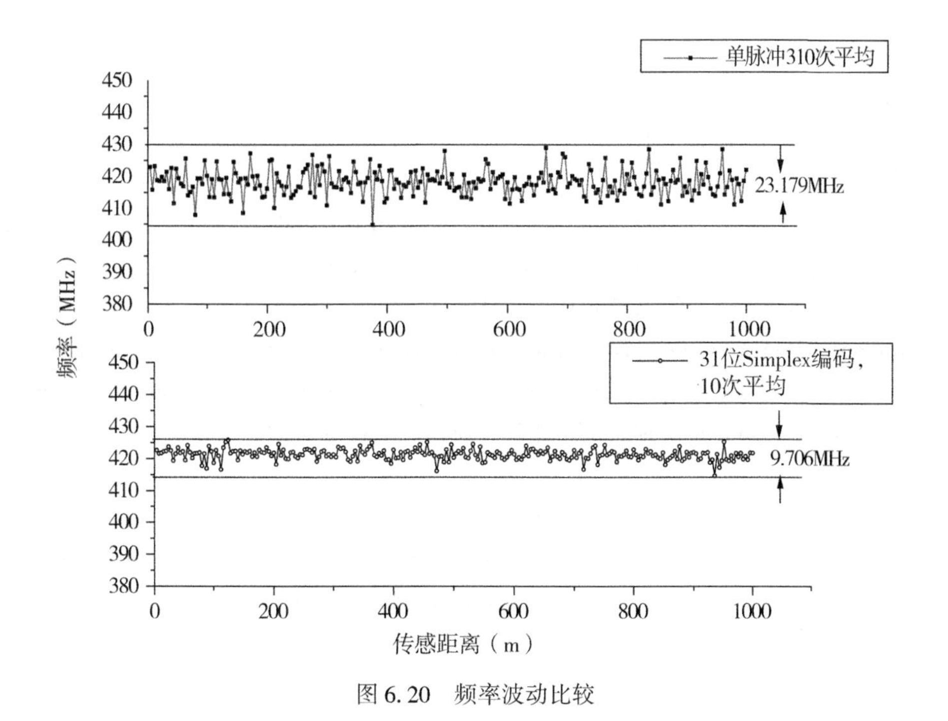

图 6.20　频率波动比较

6.5　本章小结

为了进一步提高 BOTDR 系统的信噪比，我们初步研究了线性编码技术在 BOTDR 分布式光纤传感系统中的应用。在理论上，仿真计算了 Simplex 码对自发布里渊散射信号信噪比的提高效果；提出将双正交码脉冲编码技术应用于 BOTDR 传感系统，数值分析结果表明相同散射轨迹的脉冲编码比单脉冲的信噪比高。在实验上，展示了 Simplex 脉冲编码技术在 BOTDR 传感系统中的应用，主要分析了编码脉冲串的产生及光学放大，并深入研究了编码信号的解调方案。实验结果表明，31 位编码技术具有 3.5dB 的信噪比增益。理论和实验结论初步验证了线性脉冲编码技术应用于 BOTDR 传感系统的可行性。

本章参考文献

[1] Nazarathy M, Newton S A, Giffard R P, et al. Real-time long-range complementary correlation optical-time domain reflectometry[J]. Journal of Lightwave Technology, 1989, 7(1): 24-38.

[2] Jones M D. Using Simplex codes to improve OTDR sensitivity[J]. IEEE Photonics Technol. Lett., 1993, 5(7): 822-824.

[3] Lee Duckey, Yoon Hosung, Kim Pilhan, et al. SNR enhancement of OTDR using

biorthogonal codes and generalized inverses[J]. IEEE Photonics Technol. Lett., 2005, 17(1): 163-165.

[4] Soto M A, Bolognini G, Di Pasquale F. Analysis of optical pulse coding in spontaneous Brillouin-based distributed temperature sensors [J]. Optics Express, 2008, 16(23): 19097-19111.

[5] Bolognini G, Park J, Soto M A, et al. Analysis of distributed temperature sensing based on Raman scattering using OTDR coding and discrete Raman amplification[J]. Measurement Science & Technology, 2007, 18(10): 3211-3218.

[6] Jia Xinhong, Rao Yunjiang, Deng Kun, et al. Experimental demonstration on 2.5m spatial resolution and 1℃ temperature uncertainty over long-distance BOTDA with combined Raman amplification and optical pulse coding[J]. IEEE Photonics Technol. Lett., 2011, 23(7): 435-437.

[7] Soto Marcelo A, Bolognini Gabriele, Di Pasquale Fabrizio. Enhancement simultaneous distributed strain and temperature fiber sensor employing spontaneous Brillouin scattering and optical pulse coding[J]. IEEE Photonics Technol. Lett., 2009, 21(7): 450-452.

第7章　BOTDR系统的工程示范应用研究

7.1　BOTDR在电力系统中的应用背景和需求

随着电力系统的不断发展，输电线的电压和电流都有了大幅度的提高，对电力设备的可靠性和安全运行提出了更高要求，而常规高压检测设备已不能够满足当前的需求。电力传输线的在线监测对电力安全及稳定运行具有重要的意义。快速并准确地测得电力线的温度和应变分布可为电力传输应用提供可靠的信息，包括以下几个方面：①实时监测电力传输系统的可靠信息；②优化电力传输线的传输容量；③极端天气条件下或紧急情况下，如电力线覆冰状况或者融冰时的危险，提供预警，减少不必要的人工干预等。目前，电力线传输的温度检测包括非接触红外线技术和电力线表面温度计直接测量。电力线承受的力一般在杆塔处利用应变传感器测量。上述的温度和应变的测量方法都是电子式的测量，会受到强电磁的干扰，影响测量结果。此外，这些电子式的测量设备都需要供电，长时间处于高温或者高湿度环境，这些电子测量设备的测量结果都会恶化。因此在电力线传输系统中，需要一种稳定的、可靠的分布式在线检测技术。

分布式光纤传感技术作为一项新兴的光纤传感技术，将在电力线传输中得到广泛的应用。采用分布式光纤传感技术，能够实时监控电缆全线各点的温度分布，并能够计算出导体本身的温度，从而建立相应的负荷温度曲线图，实现对电缆运行温度的监控。通过分布式光纤传感系统得到的电缆沿线的温度实时监控数据，可以为电力电缆温度和负荷的分析提供依据，为不同季节之间的用电高峰时的电缆提供调度数据，确保电缆的安全运行。传感系统的信息集中于电力信息传输系统软件中，满足了对监控系统的要求，为智能化电网的建设提供了基础条件。随着智能电网建设的开展，配电网电缆化率的程度将越来越高，利用分布式光纤传感与测量技术对智能电网中电缆的运行相关信息监控的集成已经成为未来的发展趋势。

基于布里渊散射的分布式光纤传感技术能够同时检测温度和应变的变化，和基于拉曼散射的DTS温度检测技术相比，前者的传感距离长度远大于后者，且后者只能实现温度的传感。本章主要分析了基于自发布里渊散射的分布式传感器在电力传输线系统中的应用，简单的示意图如图7.1所示，将BOTDR分布式光纤传感系统安放在电力传输线的机房处，实现长距离的温度和应变检测。

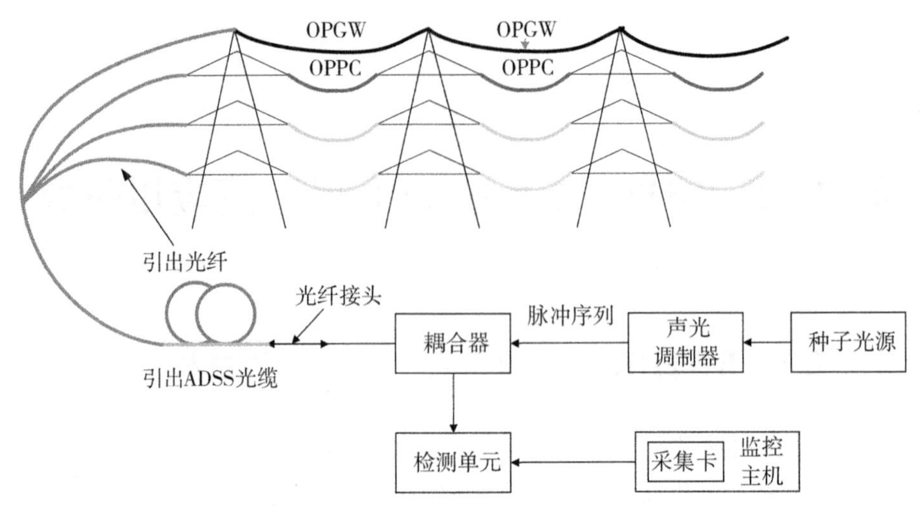

图7.1 BOTDR系统在线监测电力传输线

7.2 BOTDR在光纤复合地线(OPGW)中的温度/应变传感

7.2.1 覆冰室内OPGW温度传感实验研究

为了验证BOTDR传感系统的温度测量效果，我们对长约30m的光纤复合地线(OPGW)进行了测量。由于在实际电力系统中，地线是没有通电的，只是表征环境的温度，所以在实验过程中，我们将该OPGW电线放置在人工搭建的覆冰室内。利用空气压缩机降低该覆冰室内的温度，以实现不同环境温度下的温度测量。

1. 实验中所用设备

我们所用的测试系统为BOTDR传感系统，由于实验中只测量温度参量，所以我们在实验过程中只记录传感光纤沿线的频率变化。通过确定OPGW内光纤的频率-温度系数，可以解调出传感光纤沿线的温度分布。实验现场如图7.2所示。

图7.2 BOTDR传感系统

将 30m OPGW 电缆及前面 40m 普通单模光纤放入覆冰室内，从室温 26℃开始逐步降温，间隔 5℃，范围从 26℃至-20℃，记录整段传感光纤的频率分布以及频率变化。实验中的光纤分布如图 7.3 所示。

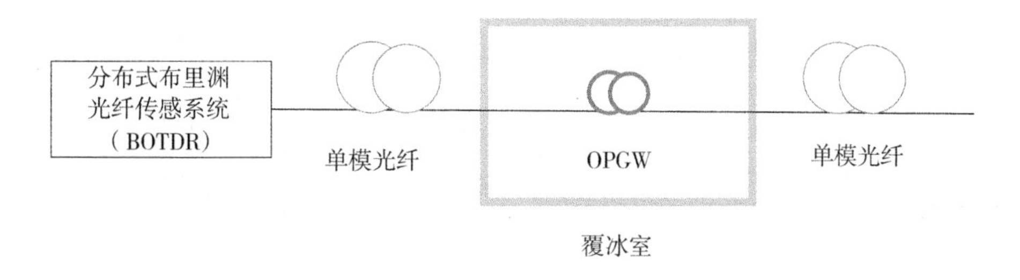

图 7.3　光纤分布示意图

2. 实验结果

(1)首先确定 OPGW 电缆中光纤的频移-温度系数。所测得的频移和温度之间的关系如图 7.4 所示。通过线性拟合，可知频移-温度系数是 1.3MHz/℃；另外，观察线性拟合曲线，可知还需要进行修正，修正系数为 1.5℃。

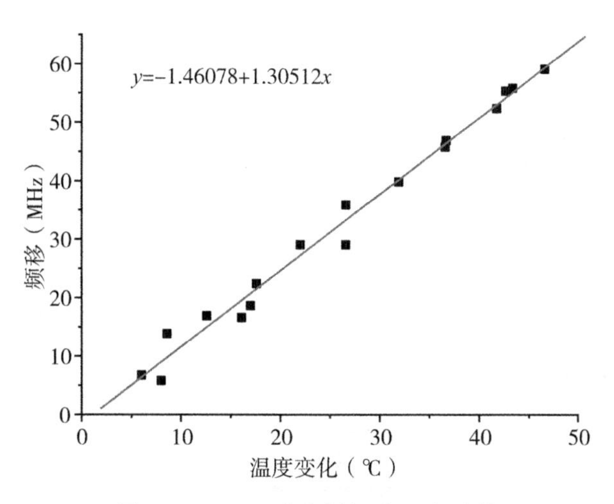

图 7.4　OPGW 内光纤频移-温度系数

(2)覆冰室温度不同时，BOTDR 测量所得温度。

利用步骤(1)中得到的频移-温度系数，测量不同温度下 BOTDR 传感光纤的频移变化，得到光纤沿线的温度分布。BOTDR 所测温度分布如图 7.5 所示，由图可以看出，随着覆冰室温度下降，所测得的温度逐步下降，而处于 OPGW 后的光纤表征室温，温度分布几乎不变。由于温度控制设备本身的温度分辨率为 2℃，所以覆冰室内的实际温度和所设置的温度有一定的不同。我们将覆冰室的温度控制设备显示温度和 BOTDR 测量温度进行比对，如图 7.6 所示。BOTDR 实测温度高出温度控制设备所设置的温度约 1℃。由于实验是在覆冰室温度探头指示到相应温度的时候立即测量的，认为温度传导的过程导致了BOTDR 测得的温度比指示温度偏高。

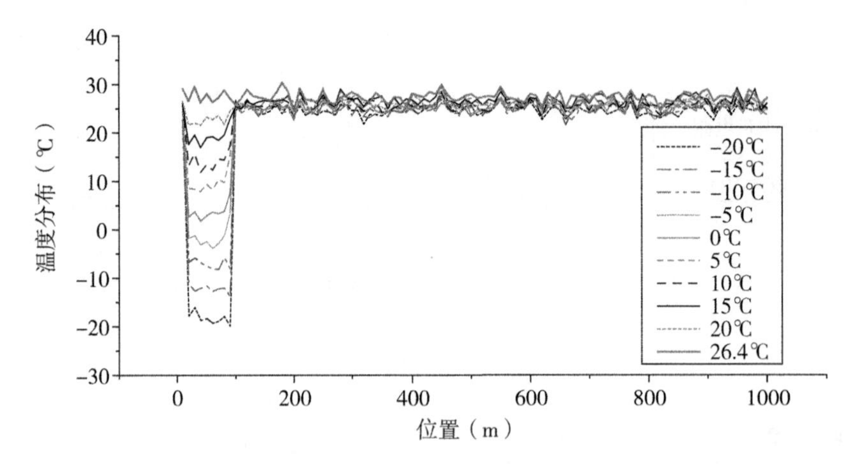

图 7.5　覆冰室不同设定温度下 BOTDR 所测 OPGW 电缆温度分布

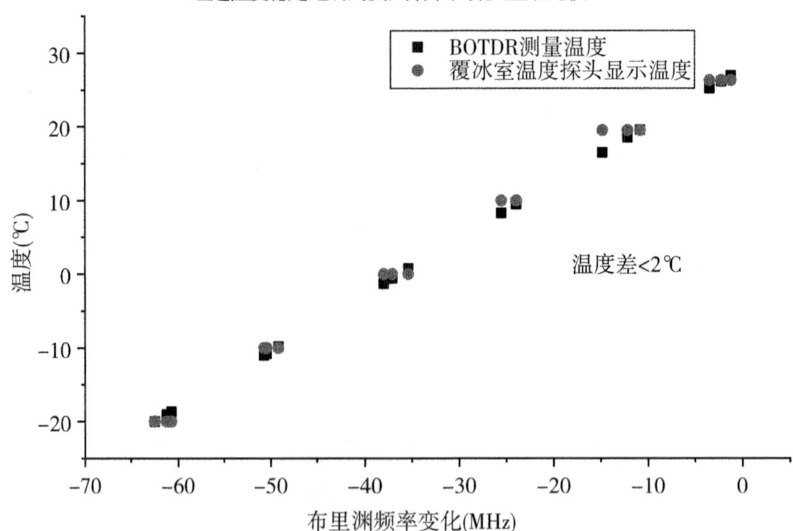

图 7.6　BOTDR 测量温度和覆冰室温度设置之间的对比

3. 覆冰室温度测量小结

BOTDR 能够实现光纤复合地线(OPGW)所处环境温度的分布式测量，测量结果和所处的实际温度之间的误差小于 2℃。

7.2.2　室温环境下 OPGW 应变传感实验研究

在实际电力系统中，会出现电力线缆在使用过程中受到冰雪覆盖等承受应力的状况，本节主要分析了利用 BOTDR 分布式传感系统测量 OPGW 电缆所承受到的应力或应变。

我们所用的测试系统为 BOTDR 传感系统和前述测量 OPGW 温度的装置相同。由于实验过程中需要对 OPGW 施加大应力，我们选择的实验场地为广州岭南电缆有限公司的高压电力培训基地，利用其卷扬机对待测电缆施加拉力。测试对象为长约 30m OPGW 电缆，将 OPGW 电缆放置在应力测试巷道内。施加应力的方式是 OPGW 电缆的两端分别用钢丝绑定，其中一端固定施加应力的设备为卷扬机，另外一端加在卷扬机上，根据卷扬机上显示的拉力数，对 OPGW 电线施加拉力。

由于 OPGW 电线内部的光纤并不受到外界拉力的影响，所以我们在 OPGW 电缆外面将其和应力光缆包在一起，首先用胶将应力光缆和 OPGW 电缆粘到一起，之后再用强力胶带包裹，构成复合线缆。对该复合线施加拉力，OPGW 延展，由于和应变光缆之间的胶合作用，所以应变光缆也对应有一定的延伸，通过测量应变光缆的频率变化，可推算出 OPGW 电缆所承受的拉力。实验过程中空间分辨率为 20m。测量所得结果如图 7.7 所示。由图可以看出，在对 OPGW 电线施加拉力时，应力光缆频率增加；当松开时，频率回到初始频率值；再次施加拉力，频率有所增加；在松开的时候光纤仍然有一尖峰，原因是光缆在胶粘以及胶带缠裹过程中施加的力，是制作过程中本身存在的。值得注意的是，在<3>中所测得的频率位置和其他测量情况下的频率位置不同，这是由于应变光缆在受到拉力<2>的情况下已经有所拉伸，但是继续施加拉力时后端承受到的拉力远大于光纤前端受到的拉力，这是在布里渊谱拟合过程中出现偏差导致的。实验结果表明该测量方式能够得到 OPGW 所承受的拉力。

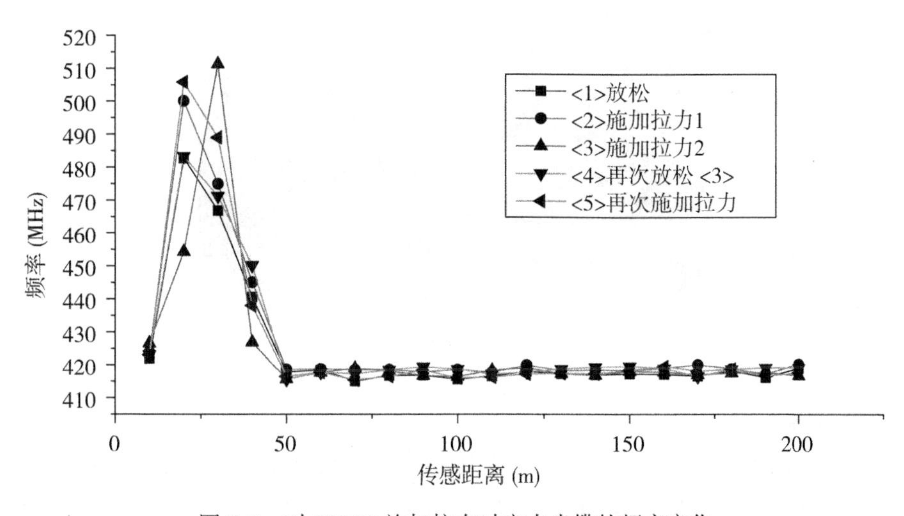

图 7.7 对 OPGW 施加拉力时应力光缆的频率变化

7.2.3 OPGW 测试小结

从对 OPGW 电缆的温度和应变实验可以看到，BOTDR 能够实现电缆线的温度测量，由于在实际电力系统中 OPGW 并不通电，所以 BOTDR 监测到的是电缆所处环境的温度分布。同样的道理，可以利用 BOTDR 系统监测实现电路中通电电缆的温度分布，如光纤复合相线(OPPC)。对于电缆承受到的应力测量，由于电缆中的光纤本身为了实现通信的功能，处于钢套中，且其中充满油以避免光纤受到外界应力的影响，所以我们在实验中所应用的方案只能够定性地监测电缆的应变分布。但是在实际应用中，我们需要同时定量测量电缆的温度和应变，所以对 BOTDR 传感技术来说，需要和其他温度应变监测方案相结合，以实现单根 OPGW 或 OPPC 电缆的温度、应变测量。

7.3　三相电缆在线温度监测

7.3.1　三相电缆在线温度变化监测

由于在 7.1 节实验过程中并没有对电缆通电，所以本节我们对电缆通电后，在线监测不同通电时间后电缆的温度变化。

1. 实验设备

我们所用的电缆为三相电缆，测试设备为 BOTDR 光纤传感系统，实验地点为人民电器集团上海分公司。实验现场如图 7.8 所示。

图 7.8　实验现场

2. 实验结果

(1)首先在室温下三相电缆不加力时对传感光纤进行标定。在室温(16℃)时标定，采集长度 1km，空间分辨率设为 20m，平均次数 500 次，传感光纤的频率分布如图 7.9(a)所示。由图可以看出，三相电缆内光纤的布里渊频移和其他单模光纤的频率不同，如图中椭圆圈内标志所示。将三相电缆通电，测量光纤沿线的温度分布，和实际室温比对。BODTR 所测温度分布如图 7.9(b)所示，BOTDR 所测温度的分布和室温温度是一致的。

(2)对三相电缆加电。对长约 100m 的三相电缆加电，所加电压约为 400V，电流很小(不到 1A)。加电时，三相电缆内的铜线会产生热量，使得电缆内部的温度升高，热量传导进入光纤，改变了光纤所处环境的温度，利用 BOTDR 传感系统即可测得三相电缆内部

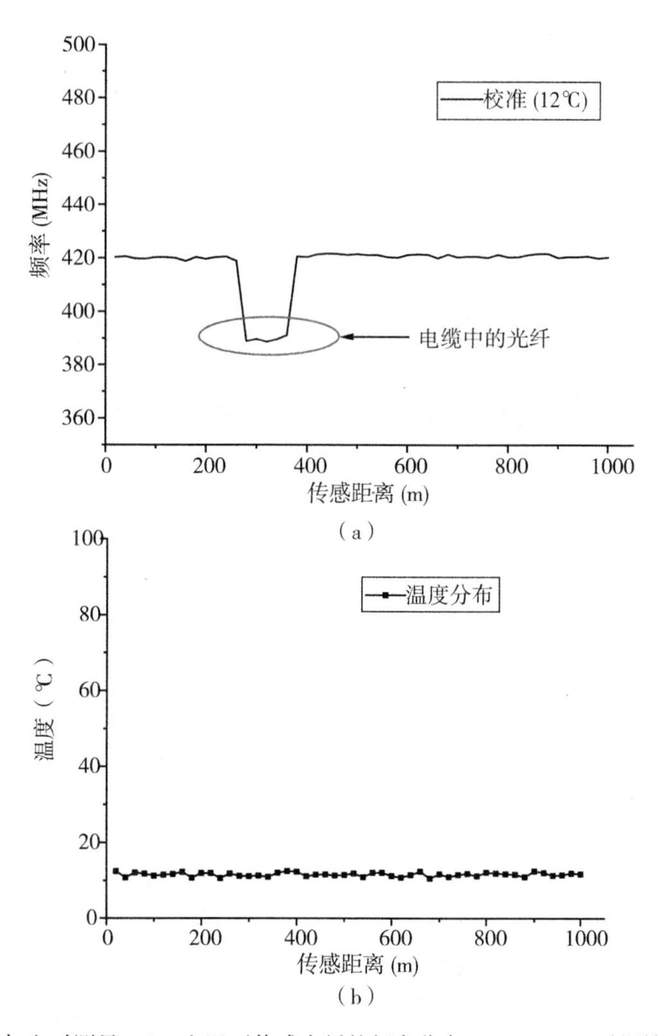

图 7.9　未加电时测量：(a)室温下传感光纤的频率分布；(b)BOTDR 所测的温度分布

的温度分布。

我们对加电后一段时间内三相电缆线的温度上升情况进行了监测，在不同时刻，我们测得了频率分布，实验结果如图 7.10 所示。可以看出，该频率分布与室温下温度分布相比，频率有所增加，这在原理上是成立的。计算后得到对应的温度分布如图 7.11 所示，由图可以看出，在一定的电压下，随着加电时间的延长，电缆线的温度会持续上升。随着室温的下降，所测得的室温温度也是下降的；在加电时间越长的时候，电缆的温度分布出现阶梯状，这是由电缆的分布有关的，电缆卷在内部的部分散热较慢，在外部的散热相对较快，还有后部一部分铺在地上。

我们对第 280m 处光纤的温度分布进行了计算，发现随着加电时间的延长，该处的温度也逐步增加，在一个小时范围内，基本上呈现线性的特征，如图 7.12 所示。

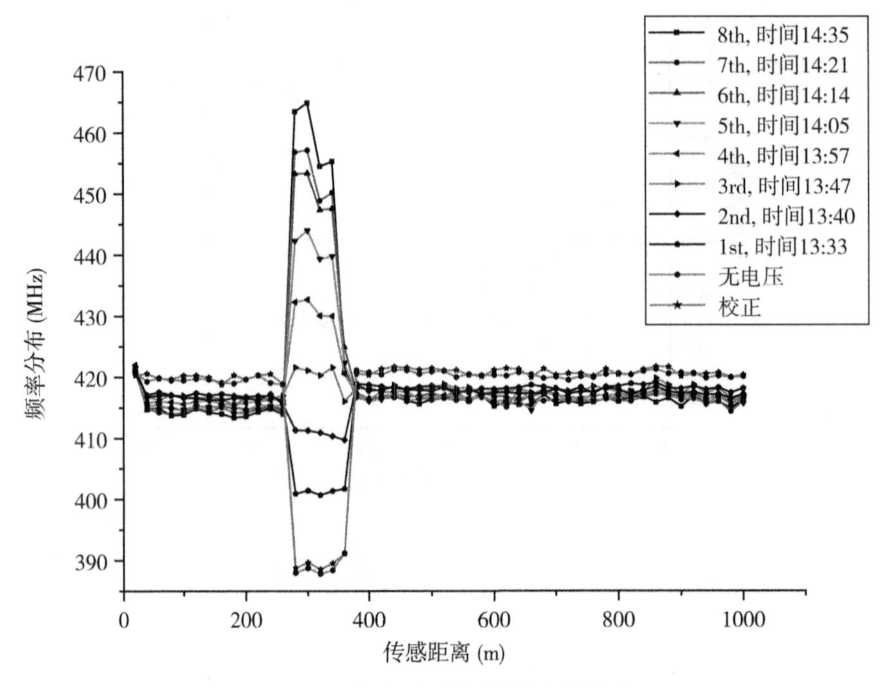

图 7.10　加电后不同时刻的频率分布

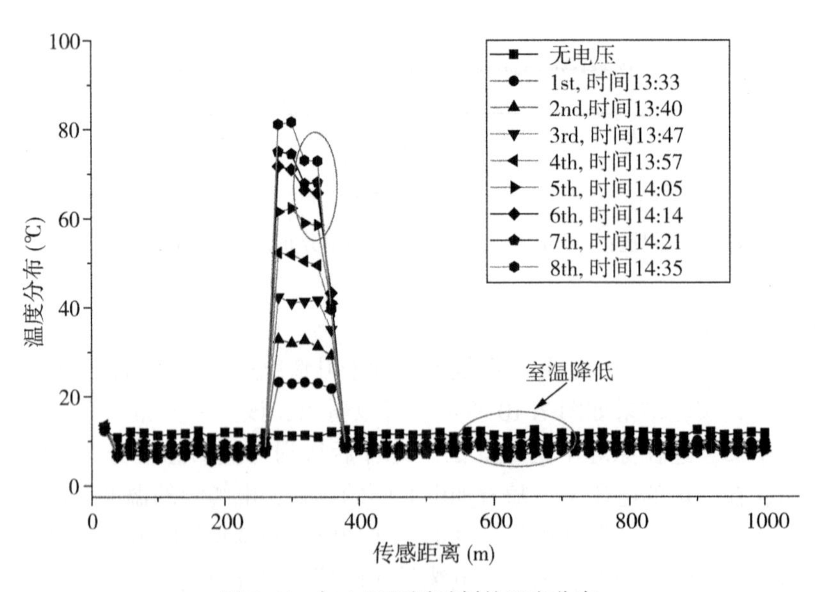

图 7.11　加电后不同时刻的温度分布

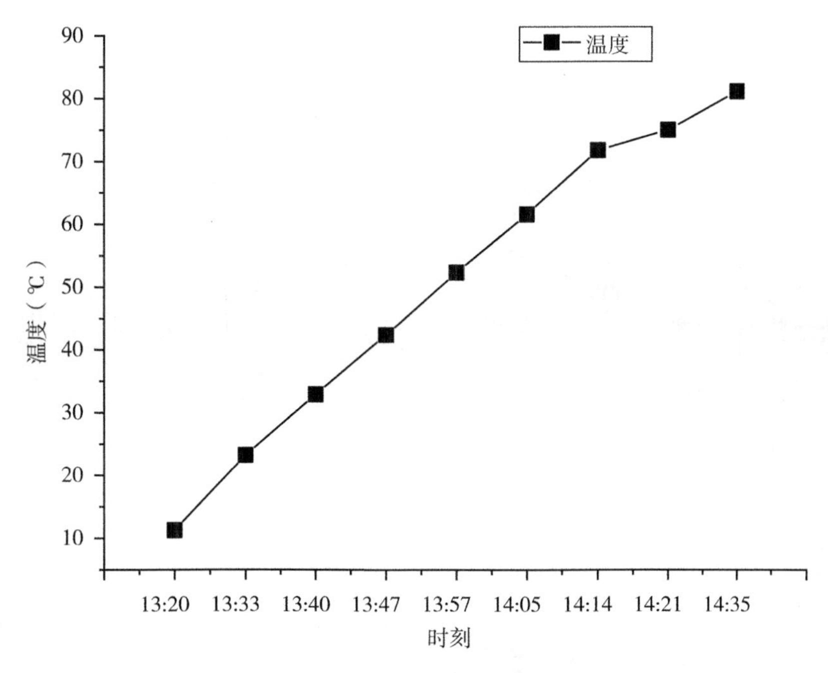

图 7.12 第 280m 位置处的温度随加电时间长短的变化

7.3.2 温度测量结果与讨论

我们利用 BOTDR 分布式光纤传感系统实现了三相电缆沿线的温度分布监测，且温度分布和实际情况相符。根据光纤在三相电缆内的位置，可以反演出三相电缆横截面内的温度分布曲线，为实现电缆中电力传输的动态增容提供依据。

7.3.3 BOTDR、DTS、热电偶三种温度监测设备测温效果比较

由于前面在通电测温过程中，我们只是定性地比较了 BOTDR 所测不同加电时刻的温度，所以在本节中我们利用其他两种测温设备，即基于拉曼散射的分布式光纤温度传感器(DTS)和热电偶两种测温方式，和 BOTDR 的测温效果进行比较。

我们在中天光缆有限公司测试中心进行了此次实验，其他两种测量设备如 7.13 所示。

光纤的铺设方式如图 7.14(a)所示，我们将 30 多米长电缆悬空放置，分别将普通单模光纤和多模光纤沿着电缆表面铺设，用绝缘胶带粘在电缆表面，其中多模光纤用于 DTS，单模光纤用于 BOTDR，其中利用 BOTDR 测量时在待测光纤前后均放置普通单模光纤。热电偶的安装方式如图 7.14(b)所示，在电缆表面打洞，洞与洞之间间距可任意设置，我们实验中将洞之间的距离设为 2.5m，将热电偶的传感头放置于洞内，可获得电缆内部的温度。

实验过程中对悬空电缆进行加电，此次加电和前述在人民电器集团上海分公司所做实验的加电方式不同，此处采用的大电流方式。

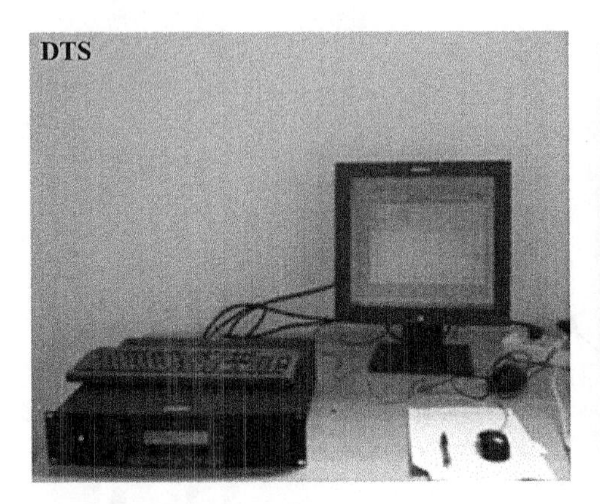

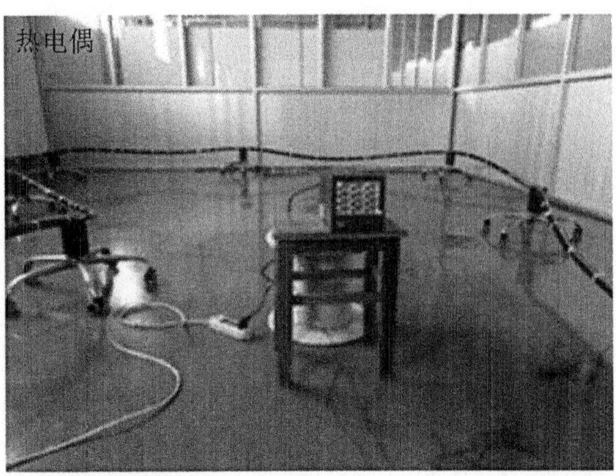

图 7.13　其他两种温度测量设备

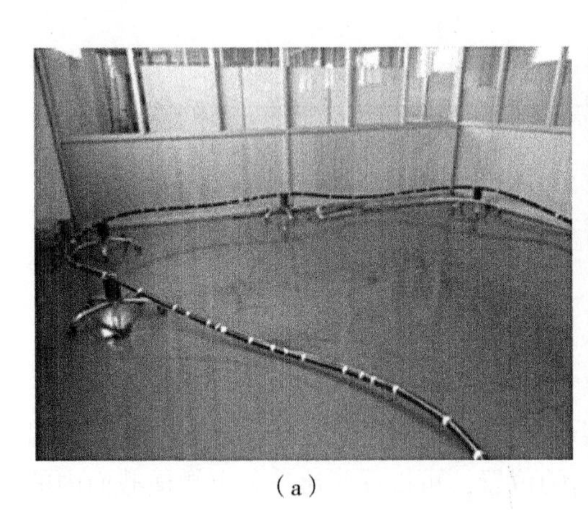
(a)

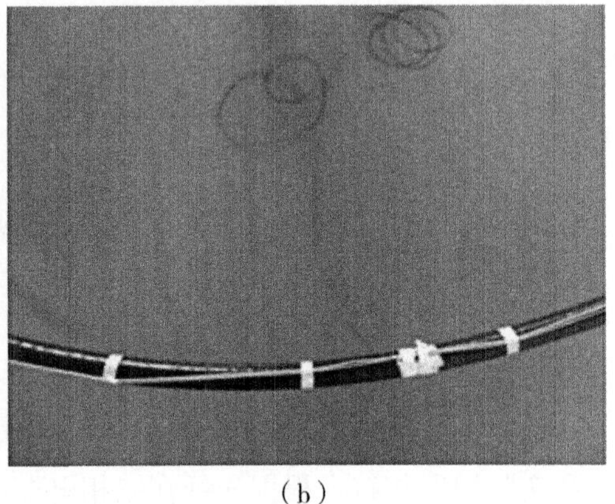
(b)

图 7.14　光纤传感及热电偶分布

对电缆通直流电，电流大小为 520A，随着通电时间的延长，电缆线的温度升高。BOTDR 传感系统测得的不同时刻的温度分布如图 7.15 所示。从图中可以看出，在通电初期，温度上升很快，而在长时间通电之后，温度上升较慢。

同时我们也获得了热电偶在不同时刻的温度分布数据，但是由于热电偶安装在房间不同位置处(如第六个热电偶安装在门口，温度较低)，以及不同的热电偶塞入洞中的深度不同，所以测得的电缆不同位置处的温度也有所不同。热电偶得到的温度分布如图 7.16 所示。

我们对电缆的第 27 处，根据 BOTDR 测得的温度和 DTS 以及热电偶测得的温度进行了比较，如图 7.17 所示。由图可以看出，BOTDR 和 DTS 测得的温度整体要小于热电偶测得的温度，这是由于我们将传感光纤贴敷在电缆表面，而电缆内部的温度传导到电缆表面会产生一定的梯度差。

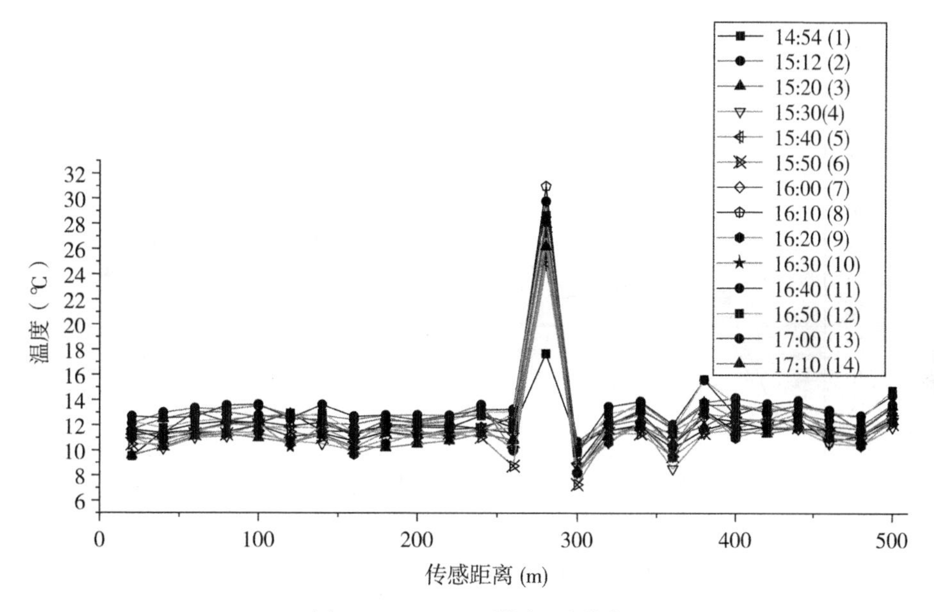

图 7.15　BOTDR 所测温度分布

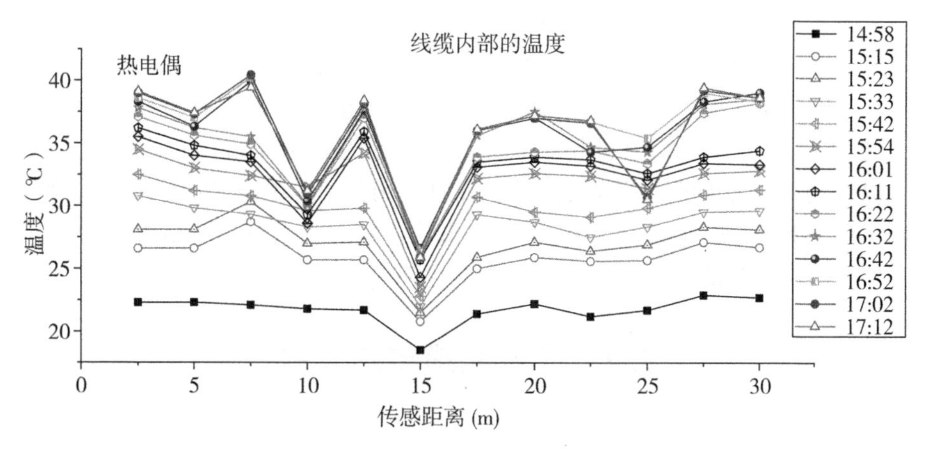

图 7.16　通电不同时间热电偶测得的温度分布

7.3.4　分析与讨论

随着通电时间的延长，电缆线的温度逐渐增加；热电偶测量所得温度比 BOTDR 和 DTS 测量的结果高，这是和热电偶的安装方式有关，在电缆线上打洞之后把热电偶的感应探头塞进去，而 BOTDR 和 DTS 所用的光纤贴附在电缆线的表面，有热传导的过程；BOTDR 和 DTS 所测得的温度接近，但还是有一定的差别，这主要是由二者之间的精度引起的；BOTDR 可用于测量电缆通电时的表面温度分布，抑或可以通过表面的温度分布反演电缆内部的载流量。

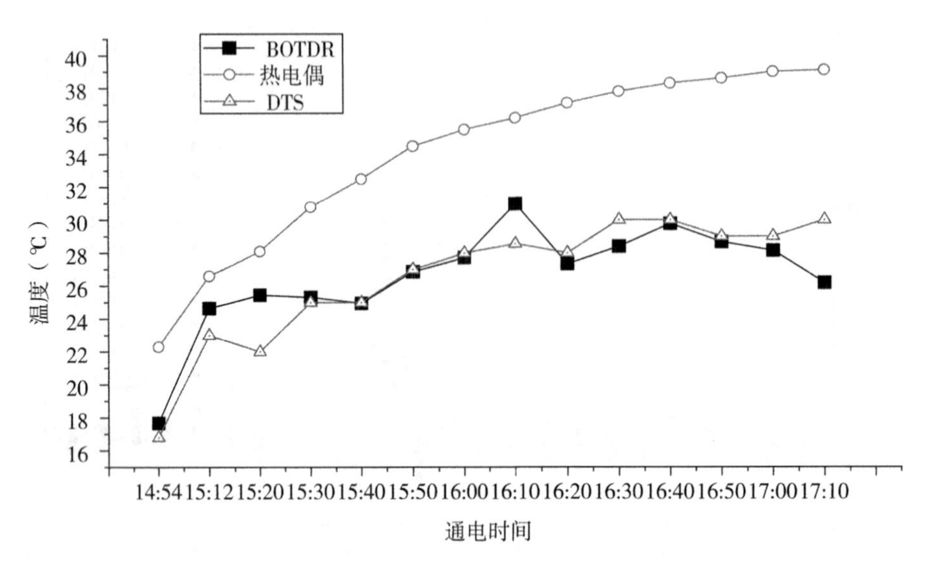

图 7.17　BOTDR、DTS 和热电偶测得温度比较

但是热电偶的安装比较复杂，且对电缆具有破坏性，这在实际应用中对通电电力线的运行安全危害较大；另外，热电偶的测量方式属于点式传感，不能对电缆的任意位置进行监测。对于基于拉曼散射的分布式温度传感器(DTS)来说，传感光纤需要用到多模光纤，这对于光纤复合电缆来说，不能直接应用其固有的通信光纤，造成实际应用的不便。而 BOTDR 分布式传感系统能够直接利用光缆中的光纤，且能够实现分布式传感。BOTDR 尾端光纤可以直接和电缆中的通信光纤连接，而且利用其中的单模光纤也能够实现长距离的传感范围。但是 BOTDR 和 DTS、热电偶相比来说，具有温度分辨率低的劣势，这也是我们系统需要进一步提高的指标。

7.4　应变光缆传感实验

7.4.1　应变光缆的应变传感实验研究

1. 实验设备

我们利用 BOTDR 分布式光纤系统测量了光纤沿线的应变分布。采用拉力测试系统对光纤施加拉力，和在岭南电缆有限公司施加拉力的方式不同，我们采用如图 7.18 所示的对传感光纤施加拉力的方式，其中在传感光纤两端用夹具固定，拉力机在光纤中部施加拉力；利用 BOTDR 分布式传感器进行应力测试。

测试对象为长约 57m 的应力光缆 G657. A2，这种光缆为弯曲不敏感 A 类光纤，在该应力光缆的前后均增加了一部分普通单模光纤。

2. 实验结果

搭建好应变测试系统，将应变光缆放置在应力实测机的拉力设备上，由于被测试的光

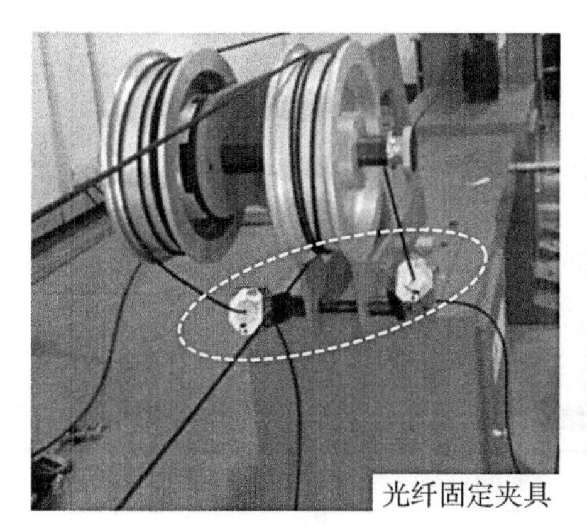

图 7.18 对传感光纤施加拉力的方式

纤较长，所以在拉力测试系统中有很多的滑轮，以减小光缆受重力而产生弧垂所带来的影响。

基于上述未施加拉力时的测量结果，我们对搭建好的应力传感系统进行了测试，测试过程中拉力机施加不同的拉力，对应地，利用 BOTDR 传感系统进行测试，得到不同拉力时传感光纤的频率分布。我们认为该种应力光缆的频率-应变系数为 0.05MHz/$\mu\varepsilon$，所以得到的应变分布如图 7.19 所示。从图中可以看出：没有拉力时，应变光缆产生的微应变为 0；拉力为 500N 时，产生的微应变为 3500$\mu\varepsilon$，且两次测量结果具有重复性；拉力为 1000N 时，产生的微应变约为 6500$\mu\varepsilon$。

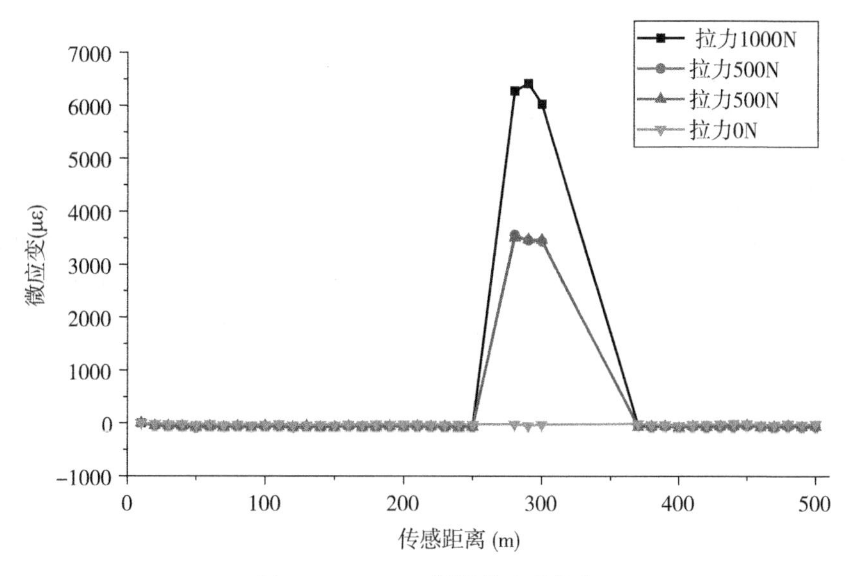

图 7.19 BOTDR 测得的应变分布

7.4.2　和应变测试仪测量效果比较

在 7.4.1 节中，对应力光缆施加应力的同时，应变测试仪同时也在检测该光纤产生的应变。在对应变光缆施加 500N 和 1000N 拉力时，拉力测试设备的显示结果为 0.315%和 0.658%，对应于微应变分别为 3150με 和 6580με。BODTR 的应变测试结果和拉力测试设备的应力测试结果具有一致性，但是 500N 拉力时 BOTDR 测量结果误差稍大。两种应变测试设备得到的结果对比如表 7.1 所示。

表 7.1　**两种设备的测试结果比较**

拉力	BOTDR	应变测试仪	误差
500N	3500με	3150με	10%
1000N	6500με	6580με	1.23%

7.4.3　分析与讨论

利用 BOTDR 分布式光纤传感系统能够测试应力光纤产生的应变，且和其他应变测试设备相比较，误差较小。但我们需要特别注意的是，当对光纤施加拉力时，裸光纤和外包层之间力的传递是否为线性关系，这对于 BOTDR 系统能否正确表征光纤产生的应变非常重要。这个问题将在后继实验中进一步研究。

7.5　本章小结

我们将 BOTDR 原型样机应用于电力线的温度和应变监测等示范性工程上，其包括：①在覆冰室内对光纤复合地线(OPGW)电缆进行温度监测，在-30℃~30℃的测量范围内，其温度灵敏度小于 2℃；②在对三相电缆进行在线温度监测时，通过和分布式拉曼温度传感器(DTS)及热电偶测试系统比较，其测试的结果也具有很好的一致性；③在传感光缆的应变测量上，实现了 6500με 传感范围内的准确测量。这些工程示范表明，BOTDR 分布式光纤传感技术在具有温度和应变测量等实际应用潜力的同时，也为系统的实用化和产品化的进程提供了理论支持和技术支撑。

第8章　总结与展望

8.1　总　　结

基于布里渊散射的分布式传感技术是一种全分布式传感技术，可以测量光纤沿线任何位置处的温度和应变信息。传感光纤中布里渊散射谱的频移和强度与外界温度和应变呈线性函数关系，可以实现光纤沿线温度和应力全分布式、高空间分辨率传感，这在电力系统、石油管道、大型建筑健康监测领域有着广泛的应用前景，是近30年来光纤传感领域的研究热点。其中，布里渊光时域反射计(BOTDR)和布里渊时域分析仪(BOTDA)是基于布里渊散射分布式光纤传感技术中的两种主流技术。和BOTDA相比，基于自发布里渊散射的分布式光纤传感技术具有单端入射、同时对温度和应变敏感等优点，得到了研究人员的重点关注。

然而，光纤中自发布里渊散射信号光强微弱，具有宽带布里渊频移(约11GHz)，信噪比低，且难以实现温度和应变同时解调。为了实现BOTDR分布式传感系统且提高信号的信噪比，本书围绕宽带光学移频单元设计、微弱信号的数字相干检测、传感脉冲格式的调制、脉冲编码技术等关键技术问题进行了理论和实验技术研究，获得了系统的原型样机，并在电力系统中进行了工程示范性应用。内容总结如下。

(1)介绍了基于布里渊散射的分布式光纤传感技术的发展历程及发展趋势，阐述了自发布里渊散射的频移和强度及温度和应变之间的函数关系，分析了现有的微弱自发布里渊散射信号的探测手段，确定了BOTDR系统方案设计及所需要研究的科学问题。

(2)提出了基于宽带光学移频方案和数字相干检测技术相结合的新型BOTDR分布式光纤传感系统方案，实现了微弱自发布里渊散射信号温度、应变和位置信息多参量传感，研制出了BOTDR传感系统样机。

设计了基于紧致结构布里渊激光器的宽带移频单元，该激光器的输出和入射光相比，具有下频移约10.8GHz。研究了该移频激光器不同工作状态(自激振荡、单纵模运转)对BOTDR分布式光纤传感技术频域信号及后继解调的影响，当将激光器输出中的自激腔模抑制时，能够成功应用于BOTDR系统。实验结果表明，通过与传感布里渊散射信号的相干探测，可实现探测信号带宽由11GHz降至420MHz左右，该中频信号的频率大小和传感光纤的材料有关，该信号降低了BOTDR传感系统对后继电子学元器件带宽的要求。由于系统方案中采用了固定移频，所以在信号处理方面，采用数字相干检测技术，通过数据采集卡将时域散射信号数字化，通过分段快速傅里叶变换(FFT)技术，分析了传感光纤的频域信息。通过洛伦兹拟合，提取出传感光纤的频移和强度分布，实现了温度和应变的同时传感。此外，深入研究了激光器光源线宽对传感光纤中自发布里渊散射谱的影响，理论仿真和实验结果表明，1MHz线宽为布里渊散射谱变化的关键指标，该结论为系统光源优化设计提供了指导。最后，利用偏振分级接收和预放大技术抑制了相干检测中偏振的影响；并以残差、方差和均方根差为研究对象，分析了不同信噪比条件下洛伦兹曲线拟合的准确性。

(3)系统研究了不同的脉冲调制格式(类矩形、三角形以及洛伦兹、高斯和超高斯等脉冲格式)对BOTDR分布式光纤传感技术中信噪比的影响。仿真研究结果表明：当采用相同脉冲宽度和不同脉冲调制格式时，上升/下降沿时间越长，布里渊散射谱的峰值功率越大。在所有脉冲格式中，洛伦兹脉冲格式具有最高的信噪比。该结论的物理本质在于其脉冲功率谱更加集中于零频。在实验中，通过构建不同传感脉冲调制格式，我们发现：三角形脉冲比矩形脉冲的信噪比高4dB，可实现2.5倍的传感长度；洛伦兹脉冲调制格式的信噪比高于三角形脉冲调制格式；实验结果和理论分析结果具有很好的一致性。此外，本书数值分析了相邻脉冲之间的重叠部分对空间分辨率的影响，研究结果显示这些因素对传感参量的空间分辨性能影响较小。

(4)为了进一步提议BOTDR系统定的信噪比，初步研究了线性编码技术在BOTDR分布式光纤传感系统中的应用。在理论上，仿真计算了Simplex码对提高自发布里渊散射信号信噪比的效果；提出将双正交码脉冲编码技术应用于BOTDR传感系统，数值分析结果表明相同散射轨迹的脉冲编码比单脉冲的信噪比高。在实验上，展示了Simplex脉冲编码技术在BOTDR传感系统中的应用，主要分析了编码脉冲串的产生及光学放大，并深入研究了编码信号的解调方案。实验结果表明，31位编码技术可实现3.5dB的信噪比增益，该结论初步验证了线性脉冲编码技术在BOTDR传感系统中应用的可行性。

(5)在系统性能检测方面，我们将BOTDR原型样机应用于电力线的温度和应变监测等示范性工程，其包括：①在覆冰室内对光纤复合地线(OPGW)电缆温度监测，在-30℃~30℃的测量范围内，其温度准确性小于2℃；②在对三相电缆进行在线温度监测时，通过和分布式拉曼温度传感器(DTS)及热电偶测试系统比较，其测试的结果也具有很好的一致性；③在传感光缆的应变测量上，实现了6500με传感范围内的准确测量。这些工程示范表明BOTDR分布式光纤传感技术具有温度和应变测量等实际应用潜力的同时，也为系统的实用化和产品化的进程提供了理论支持和技术支撑。

8.2 展 望

本书构建了BOTDR分布式光纤传感系统，实现了温度和应变同时传感，且在电力系统中进行了现场实验研究。但是，对于系统性能指标的提升，还需要进行深入研究，包括下面几点。

(1)传感光纤中自发布里渊散射信号SNR的进一步提高。SNR是整个系统性能指标的关键，虽然初步验证了Simplex脉冲编码技术的实验效果，但还需要进行进一步的实验以验证脉冲编码技术对整个系统性能指标的提升。另外，脉冲编码中会出现连续1的情况，对光纤受激布里渊散射阈值的影响较大，限制了注入泵浦光功率的提高，所以虽然脉冲编码技术能够提高信噪比，但是同时需要降低入射光功率，这限制了 BOTDR 系统性能的整体提高。如何实现在不降低入射光功率情况下利用编码技术进一步提高系统指标，这对于 BOTDR 传感系统非常重要。

(2)实现空间分辨率内温度/应变变化的准确测量。如果传感光纤的温度、应变变化范围是处于 BOTDR 系统的空间分辨率范围内，那么在单个空间分辨率的频谱中会出现两个布里渊散射峰，根据传感参量的不同，这两个峰处于不同的叠加状态(或是布里渊散射谱展宽，或是出现双峰)。所以在进行后继的洛伦兹拟合时，如何实现频域信号的正确拟合，且解调出温度或应变的变化量，以及对该传感位置准确定位，是 BOTDR 系统传感研究中不可避免的关键问题。

(3)实现小于 1m 空间分辨率的 BOTDR 分布式传感系统。由于受到光纤中声子寿命的限制，目前只有日本研究人员实现了亚米量级的高空间分辨率，但是传感范围只有十几米。因此如何获得传感距离大于 1km、空间分辨率小于 1m 的 BOTDR 分布式传感系统是未来的研究方向。